動物細胞培養技術と物質生産
Animal Cell Cultivation Technology and Substance Production

監修
大石道夫

シーエムシー出版

普及版の刊行にあたって

　産業界におけるバイオテクノロジーブームの火つけ役となったのは，大腸菌など微生物の遺伝子操作により有用物質を生産する技術の確立だった．特に，インシュリンをはじめとする，生理活性物質の大量生産を可能にしたことは，この技術の革新性を強く印象づけた．

　しかし，高等動物と微生物の生体機構の違いがしだいに明らかになるにつれ，微生物による物質生産の限界が指摘されるようになってきた．すなわち，遺伝子組換え微生物では，目的物質が糖タンパクの場合，糖の付加が行われずペプチドしかできないというように，生産物に本来の化学構造をとらせることが困難であることが多い．こういった二次修飾等が，多くの場合，活性や安定に必要であることもわかっており，これは大きな難点といえる．

　そこで研究が進み，大規模化も可能となってきた動物細胞培養技術が，各方面から注目されることとなった．ヒトを対象とする生理活性物質の生産は，本来の生産系である動物細胞にゆだねたほうがよいというわけである．

　本書においては，まさに最先端技術といえる"動物細胞大量培養技術"の現状と展望および各種有用物質生産へのアプローチの現状を，各分野の研究・開発の第一人者に解説していただいた．

　なお本書は，1986年『動物細胞大量培養と有用物質生産』として刊行された．縮刷版を刊行するにあたり，「執筆者一覧」のみ現在の所属を併記したものの，記述内容は何ら手を加えておらず，当時のままであることをご了承願いたい．

2002年8月

㈱シーエムシー出版　編集部

執筆者一覧（執筆順）

大石 道夫　　東京大学　応用微生物研究所
　　　　　（現）（財）かずさDNA研究所
岡本 祐之　　大阪大学　微生物病研究所
　　　　　（現）おかもと医院
羽倉 明　　　大阪大学　微生物病研究所
矢野間 俊介　横浜市立大学　医学部
奥田 研爾　　横浜市立大学　医学部
難波 正義　　川崎医科大学
　　　　　（現）新見公立短期大学
三村 精男　　大阪大学　工学部
　　　　　（現）山梨大学　工学部
草野 友延　　大正製薬㈱　総合研究所
　　　　　（現）東北大学大学院　生命科学研究科
村上 浩紀　　九州大学　農学部
源 良樹　　　味の素㈱　中央研究所
　　　　　（現）（社）バイオ産業情報化コンソーシアム　生物情報解析研究センター
佐藤 征二　　協和発酵工業㈱　東京研究所
　　　　　（現）協和メデックス㈱　研究開発部
佐藤 裕　　　東洋醸造㈱　生化学研究所
石川 陽一　　㈱石川製作所
　　　　　（現）エイブル㈱
横林 康之　　㈱林原生物化学研究所
　　　　　（現）University of Jordan Hamdi Mango Center for Scientific Research
辻阪 好夫　　㈱林原生物化学研究所

飯島 信司	名古屋大学　工学部	
	（現）名古屋大学大学院　工学研究科	
小林　猛	名古屋大学　工学部	
	（現）名古屋大学大学院　工学研究科	
山崎 晶次郎	東レ㈱　基礎研究所	
小林 茂保	東レ㈱　基礎研究所	
有村 博文	㈱ミドリ十字　中央研究所	
	（現）インビトロテック㈱	
John. R. Birch	Celltech Limited	
小出　恬	住友製薬㈱　研究所	
佐野 恵海子	東レ㈱　基礎研究所	
	（現）㈱プロティオス研究所	
安井 義晶	丸善石油バイオケミカル㈱	
	（現）㈱堀場製作所＆㈱バイオ・アプライド・システムズ	
野崎 周英	（現）（財）化学及び血清療法研究所　第一研究部	
水野 喬介	（現）（財）化学及び血清療法研究所　第二研究部	
折田 薫三	岡山大学　医学部	
	（現）㈱林原生物化学研究所　藤崎細胞センター	
尾野 雅義	中外製薬㈱　新薬研究所	
野村　仁	中外製薬㈱　新薬研究所	
	（現）中外製薬㈱　創薬研究担当	
新津 洋司郎	札幌医科大学	
渡辺 直樹	札幌医科大学	
山本 清高	東京都老人総合研究所　生物学部	
	（現）東京都老人総合研究所　増殖分化制御	

（執筆者の所属は、注記以外は1986年当時のものです）

目　次

第1章　培養動物細胞による物質生産の現状と将来　　大石道夫

1　微生物による有用物質生産の現状と問題点……………………………… 1
2　動物細胞による有用生理活性物質の生産……………………………………… 2
3　おわりに…………………………………… 4

第2章　動物培養細胞の育種技術

1　細胞の株化（クローン化）技術……… 5
　1.1　細胞株化の各種技術
　　　　　　　　岡本祐之，羽倉　明… 5
　　1.1.1　はじめに…………………… 5
　　1.1.2　自然発生的な細胞の株化…… 5
　　1.1.3　ウイルスによる株化………… 8
　　1.1.4　癌遺伝子の導入による株化… 10
　　1.1.5　雑種（hybrid）形成を用いた株化……………………………… 11
　1.2　細胞融合による株化（ハイブリドーマ法）
　　　　………矢野間俊介，奥田研爾… 14
　　1.2.1　はじめに…………………… 14
　　1.2.2　ハイブリドーマ作製の原理… 14
　　1.2.3　細胞融合法の準備………… 16
　　1.2.4　実際の方法………………… 17
　　1.2.5　T細胞ハイブリドーマ……… 20
　　1.2.6　モノクローナル抗体の応用… 21
　　1.2.7　おわりに…………………… 24
　1.3　ヒト細胞の株化技術…難波正義… 25
　　1.3.1　はじめに…………………… 25
　　1.3.2　ヒト正常細胞の株化………… 25
　　1.3.3　ヒト腫瘍細胞の株化………… 28
　　1.3.4　ヒト腫瘍細胞の培養の問題点
　　　　　　　―培養を成功させるために―
　　　　　　　……………………………… 30
　　1.3.5　おわりに…………………… 33
2　細胞の物質生産能増強技術…………… 36
　2.1　分化誘導培養法による物質の生産………………三村精男… 36
　　2.1.1　はじめに…………………… 36
　　2.1.2　分化誘導培養法…………… 36
　　2.1.3　分化誘導培養法の考え方による物質生産……………………… 38
　　2.1.4　分化誘導培養法によるマクロファージの大量調製と有用物質生産……………………… 38
　　2.1.5　単球性白血病細胞株（THP-

	1)の分化誘導培養法………	43
2.1.6	ホルボールエステルによる物質生産増強……………	45
2.1.7	おわりに………………	46
2.2	遺伝子操作による物質生産増強 **草野友延**…	51
2.2.1	はじめに……………	51
2.2.2	動物細胞の遺伝子操作……	51
2.2.3	プロモーター，エンハンサーと宿主との関係………	51
2.2.4	DNAの細胞内導入法 ……	52
2.2.5	選択系（Selection system）…	53
2.2.6	宿主，ベクター系…………	58
2.2.7	おわりに………………	61

第3章　動物細胞の大量培養技術

1	動物細胞培養技術の現在の問題点 **村上浩紀**…	64
1.1	はじめに…………………	64
1.2	細胞に関するもの…………	64
1.3	培地に関するもの…………	65
1.3.1	無血清培地の利用………	65
1.3.2	細胞増殖用培地と物質生産用培地…………………	65
1.4	培養システムに関するもの………	66
1.4.1	高密度培養の有用性……	66
1.4.2	高密度培養の問題点……	67
1.4.3	細胞の増殖と機能分化…	68
1.5	細胞生産物の分離・精製に関するもの………………………	68
2	無血清培養法………… **源　良樹**…	70
2.1	はじめに…………………	70
2.2	無血清培地の意義…………	71
2.3	血清の細胞増殖能…………	71
2.4	無血清培地の研究…………	73
2.5	市販無血清培地……………	77
2.6	無血清培地研究の今後の展開……	79
2.6.1	無血清培地の汎用性と特殊性…………………	79
2.6.2	加熱殺菌可能培地の開発……	79
2.6.3	異種動物由来増殖因子の代替………………………	79
2.7	おわりに…………………	80
3	細胞大量培養法…………………	83
3.1	細胞大量培養法と培養装置の概要…………… **佐藤征二**…	83
3.1.1	はじめに………………	83
3.1.2	動物細胞大量培養の特徴……	83
3.1.3	培養器および培養法……	84
3.1.4	大量培養の一般的プロセス…	85
3.1.5	最適条件の設定…………	89
3.1.6	新しい培養法と培養装置の開発…………………	92
3.1.7	おわりに………………	97
3.2	高密度培養法………… **佐藤　裕**…	99
3.2.1	はじめに………………	99
3.2.2	動物細胞の高密度生育環境条件…………………	100
3.2.3	高密度培養の阻害要因………	101
3.2.4	高密度培養の方法および装置	103

3.2.5 おわりに……………… 111	4.5 "ハムスター法"の問題点と課題……………… 138
3.3 培養装置の改良とコンピュータ制御………**石川陽一**… 113	4.6 おわりに……………… 139
3.3.1 培養装置……………… 113	5 動物細胞培養関連機器
3.3.2 動物細胞培養のコンピュータ制御……………… 121	………**飯島信司,小林　猛**… 141
	5.1 はじめに……………… 141
3.3.3 おわりに……………… 130	5.2 機器類……………… 141
4 "ハムスター法"による大量培養技術と生理活性物質の生産	5.2.1 クリーンベンチ……… 141
	5.2.2 ふらん器……………… 141
………**横林康之,辻阪好夫**… 131	5.2.3 乾熱滅菌器と高圧滅菌器…… 142
4.1 はじめに……………… 131	5.2.4 蒸留水製造装置……… 142
4.2 動物による有用生理活性物質の生産……………… 132	5.2.5 遠心機……………… 142
	5.2.6 その他……………… 142
4.3 ハムスターによるヒト細胞の大量増殖……………… 133	5.3 培養に必要な器具……… 142
	5.4 大量培養装置…………… 144
4.4 ヒト細胞による有用物質の生産… 135	5.4.1 浮遊性細胞の培養…… 144
4.4.1 誘発……………… 135	5.4.2 高濃度培養…………… 146
4.4.2 分離精製……………… 136	5.4.3 付着性細胞の培養…… 147

第4章　動物細胞生産有用物質の分離精製における問題点　山崎晶次郎,小林茂保

1 はじめに……………… 148	題点……………… 153
2 分離精製技術……………… 148	3.2 分離精製される物質の性状に基づく問題点……………… 154
2.1 アフィニティークロマト法……… 148	
2.2 HPLC（高速液体クロマト法）… 149	3.2.1 物質の追跡…………… 154
3 有用物質の分離精製における問題点と対策……………… 151	3.2.2 物質の不均一性……… 154
	3.2.3 高い疎水性のおよぼす影響… 155
3.1 分離精製工程上の問題点……… 151	3.3 分離精製される物質の使用目的上の問題点……………… 155
3.1.1 細胞培養条件がおよぼす分離精製への影響………… 151	
	3.3.1 培地および培養細胞などの構成成分の混入……… 155
3.1.2 大量処理技術………… 152	
3.1.3 カラムクロマト操作上の問	3.3.2 分離精製中の汚染物混入防

	止………………………………… 155	物質の精製……………………… 156
3.4	遺伝子組換えを目的とした有用	4 おわりに………………………… 156

第5章　動物細胞大量培養による有用物質生産の現状　　有村博文

1　ウロキナーゼ……………**有村博文**… 158
　1.1　はじめに……………………… 158
　1.2　ヒト腎細胞を用いてのウロキナ
　　　ーゼ産生……………………… 159
　　1.2.1　培養方法………………… 159
　　1.2.2　細胞…………………… 159
　　1.2.3　ヒト腎細胞の培養で得られ
　　　　　た PA の性状……………… 159
　1.3　遺伝子組換えによるウロキナー
　　　ゼ産生………………………… 160
　　1.3.1　大腸菌を用いてのウロキナ
　　　　　ーゼ産生………………… 161
　　1.3.2　組換え動物細胞を用いての
　　　　　ウロキナーゼ産生………… 161
2　モノクローナル抗体
　　　　　　　　John. R. Birch … 165
　2.1　はじめに……………………… 165
　2.2　モノクローナル抗体の製造方法… 165
　2.3　均一懸濁培養システム………… 165
　2.4　エアーリフトリアクター……… 167
　　2.4.1　エアーリフトリアクター… 167
　　2.4.2　エアーリフト培養法による
　　　　　抗体産生………………… 168
　2.5　連続培養……………………… 170
　2.6　細胞フィードバックによる連続
　　　培養…………………………… 172
　2.7　抗体の回収と精製……………… 172
　2.8　血清無添加の培養培地………… 173
　2.9　おわりに……………………… 173
3　α型インターフェロン……小出　恬… 175
　3.1　インターフェロンの分類……… 175
　3.2　α型インターフェロン………… 175
　3.3　医薬品としてIFN製剤が満たす
　　　べき条件……………………… 175
　3.4　α型インターフェロンの培養生
　　　産……………………………… 176
　　3.4.1　白血球インターフェロン
　　　　　（Hu-IFN-α(Le)）………… 176
　　3.4.2　リンパ芽球インターフェロ
　　　　　ン（Hu-IFN-α(Ly)）……… 176
　3.5　リンパ芽球インターフェロン製
　　　造の実際……………………… 178
　3.6　おわりに……………………… 179
4　β型インターフェロン
　　　　　………**佐野恵海子，小林茂保**… 181
　4.1　はじめに……………………… 181
　4.2　β型IFNの性状……………… 181
　4.3　β型IFNの一般的産生方法…… 183
　　4.3.1　プライミング処理………… 185
　　4.3.2　超誘発法（Superinduction）… 185
　　4.3.3　紫外線照射法（UV法）…… 186
　4.4　臨床用β型IFNの量産法……… 186
　　4.4.1　使用細胞………………… 186
　　4.4.2　培養装置………………… 186

- 4.5 β型IFN生産の現状と問題点 …… 188
  - 4.5.1 動物細胞培養による生産の現状と問題点 ……………… 188
  - 4.5.2 遺伝子組換え微生物による生産の現状と問題点 ………… 190
- 4.6 今後への展望 …………………… 190
- 5 γ型インターフェロン …… **有村博文** 193
  - 5.1 はじめに …………………… 193
  - 5.2 ヒト白血球を用いてのγ型インターフェロンの産生 ……… 193
    - 5.2.1 産生方法 …………………… 193
    - 5.2.2 ヒト白血球由来IFN-γの性状 ………………………… 194
  - 5.3 遺伝子組換えによるIFN-γ産生 ………………………………… 197
    - 5.3.1 遺伝子組換え大腸菌によるIFN-γ産生 ………………… 197
    - 5.3.2 遺伝子組換え動物細胞によるIFN-γ産生 ……………… 198
- 6 インターロイキン2（IL-2） ……………… **安井義晶** … 200
  - 6.1 はじめに …………………… 200
  - 6.2 IL-2の性状と生物活性 ……… 200
  - 6.3 IL-2の遺伝子 ……………… 201
  - 6.4 IL-2の量産 ………………… 203
    - 6.4.1 動物細胞大量培養による量産 ……………………… 203
    - 6.4.2 遺伝子組換え微生物による量産 …………………… 205
    - 6.4.3 IL-2量産の現状と将来 … 205
  - 6.5 IL-2の精製と活性測定 ……… 206
  - 6.6 IL-2の癌免疫療法剤への応用 … 207
- 6.7 おわりに …………………… 208
- 7 B型肝炎ワクチン
  …… **野崎周英，水野喬介** 210
  - 7.1 はじめに …………………… 210
  - 7.2 HBV ……………………… 210
  - 7.3 宿主染色体にHBV，DNAを組み込む方法 ………………… 211
  - 7.4 SV 40を利用する方法 ……… 214
  - 7.5 ウシパピローマウイルスを利用する方法 ………………… 215
  - 7.6 ワクシニアウイルスを利用する方法 ………………………… 215
  - 7.7 ヒト肝ガン細胞を利用する方法 … 217
  - 7.8 おわりに …………………… 217
- 8 OH-1（CBF） ……… **折田薫三** 219
  - 8.1 はじめに …………………… 219
  - 8.2 OH-1の産生 ……………… 219
  - 8.3 細胞障害性活性およびIFN活性の測定 …………………… 219
  - 8.4 OH-1の分離，精製および各種OH-1標品の調製 ……… 219
  - 8.5 OH-1の物性 ……………… 220
  - 8.6 各種OH-1標品のヒト細胞株に対する細胞障害効果 …… 221
  - 8.7 OH-1の in vivo での抗腫瘍効果 …………………………… 221
    - 8.7.1 移植腫瘍に対する抗腫瘍効果 ………………………… 221
    - 8.7.2 OH-1の転移抑制効果 …… 222
  - 8.8 おわりに …………………… 223
- 9 CSF ………… **尾野雅義，野村　仁** 226
  - 9.1 はじめに …………………… 226

9.2 産生細胞（T3M-5）について……226	10.2 ヒトTNFの作製………234
9.3 細胞培養条件 ── 特に血清について ──……227	10.3 ヒトTNFのgenomic gene structure……234
9.4 ローラーボトル方式によるT3M-5の培養……228	10.4 ヒトTNFの一次構造と物性……234
9.4.1 凍結保存細胞から大量培養への展開……228	10.5 ヒトTNFの抗腫瘍作用……236
	10.5.1 *in vitro* cytotoxicity……236
9.4.2 ローラーボトル培養法でのCSF産生……229	10.5.2 *in vivo* の抗腫瘍効果……237
	10.6 抗腫瘍効果の作用機序……238
9.5 培養液からのCSFの精製……230	10.6.1 receptor……238
	10.6.2 壊死……240
9.6 おわりに……231	10.6.3 免疫系……240
10 TNF……**新津洋司郎，渡辺直樹**…233	10.7 副作用……240
	10.8 臨床応用への展望……241
10.1 はじめに……233	10.9 おわりに……241

第6章 動物細胞株入手・保存法とセルバンク　　山本清高

1 はじめに……243	3.3.1 細胞の凍結手順……252
2 動物細胞株の入手法……244	3.3.2 凍結保存細胞の融解手順……253
2.1 他の機関からの入手……244	3.4 改良法の結果……254
2.2 購入……247	3.4.1 凍結，融解後の生存率，付着率……254
2.3 研究室内での調製……247	
3 細胞凍結保存法……248	3.4.2 改良法の長所……255
3.1 機材……248	3.4.3 凍結細胞の増殖能および分裂寿命（life span）への影響……256
3.1.1 凍結装置……248	
3.1.2 凍結保存容器……252	
3.1.3 アンプルシーラー……252	3.5 凍結回数の影響……257
3.2 準備……252	3.6 血管内皮細胞の凍結保存……257
3.2.1 器具……252	3.7 各種細胞の凍結条件……258
3.2.2 試薬……252	3.8 生存率と付着率の関係……259
3.3 手順……252	4 セルバンク（細胞銀行）……259

第1章　培養動物細胞による物質生産の現状と将来

大石道夫[*]

1　微生物による有用物質生産の現状と問題点

　大腸菌における遺伝子の *in vitro* での組み換えが成功してから，早くも十数年の月日が経ったが，この間における遺伝子工学を中核とするバイオテクノロジーの発展は，ここで改めていうまでもなく，有史上例をみないほど急速かつ革新的なものであった。

　このようなバイオテクノロジーの中核である遺伝子工学において，大腸菌における物質生産がその最も有望な生産系として認識されたのであるが，その理由は，いうまでもなく，大腸菌およびそのファージの分子生物学が，1960年代および1970年代において急速に進歩して，大腸菌において，ほとんど総ての有用物質の生産の可能性が期待されたからである。実際，1978年に，アメリカのGenentech社は，クローンしたヒト・インシュリン遺伝子の発現を，大腸菌によって成功させ，さらに，ヒト成長ホルモンも同様に生産に成功したのであった。現在，大腸菌を用いた有用物質生産の成功例は数十に達し，その中のいくつかは，すでに医薬品として承認をうけ企業化されている。

　さて，このような大腸菌における物質生産，特にタンパク質性有用物質の生産において，ここ数年いくつかの問題点が指摘され始めてきた。これらの問題点は，必ずしも大腸菌，枯草菌等による有用物質生産を否定するものではない。むしろ，人工的有用物質生産の対象となる物質，特に生理活性物質の範囲が拡大するにつれて，大腸菌による物質生産にそぐわない多くの物質が明らかになってきたために，当初考えられたような大腸菌における物質生産が万能なものではない，という認識に達したに過ぎないのである。

　さて，具体的にどのような点において，大腸菌をはじめとするバクテリアにおける物質生産に問題が生じたのであろうか。この点に関しては，すでに多くの議論がなされているので，ここでは詳しく述べないが，以下にその要点を示す。

　まず，遺伝子工学による生産の対象になる多くの生理活性物質は，タンパク質およびペプチドであるが，このうちタンパク質については，その一次構造とは別に，糖類，アミド化などによって，二次的に修飾されている場合が多い。バクテリアにおいては，当然，このような二次的修飾能力

---

[*]　Michio Oishi　東京大学　応用微生物研究所

第1章 培養動物による物質の現状と将来

はないから，大腸菌などで生産されたタンパク質は，クローンしたDNAに由来するアミノ酸の配列のみを正確に反映しているのに過ぎなく，生体内において実際に働いている物質とは，相当異なっているわけである。ある種の生理活性タンパク質に関しては，このような二次的修飾がその活性にあまり関係のないものもあるが，多くの物質では，活性またはin vivoにおける安定性に関連しているものが多く，大腸菌において作らせた物質が，in vitroでのテストでは有効であっても，in vivoのテストでは無効もしくは活性が著しく落ちている例は，このタンパク質の二次的修飾と密接に関係していると考えられる。

このような糖類などによる修飾の他に，大腸菌で作らせたタンパク質は，その高次構造が天然のものと異なっている例も知られている。例えば，大腸菌内における環境は，タンパク質を正しくfoldingせず，しばしば水難溶性のタンパク質産物を作る例が，これに当る。これらの点以外にも，バクテリアにおける適当な細胞外分泌系の欠如，生産したタンパク質のタンパク質分解酵素による分解などの深刻な問題点も指摘されていることは，改めてここに述べるまでもないであろう。

さて，このように，バクテリアにおけるタンパク質性生理活性物質の生産は，極めて深刻にみえる。私の考えによると，上記の諸問題のうち，C末端のアミド化，分泌系の改良，タンパク質分解酵素の除去については，将来，何らかの解決方法が見出される可能性があろう。例えば，C末端のアミド化については，アミド化酵素または化学的反応によるアミド化が可能になるであろうし，分泌系の改良もしくは変異株の利用によるタンパク質分解に関する問題の解決は，既にいくつかの解決例が示されている。しかしながら，筆者の見るところ，タンパク質への糖類の付加および正しい高次構造をもったタンパク質の生産に関しては，現在の技術で，バクテリア内もしくは試験管内でこれを行うことは，極めて困難であるといえる。

2　動物細胞による有用生理活性物質の生産

以上にあげたような問題点をふまえて，生理活性物質を，本来その生産系である動物細胞で行わせようとする考え方が，現在明確に認識されてきたのは当然のことである。すなわち，動物細胞による物質生産は，バクテリアと比して，その生産性が一般に低く，また，動物細胞の分子生物学的知識が，バクテリアに比して極めて少ないという不利な点を考え合わせても，やはり動物細胞，特に培養動物細胞においてのみしか，基本的問題の解決はあり得ない，という点で，研究者の間で，ほぼ意見が一致している。そして，現在においては，動物細胞における物質生産に関する諸々の技術的問題点を，どのように解決していくかという，現実的な対応策が検討，研究されている段階に至っているのである。

2 動物細胞による有用生理活性物質の生産

さて,現在のところ,動物細胞を使った物質生産は,二つのカテゴリーに分けられよう。

まず第一は,動物の個体そのものを使う方法である。この方法は,細胞工学的手法で作った特定生理活性物質を生産する細胞を,動物個体に移植し,個体内での物質生産をはかる方法である。個体としては,ハムスターのような小動物が多く用いられるが,我が国で伝統的に使われてきたカイコの個体に,生理活性物質遺伝子をもったウイルスを感染させて物質生産を図る試みもなされている。これらの動物個体を使う物質生産は,培養細胞を用いる方法に比して,単位細胞あたりの生産性は高い場合が多いが,一方,動物個体を扱うために,管理,および生産された物質の個体よりの単離に問題があると考えられ,従来の微生物による抗生物質生産にみられたような,タンクによる連続的な物質生産および回収の利点がみられない。

第二のカテゴリーは,当然,本書の主題である,培養した動物細胞による物質生産である。本来この方法は,我が国で既に世界第一のレベルに達している発酵生産技術と軌を一にしており,生理活性物質の生産の系としては,将来中心となるべきものであるが,現在においては,いくつかの問題点が指摘されよう。それは,単位容積あたりの培養細胞数が極めて低いこと,細胞の生育速度が遅いこと,培養に要する培地が高価であること,培養中に細胞の特性が変ることなどである。

しかしながら,これらの問題点に関しては,最近の研究の進歩は著しく,例えば,単位培養容積あたりの細胞数に関しては,既に,いくつかの装置が考案されており,将来は,動物個体におけると同じ細胞密度には達し得なくても,現在の100倍以上には到達し得るものと考えられる。また,培養のための培地に関しても,動物細胞の生育に関する諸因子が明らかになるに伴い,無血清培地の開発が急速に進んでおり,無血清培地のもつ経済性および培養条件の再現性という利点が,充分に生かせる時が近いと考えられる。

これらの点とならんで,培養動物細胞による物質生産の中核は,バクテリアにおける場合と同様に,やはり,遺伝子の改変による生産性の向上ではあるまいか。これは,バクテリアにおいて輝かしい成功を収めたこともあり,培養動物細胞においても,細胞融合など細胞工学的技術とあいまって,その有用性は,充分に発揮されるべきものである。

このような技術的問題と同時に,培養動物細胞による物質生産の最大の課題は,いかにして,バクテリアに比して圧倒的に少ない,動物細胞に関する分子生物学的情報を,有効に利用するか,という点である。たとえば,動物細胞において,遺伝子の発現,細胞の増殖,遺伝子の染色体における構造等に関する我々の知識は,極めて不十分である。したがって,現在までの動物細胞における物質生産のための生産性の向上は,多くの場合,理論的裏づけによるものではなく,経験的または偶発的なことをもとにしてなされているのが現状である。このような研究開発のやり方を改めるためには,言うまでもないことであるが,動物細胞に関する我々の基礎的知識を,我々の

手で主体的に拡大していかなくてはならない。ともすれば海外において得られた知識にたよって研究開発を行うことは，特許その他の点において，既に多くの障壁に遭遇している。このことにかんがみても，日本における真核細胞の基礎的な分子生物学の知識の集積こそ，一見遠回りにみえても，結局は，将来において，動物細胞における物質生産を実用化するための，最も有効な手段であることは明白である。

3　おわりに

　以上，培養動物細胞における物質生産の現状とその問題点について簡単に述べたが，全般的にみて，将来の生理活性物質の生産系としての培養動物細胞の利用は，極めて論理にかなったものであり，かつ，この開発研究を通して，人体に対する生理活性物質の作用機作の解明や，新しい生理活性物質の発見など，多くの，他の人工的な物質生産系では得られない，貴重な情報が得られるであろうことは，十分に考えられることである。

第2章　動物培養細胞の育種技術

1　細胞の株化（クローン化）技術

1.1　細胞株化の各種技術
1.1.1　はじめに

岡本祐之*，羽倉　明**

　従来，微生物を対象とする研究に比べ，多細胞が相互に関与しあう生体，特に高等動物に関する研究は，関与する因子があまりにも多く，着手し難いものであった。しかし，株化細胞の樹立によって，ある指標については同一と見做し得るクローン化された多数の細胞を，いつでも必要なだけ得ることが可能となり，多数の因子の関与によって煩わされることなく研究を進めることができるようになった。そして，この培養技術の向上と遺伝子工学の発展とが相まって，in vitro で，発癌・細胞の分化・遺伝子病などに関わる各種の遺伝子の解析が進んだ。さらに，最近では，細胞融合や組換え遺伝子の導入などの手技を用いて，モノクローナル抗体やインターフェロンなど，目的とする有用物質を産生させ，これを利用するに至っている[1]。

　このように，各種遺伝子の解析や有用物質の産生など，多方面にわたって利用価値の高い細胞培養につき，本節では，特に動物細胞の株化とその技術に的を絞り，概要を述べる。

1.1.2　自然発生的な細胞の株化
(1)　正常細胞の株化

　生体から取り出した細胞は，in vitro で培養を続けると，その細胞の由来する動物や器官などに依存して，ある程度の長短はあるものの，一定の分裂を経過すると増殖が止まり（senescence），ほとんどの細胞は死滅することが知られている。しかし，培養を継続する過程で，細胞によっては，ごく一部のものが生き残り，増殖してくることがある。この場合，細胞は無限に増殖する（immortalize）能力を獲得していることが多い。こうした細胞を株(化)細胞（cell line）と呼ぶ。

　現在，このようにして分離された株細胞の多くは，繊維芽細胞由来であるが，腎細胞由来の株細胞なども分離されている。ここでは，自然発生的に株化した細胞の代表例として，NIH/3T3

　＊　Yuji Okamoto　　大阪大学　微生物病研究所　腫瘍ウイルス部門
　＊＊　Akira Hakura　　大阪大学　微生物病研究所　腫瘍ウイルス部門

の樹立について述べる[2]。この細胞は，細胞外部から加えた遺伝子の取り込み・発現の効率が良く，しかも接触阻止（contact inhibition ── 培養細胞の密度が上昇すると，細胞と細胞の接触が情報となって細胞の増殖が停止すること。この性質は正常細胞の指標となっている）が認められる細胞として有名である。この細胞の樹立の概要は，以下の通りである。

すなわち，17〜19日齢のNIH Swissマウス胎仔を取り出し，よく細切した後，trypsin処理により単細胞浮遊液を作製。こうした細胞を直径50 mmのプラスチックプレートに3×10^5の割合で播種し，培養を開始する。その後，3日ごとに，同一の濃度で播き直しを繰り返すことにより，培養開始後約2.5カ月を経て株化細胞が得られた。この時，培養液としては，DMEM（Dulbecco modified Eagle's minimum essential medium）にアミノ酸・ビタミンを補充したものに，10％ calf serum（CS）を加えたものを使用している。

また，播種細胞数を12×10^5/plateに調整して播き直しを続けることにより，株細胞3T12を樹立しているが，この細胞は接触阻止が認められない。このように，株化細胞を樹立しようという時の細胞継代条件によって，得られる株化細胞の性質を，ある程度コントロールすることが可能である。また，自然発生的に細胞の株化を試みる場合，最も大切なことは，使用する血清をよく吟味することである。そして，一般に，CSよりは fetal calf serum（FCS）を使用する方が，株化細胞を得やすい。

正常細胞からの株化の試みは，血球や器官実質細胞でもなされているが，今のところ非常に困難な場合が多い。しかし，allogenic leukocyteのmixed cultureに端を発したstimulating factorの研究から，現在ではTCGF（T-cell growth factor）＊を培養液に添加することによって，T cellの長期培養が可能となっている[3]〜[5]。

さて，株化細胞を使用することの長所の一つに，常時，容易に，目的とする細胞の均一集団（クローン）を得ることが可能な点がある。ここで，株化細胞クローン化の方法について，簡単に述べる。その方法には以下のようなものがある[6]。

(a) 準固型培地でのクローニング

軟寒天やmethyl celluloseなどを基剤とする培地中に，適当な密度で細胞を播き込み，形成されてくるcolonyを別々に集める方法。

この方法は，血球や癌化細胞など anchorage dependency[7] のない細胞でのみ，適用可能である。

(b) 限界希釈法

多数の小さな培養容器を用意し（通常，1つのプレートに多数の培養穴をもったものを使用），

＊ IL（interleukin）として名称の整理・統一がなされている[25]。

1 細胞の株化（クローン化）技術

1つの培養器に1個あるいはそれ以下の割合で細胞が入るように調整した細胞浮遊液を，適当量ずつ分注し，形成される colony を使用する方法。

細胞が壁面付着性を示す場合，簡便には，細胞を低濃度で播き込み，形成された colony を別々に回収することによっても可能。

(c) マイクロマニピュレーターや cell sorter を使用する方法

上記の機械を利用して個々の細胞を取り出し培養する方法。

これらの方法のうち，(a), (b)の方法が簡便であり，よく利用されている。

(2) 悪性腫瘍・白血病からの株化

悪性新生物は，その構成細胞自体が，既に immortalize されたものと考えられ，正常細胞を起源とするよりは株化細胞を得やすいのではないかとの考えから，悪性新生物から株化細胞を樹立し，これを癌や白血病などの研究に利用しようという試みも多々なされている。

① 固型腫瘍からの株化

固型腫瘍の生検組織や摘出標本を材料として株化の試みを行うにあたって，まず注意しなければならないことは，細菌・真菌などによる汚染の防止である。このため，得られた材料を抗生物質の入った培養液やPBSなどでよく洗浄しておく。次に，1mm^{3}以下の大きさを一応の目安として，よく細切する。この時，切れ味の悪い刃物を使用すると，機械的損傷のため細胞の生残率が低下するので，この点，留意が必要である。悪性腫瘍が，1個の異常細胞に由来すると考えるならば，これ以上に細胞を分散させる必要はなく，また，細胞を個別に分散させると，培養上不利となる場合が多い。しかし，必要な時には，pipeting により機械的に分散させたり，trypsin や collagenase を使って化学的に分散させることができる。この場合，細胞の生残率は，酵素によって化学的に分散させた方が高い。

培養液としては，MEM，DMEM，RPMI 1640，McCoy 5A[8]などが使用されているが，MEMは単独では栄養的に不利であり，アミノ酸等の補充が必要である。これに通常8〜20％の血清（FCS, CS, horse serumなど）が加えられているが，FCSは，CSに比べ，細胞を生体から取り出した状態の性状を維持しやすく，また，抗体の影響を考慮する必要が少ないという点から，多用されている。悪性腫瘍の株化の場合も，血清条件の影響が大きいので，用いる血清の種別，ロットや濃度などについて，十分吟味することが必要であろう。

培養は液体培地中でも準固型培地中でも可能であるが，準固型培地では，液体培地に比べ血清濃度を高くした方が良い。また，growth stimulating factor を考慮するという立場から，繊維芽細胞や寒天中に埋め込んだ白血球などをfeeder layer として用いたり，細胞の培養上清を conditioned medium として加えた場合の方が，株化細胞の樹立には有利なことが多い。しかし，最近，このような feeder layer や conditioned medium なしに，MEMをbaseにアミノ酸等を

補充したmediumで株化細胞を樹立し，樹立の効率もそれほど悪くないとする報告があり[9]，exogeneousなstimulating factorの関与を除外したい場合は，これに準じるのも良い。ただし，樹立当初はexogeneousなgrowth factorを要求するが，培養を継続するうちにその要求性がなくなった細胞株もあり[10]，単に株化という観点からすれば，培養開始当初は何らかのgrowth factorを加えた方が安全と思われる。

培養を続けると，培養容器面に付着して増殖する細胞と，付着しないで細胞の集塊を形成する細胞とが出現する場合が多いが，この前者あるいは後者のみから株化細胞が樹立される場合もあり，両者とも培養を続けることが必要である。

② 白血病等からの株化

白血病の場合，浮遊状態の細胞集団であるので，細胞を分散させるという操作は不要であるが，リンパ節や脾臓など，固型の臓器から材料を得る場合には，①と同様に行えば良い。一方，末梢血などを材料に選んだ場合には，白血病以外の細胞，特に赤血球を除く必要がある。赤血球は，Ficoll-Hypaqueやdextranなどを用いた比重遠心により分離することができるが，少量の混入であれば，低張液で溶血させても良い。単球・マクロファージなどは，鉄粉を取り込ませるなど貪食能を利用したり，壁面付着性を利用して培養容器面に付着させること，などにより分離できる。また，T cellのように，羊赤血球とのrosette形成を利用して分離できる場合もある。しかし，白血病細胞の性質が定かでない間は，こうした操作を不用意に行わない方が良い。

培養は，培養液中に浮遊させれば良く，細胞密度が上がり過ぎないよう注意する。培地としては，RPMI 1640，α-medium，MEMなどが使用されているが，RPMIの使用が多い。

③ 株化上の注意点

以上①，②とも，週2回程度の培地交換を行い，細胞密度が上昇してくれば，exponential growthを維持するように播き直しが必要である。また，培養材料は，病期の進行したもの，転移巣や再発部位などから得た方が，原発巣から得たものより株化細胞樹立の効率が良く，直接培養を開始したものより，ヌードマウスで継代した後，培養を開始した方が，樹立の効率は良いようである。

1.1.3 ウイルスによる株化

(1) 実験動物への接種による株化

ウイルスと発癌の関連については，1908年，Ellermann & Bangが，ニワトリ白血病について，さらに，1911年，Rousがニワトリ肉腫について，ウイルスの関与を報告し，注目され始めた。現在，実験動物に悪性新生物を引き起こす多くのウイルスが知られており，DNA腫瘍ウイルスとしてはSV40，Polyomavirus，Adenovirus，RNA腫瘍ウイルスとしては，Rous sarcoma virusを始めとして，種々のレトロウイルスが知られている。これらのウイルスを動

1 細胞の株化（クローン化）技術

物に接種して、新生物を造らせることができる。そして、この場合、1.1.2の(2)に準じて株化細胞を得ることが可能である。

(2) 培養細胞の株化

実験動物に接種して新生物を造らせなくても、培養細胞にウイルスを感染させ、培養細胞をtransform（癌化）させて株化細胞を得ることも可能である。その例として、まずSV40[11]について述べる。

① SV40

SV40は、齧歯類動物培養細胞の他、ブタ・ウシ・サル・ヒトの培養細胞をtransformすることが知られており、古くから、株化細胞を得るために利用されてきた。ヒトでは、繊維芽細胞、腎細胞のtransformが報告されている。なお、ヒト繊維芽細胞に感染させた場合、いったんtransformした細胞も、長期間培養を継続すると、多くの場合crisisに陥り、完全な株化細胞を得ることは困難な場合が多い。また、SV40によるヒト繊維芽細胞のtransformationの効率は、齧歯類培養細胞に比べ低いが、興味あることに、この効率は、Fanconi貧血やDown症候群のような発癌リスクの高いヒトから得られた培養細胞では、正常に比べ10～50倍高くなるという報告がある[11]。

② EBV

一方、ヒトに関係したDNA腫瘍ウイルスとして、EBV（Epstein-Barr virus）が知られている。このウイルスは、アフリカの一地方で多発するBurkittリンパ腫や伝染性単核球症などの原因ウイルスと考えられているが、白血病細胞から株化細胞を得るために培養を継続するうちに、B cell由来の株化細胞が得られることがあり、この場合、多くにEBVの自然感染が認められている。そして、実際、in vitroでEBVを感染させることによって、細胞の株化が可能である[12]。

③ HTLV

また、ヒトに関係したRNA腫瘍ウイルスと考えられるHTLV（human T-cell leukemia virus）による株化も報告されている。現在、HTLVには3型が知られており、このうちⅠ型は、成人T細胞性白血病（ATL）の原因ウイルスとして確実視されている。HTLVには、強発癌性RNA腫瘍ウイルスにみられるoncogene（癌遺伝子）がなく、白血病化には、HTLVに特異的に存在するpX部分の機能が注目されている。このウイルスの感染しているATL患者の白血病細胞、あるいは、HTLV（typeⅠ）を産生する樹立株を、ヒト[13),14)]、サル[15)]、ウサギ[16)]白血球とco-cultureすることによって、co-cultureした白血球をtransformし、株化細胞を得た、という報告がある。すなわち、HTLVによっても、リンパ球の株化が可能である。

第2章　動物培養細胞の育種技術

1.1.4　癌遺伝子の導入による株化

(1) 癌遺伝子の導入による株化

RNA腫瘍ウイルスの研究から，現在までに，約20種類のoncogeneが明らかにされている。ヒト悪性新生物からのgene huntingの技術開発によって[17]，この20種以外に，ある種の遺伝子が発癌に関与しているという報告がなされており，こうした遺伝子の数はさらに増えようとしている。

遺伝子工学の進歩により，oncogeneを細胞に導入すること（遺伝子導入）によって，細胞をtransformさせ，株化細胞を得ることが可能となってきた。現在までに明らかにされた癌遺伝子の中には，初代培養細胞（ラットなど）をimmortalizeするが，完全にはtransformしないという遺伝子が知られている。すなわち，PolyomavirusのlargeT（特にそのN末端側1/2）[18),19]，AdenovirusのE1a[20]およびmyc[21]などがそれである。このような遺伝子を利用することによって，正常な形質を示す株化細胞を得ることも可能である。

(2) 遺伝子導入の方法

ここで，細胞への遺伝子導入に用いられる手技について簡単に述べておく。その方法としては，

(イ)　DNA-リン酸 — Ca^{++} 共沈法

(ロ)　微小注入（microinjection）法

(ハ)　融合法（protoplast法，liposome法，赤血球ghost法）

等がある[22]。

DNA-リン酸 — Ca^{++} 共沈法は，DNAを，リン酸緩衝液の中でCaイオンの存在下に沈殿させ，この沈殿を細胞表面に吸着させて細胞に取り込ませる方法である。この方法は，DNAの沈殿を作る際のpH，反応時間，DNAの濃度，細胞に吸着させるための処理時間，吸着させる細胞の数（密度）等によって，実験結果が左右される。また，一般に，至適DNA濃度を得るために，carrier DNAを必要とする。

microinjection法は，microinjection用のガラス針を用いて，細胞に直接DNAを注入する方法で，carrier DNAを必要とせずに，対象となるDNAを直接核に注入でき，遺伝子導入の効率も良いが，技術的に熟練を要し，また，microinjectorが必要である。

protoplast法は，plasmidを持つ細菌をprotoplastに変え，これを細胞と融合させる方法。liposome法は，人工的に作製した脂質膜（liposome）の中にDNAを包み込ませ，これを細胞と融合させる方法（liposomeを細胞が貪食するという説もある）。赤血球ghost法は，liposomeの脂質膜と同様の働きを赤血球膜にさせる方法で，DNAを赤血球ghostに包み込ませ細胞と融合させるものだが，DNAに対しての利用は報告が少ない。

これらの方法の中で，DNA-リン酸 — Ca^{++} 共沈法は，比較的簡便で，実験条件を検討すれば導

入効率も良く、さほど技術的に熟練を必要としないので、広く利用されている。

1.1.5 雑種（hybrid）形成を用いた株化

(1) 雑種（hybrid）形成を用いた株化

株化させたい細胞（non-immortalized cell）とimmortalizeされた細胞を融合させ、hybridomaを形成させることによって、2つの細胞の性質を兼ね備えた株化細胞を得ることが可能である。monoclonal抗体の作製法は、この手法を利用した代表例として有名である。これは、non-immunoglobulin producerでしかもhypoxanthine-guanine-phosphoribosyltransferaseを欠損したmouse myelomaの細胞株とimmunoglobulin産生細胞を融合させ、HAT培地で融合細胞だけを選択するという手技を使用した[23]。

また、細胞融合は、株化細胞を得るだけではなく、細胞間の相補性テストにも利用される。さらに、ヒトとマウスの細胞間でhybridを作ると、ヒト染色体がrandomに欠落していくという性質を利用して、ある遺伝子の染色体上への位置付け（mapping）にも利用されている。

(2) hybridoma作製法

ここで、hybridoma作製法について簡単に触れておく。hybrid作製には、HVJ（hemagglutinating virus of Japan；Sendai virus）を用いる方法とPEG（polyethylene glycol）を用いる方法の2つがある[24]。

細胞融合活性のあるウイルスとして、Poxvirus, Herpes virus, Parainfluenza virusなどが知られているが、HVJは、このうち、Parainfluenza virusに属し、細胞融合に多用されている。融合の方法は、細胞と細胞の接触が得られる細胞濃度で、紫外線あるいはβ-プロピオラクトンによって不活化したHVJを、無血清の条件下で吸着させ、血清入りの培地を加えることによって、吸着を終了させる。その後、培地を選択培地に置換し、目的とするhybridomaを回収する。

PEGを用いる場合も、同様に行い、HVJの代りにPEGを使用する。この場合、hybridomaの形成効率を上げるためには、細胞によって、使用するPEGの分子量、濃度を検討する必要がある。

PEGでは、HVJを使用する際に必要な不活化の操作が不要で、この意味では簡便であるが、細胞に対し毒性があり（これは、PEG自身というよりも混入物の問題とも言われている）、著しい致死的効果が出現する場合がある。一方、HVJでは、このような細胞毒性は無いが、不活化が必要なうえ、雑種細胞へのHVJ遺伝子の混入や、大量に均一なHVJを得る方法上の問題などがある。

1.1.6 おわりに

以上、"動物細胞の株化"を中心として、付随する手技を含め、その概略について触れたが、こうして得られた株細胞を利用することにより、発癌・遺伝子病・細胞の分化等の解析や、gene mappingが進み，真核生物における分子生物学とも言うべき「体細胞遺伝学」の学問体系が確立され始めた。また，一方では，本書の後章にあるように，株細胞を用いて有用物質の産生・利用が可能となりつつある。

　株細胞は，このような研究を進める上で，必須とも言うべき位置を占めている。しかし，現時点では，株細胞の分離法は十分確立されたとは言い難く，分離の成否が不確実であったり，transformationを伴ったりしており，細胞の種類によっても制限がある。しかしながら，最近発見されたimmortalizationに関与する遺伝子の解析が進み，immortalizationに必要な最小の遺伝子や，その発現に必要な要因が明らかとなれば，いずれ，必要な細胞をtransformationをともなわずに，自由に株化させることが可能となるであろう。

文　　献

1) 石井俊輔, 今本文男, 蛋白質・核酸・酵素, **28**, No. 14, 1480 (1983)
2) G. J. Todaro, H. Green, *J. Cell Biol.*, **17**, 299 (1963)
3) S. Gillis, K. A. Smith, *Nature*, **268**, 154 (1977)
4) C. G. Fathman, H. Hengartner, *Nature*, **272**, 617 (1978)
5) H. D. Engers, et al., *J. Immunol.*, **125**, No. 4, 1481 (1980)
6) 木本雅夫, 細胞工学, **3**, No. 10, 845 (1984)
7) I. Macpherson, L. Montagnier, *Virology*, **23**, 291 (1964)
8) 内田驍, ほか, "動物細胞実用化マニュアル", リアライズ社, p. 28 (1984)
9) J. A. McBain, et al., *Cancer Res.*, **44**, 5813 (1984)
10) B. J. Poiesz, et al., *Nature*, **294**, 268 (1981)
11) J. Tooze, et al., "Molecular Biology of Tumor Viruses (Part II) DNA Tumor Viruses", Cold Spring Harbor Lab., p. 61 (1980)
12) N. A. Brown, G. Miller, *J. Immunol.*, **128**, No. 1, 24 (1982)
13) I. Miyoshi, et al., *Nature*, **294**, 770 (1981)
14) N. Yamamoto, et al., *Science*, **217**, 737 (1982)
15) I. Miyoshi, et al., *Lancet*, **1**, No. 8279, 1016 (1982)
16) M. Tateno, et al., *J. Exp. Med.*, **159**, 1105 (1984)
17) C. Shih, et al., *Proc. Natl. Acad. Sci. U.S.A.*, **76**, No. 11, 5714 (1979)
18) M. Rassoulzadegan, et al., *Nature*, **300**, 713 (1982)
19) M. Rassoulzadegan, et al., *Proc. Natl. Acad. Sci. U.S.A.*, **80**, 4354 (1983)
20) H. E. Ruley, *Nature*, **304**, 602 (1983)
21) H. Land, et al., *Nature*, **304**, 596 (1983)

22) 石浦正寛, 細胞工学, **2**, No.6, 860 (1983)
23) 岩崎辰夫, ほか, "単クローン抗体", 講談社 (1983)
24) 岡田善雄, "細胞融合と細胞工学", 講談社 (1983)
25) L. A. Aarden, et al., *J. Immunol*, **123**, No.6, 2928 (1979)

第2章　動物培養細胞の育種技術

1.2　細胞融合による株化（ハイブリドーマ法）

矢野間俊介[*]，奥田研爾[**]

1.2.1　はじめに

　1950年代後半にOkadaら[1)]により発見された，センダイウイルスによる細胞融合の現象は，体細胞遺伝学の領域において急激な進展をもたらした。1975年にKöhlerとMilsteinは[2)]，このOkadaらによって発見された細胞融合を免疫担当細胞に応用し，ヒツジ赤血球に対する抗体を持続的に産生するBリンパ球ハイブリドーマ（hybridoma）の作製に成功した。この技術により，比較的短期間に，均一な高力価の抗体（モノクローナル抗体）の大量採取が可能になった。腫瘍免疫の分野においても，腫瘍抗原の探索とその生化学的解明などの基礎的研究に，重要な手段を提供した。また一方では，Tリンパ球の細胞融合にも応用され，Tリンパ球表面レセプターの解析や，細胞間相互作用の分子論的解析をも可能にした[3), 4)]。さらに，遺伝子工学の技術を用いる上で，mRNAを分離し，cDNA作成の供給源として，ハイブリドーマは，重要な位置を占めるにいたっている[5)]。このように，これほど急速に，しかも広範囲に応用され，多くの成果をあげている方法論は，医学生物学の分野でも異例のことといえる。

　本項では，細胞融合法の理論を，今日利用されているB細胞融合技術と，その応用例を中心に述べることにする。

1.2.2　ハイブリドーマ作製の原理

　一般的には，抗体産生細胞と骨髄腫細胞との細胞融合によって生じる融合細胞をハイブリドーマと呼ぶ。骨髄腫の有する無限の増殖性とBリンパ球由来の抗体産生分泌能を兼ね備えている。1個のハイブリドーマは，1個の抗体産生細胞，1個のクローンの融合細胞であるので，それが産生する抗体分子は，単一クローン由来の抗体（monoclonal antibody）である。

(1)　細胞融合

　B細胞ハイブリドーマは，抗原を数回免疫したマウス脾細胞と骨髄腫由来細胞株（8-azaguanine耐性でhypoxanthine guanine phosphoribosyl transferase, HGPRT欠損株）とを，融合剤ポリエチレングリコール（PEG）存在下で一定時間処理することにより得られる[6)]。PEGによる融合は，全くランダムに起こる反応であるが，最も安定なハイブリドーマは，遺伝的に類似の細胞同士の融合によって得られる。したがって，抗体産生細胞を同種の骨髄腫細胞株と融合することによって，抗体分泌の安定なハイブリドーマを得ることができることになる。T細胞ハイブリドーマは，T細胞とT細胞系腫瘍細胞株との融合によって，安定なハイブリドーマを得ることができることになる。

---

[*]　Shunsuke Yanoma　横浜市立大学　医学部
[**]　Kenji Okuda　横浜市立大学　医学部

1 細胞の株化（クローン化）技術

(2) HAT 選択

融合に用いる腫瘍細胞株は，表 2.1.1 のような細胞がよく用いられる。これらの腫瘍細胞株は，DNA 合成経路の一方のサルベージ回路に関係する HGPRT もしくは TK 欠損株であるため，8-azaguanine あるいは bromdeoxyuridine（BudR）の含まれる培地でも生存することが可能である。しかし，アミノプテリンを含む HAT 培地で DNA 合成経路の de novo 回路を遮断すると，生存できない。このように，これらの細胞株は，HAT 感受性であるため，細胞融合の親株として使用可能なのである[7]。一方，図 2.1.1 に示すように，融合した腫瘍細胞は，正常細胞から HGPRT の供給を受け，チミジンキナーゼとともにサルベージ回路を動かし，HAT 培地中でも生存可能である。また，融合しなかった正常細胞は，増殖能をもたないので自然に消滅する。このようにして，腫瘍細胞どうし，もしくは正常リンパ球どうしが融合した細胞は除去され，細胞集団の中から腫瘍細胞と正常リンパ球が融合した雑種細胞のみを選択的に得ることが可能になるのである（図 2.1.2 参照）。

(3) 特定細胞のクローニング

このようにして増殖してきた融合細胞，すなわちハイブリドーマは，数種のクローンを含み，たとえば B 細胞ハイブリドーマの場合は，それぞれのクローンにより異なる抗体を産生している。さらに，モノクローナルであることを確認するため，1 個の細胞のみ生えてくるように，限界希釈法（limiting dilution）等を用いてクローニングを行う。増殖してくるハイブリドーマのうち，

表 2.1.1　細胞融合法に用いられる腫瘍細胞株

細　胞　株	略　号	由来した細胞	性　　状
B細胞株			
マウス			
X63-Ag8	X63	BALB/c, MOPC-21 (myeloma)	r_1, κ 分泌
NS1-Ag4/1	NS-1	X63-Ag8	κ (intraceluler)
P3X63-Ag8.U1	P3U1	X63-Ag8	κ (intracellular, faint)
X63-Ag8.653	X63.653	X63-Ag8	none
SP2/0-Ag14	SP2/0	(X63-Ag8×BALB/cリンパ球) hybridoma	none
ラット			
210.RCY3.Ag1,2.3.	Y3	Lou Rat	κ
ヒト			
U-266AR$_1$	SK0-007	U-266 myeloma	ε, λ
GM1500.6TG-A12	GM1500	GM-1500 B-LGL	r_2, κ
LICR-LON-HMy2	HMY2	ARH-77 myeloma	r_1, κ
T細胞株			
マウス			
BW5147, G.1, 4	BW5147	AKR	$H\text{-}2^k$, Thy-1, 1$^+$, Ig$^-$, Ia$^-$, Lyt-1$^-$, Lyt-2$^-$
EL-4		C57BL/6	$H\text{-}2^b$, Thy-1, 2$^+$

第2章 動物培養細胞の育種技術

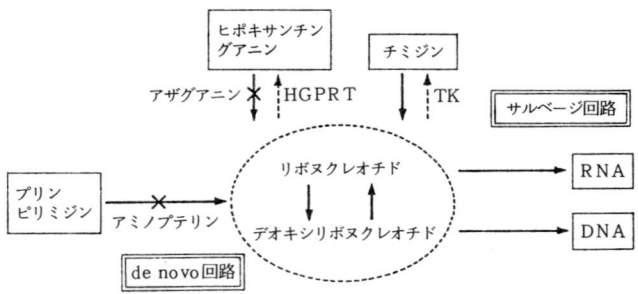

HGPRT：ヒポキサンチングアニンホスホリボシル転換酵素
TK： チミジンキナーゼ

図2.1.1　DNA，RNAの合成経路

特定の抗体を産生しているクローンの出現頻度は，融合に用いたB細胞にどれくらい特定の抗体を産生している細胞が存在するかによる。マウス脾細胞中の特異抗体産生細胞の頻度は10^{-3}程度と考えられている。また，PEGによるヘテロカリオンの出現頻度は10^{-2}位であり，以後の増殖を開始するシンカリオンまでになる確率は10^{-3}と考えられている。したがって，かなり好条件で融合したとしても，10^5個に1個の割合でしかハイブリドーマを形成しないことになる。このように，免疫マウス脾細胞を用いれば，最少でも1クローンの目的とする特異抗体産生ハイブリドーマを得ることができる。

1.2.3　細胞融合法の準備[8]

(1) 腫瘍細胞株

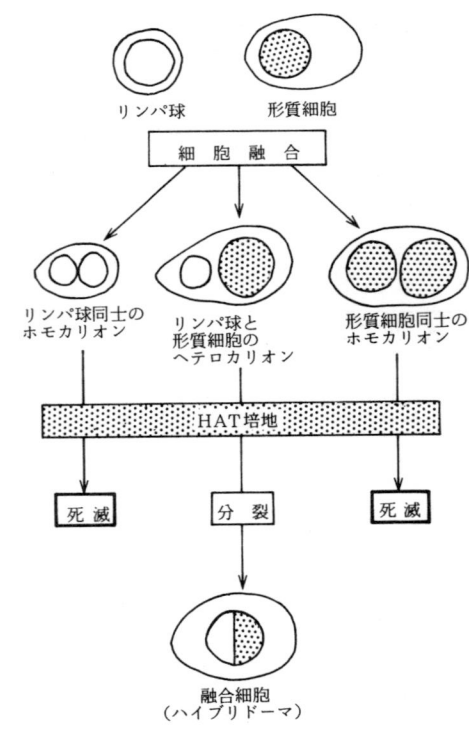

図2.1.2　細胞融合の原理

1 細胞の株化（クローン化）技術

表 2.1.1 に示したような細胞株を用いる。融合する際には，生存率が 100% 近くで，対数増殖期に入っている状態の細胞がよい（メディウム交換後 36 時間程度）。融合効率の非常によい時期に凍結保存しておくことが望ましい。なお，筆者らの経験では，P3U1（B 細胞ハイブリドーマの場合）と BW 5147（T 細胞ハイブリドーマ）を用いることにより，特異的で安定なハイブリドーマがより多く得られることが多かった。

(2) 器 具

① 50ml コニカルチューブ（住友ベークライト No. MS-55500，透明で使いやすい）

② 96 穴プレート（Falcon #3040）

③ 24 穴プレート（Nunc N1483）

④ プラスチックフラスコ（Falcon #3013）

(3) 試 薬

① PEG 溶液：リンパ球の細胞融合には，平均分子量 1500～6000 の PEG がよく用いられるが，筆者らは 45% PEG-4000（Sigma No.3146）を用いている。9g の PEG-4000 を，最終的に 20ml になるように RPMI-1640（血清含まず）に加え，溶解後，ミリポアフィルターを通し，室温保存しておく。PEG 溶液に DMSO（15%），Poly-L-arginine（5μg/ml）を加えることによっても融合効率は高まる。

② 培地添加用試薬：

 8-azaguanine（Sigma A1007） 最終濃度 $15 \mu g/ml$

 hypoxanthine（Sigma H9377） 最終濃度 $1 \times 10^{-4} M$

 thymidine（Sigma T9250） 最終濃度 $1.6 \times 10^{-4} M$

 aminopterine（Sigma A2255） 最終濃度 $4 \times 10^{-7} M$

実際には 100 倍濃度のそれぞれの溶液を作っておき，$-80°C$ に凍結保存しておく。

③ HAT 培地：使用時，RPMI-1640（日水製薬）+ 10% FCS（牛胎児血清）+ 2ME（5×10^{-5} M）に，ヒポキサンチン，チミジン，アミノプテリンを加えたものを，HAT 培地として使用する。なお，insulin（清水製薬，イスジリン-20）を 0.2 Unit/ml，0.45mM Pyruvate（GIBCO）を加えることにより，ハイブリドーマの増殖が大変よいようである。なお現在は，Sigma より，Hybridoma reagents として，必要な試薬が調製されて発売されている。

1.2.4 実際の方法

図 2.1.3 に，B 細胞融合法の実際を模式的に示した。

(1) 脾細胞の調製

アジュバントの入った抗原液 0.2ml を，BALB/c マウスの腹腔内に注射する。2～4 週間後に，100μg/ml の抗原液の 0.1ml を尾静脈内に注射する。さらに，3～4 日後にマウスより脾臓を取

第2章 動物培養細胞の育種技術

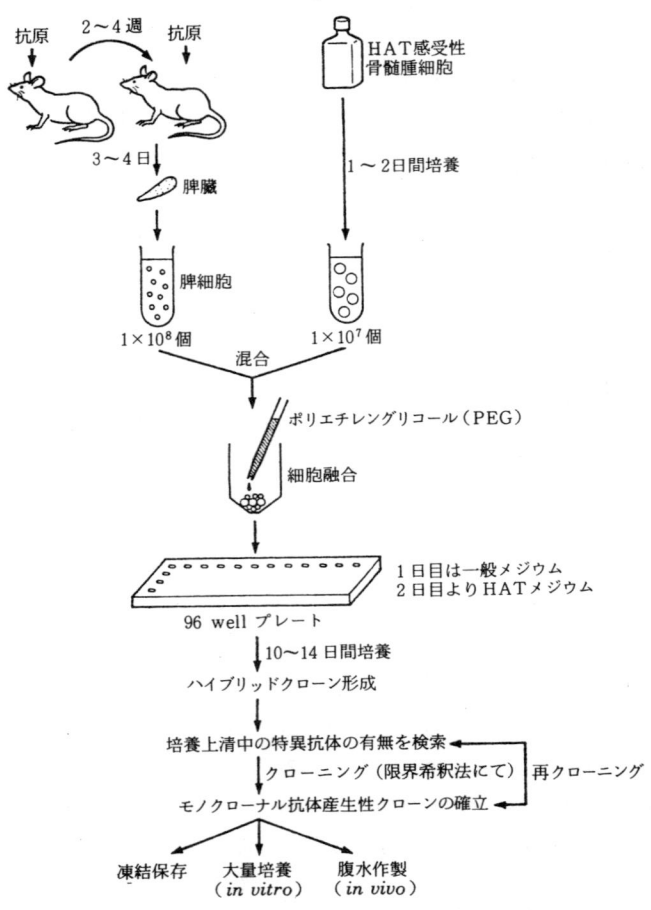

図2.1.3 ハイブリドーマ作製のためのプロトコール

り出し，細胞をばらばらにし，細胞浮遊液を得る。細胞をRPMI-1640（血清含まず）にて洗浄後，細胞数を計数する。

(2) 腫瘍細胞の調製

P3U1の培養器を取り出し，培養器底面に付着した細胞（生存率が良い）をはがし，細胞を洗浄後，細胞数を計数する。

1 細胞の株化（クローン化）技術

(3) 細胞融合

① 45％PEG，RPMI-1640，RPMI-1640＋10％FCS（25mM HEPES，0.2U/ml insulin，0.45mM Pyruvate含む）培地を37℃に温めておく。

② P3U1細胞 1×10^7 個の浮遊液と，脾細胞 1×10^8 個の浮遊液を50mlの遠心管に入れ，よく混ぜた後，室温で $400g$，10分間遠心する。

③ 上清を完全に除去した後，遠心管をたたいて細胞をほぐし，37℃恒温槽内に入れる。

④ 加温したPEG 1mlを1分間かけてゆっくりと加えていく。さらに1分間ゆっくりと振盪後，5分間静置しておく。

⑤ 次に，37℃に加温したRPMI-1640の1mlを，1分間かけてゆっくりと遠心管をまわしながら加える。さらに，RPMI-1640 10mlを5分間かけて加える。最終的には，さらに30mlを加える。ピペッティングは行わない方がよく，細胞のかたまりはこわす必要はない。

⑥ 室温で $400g$，10分間遠心する。上清を除去した後，培養メディウム10mlを加え，軽くかき混ぜる（先端出口の太いピペットが良い）。

⑦ 96穴平底マイクロプレートに，0.1mlずつ細胞浮遊液を分注し，CO_2インキュベーター内で培養する。このように，プレートに分注する脾細胞を 1×10^6/well程度にすると，1wellから1個の細胞が増殖してくる確率になり，セミクローニングを行うことができる。

(4) HAT培地による融合細胞の選別

培養開始翌日に，0.1mlのHAT培地を加える。2, 3, 5, 7, 9, 11日後に，各wellの上清を吸引除去し，新鮮なHAT培地を加える。その後は，3日ごとに培地交換を行う。10日～14日で融合した細胞が観察されるようになる。その後，HT培地，正常培地へと移して行く。この間，種種の検査法により，培養上清中の特異抗体を検索する（スクリーニング）。目的の融合細胞が得られていることを知ったならば，できるだけ早期にクローニングを行う。

(5) スクリーニング

モノクローナル抗体の検索法は，ハイブリドーマ法の最も重要な点である。迅速かつ正確に特異抗体が検出でき，しかも感度がよく，一度に多くのサンプルを測定できる方法でなければならない。最もよく用いられるのは，ラジオイムノアッセイ（RIA）法，エンザイムイムノアッセイ（ELISA）法，蛍光抗体（IF）法などのサンドイッチ法である。その他，細胞障害性試験，プラーク法，血球凝集反応等がある。手技の詳細に関しては，別書[9]を参照していただきたい。

(6) クローニング

単一細胞のクローニング法として，ここでは，特製毛細管を用いた単個細胞培養法（single cell manipulation）の説明をする[10]。B細胞ハイブリドーマの場合には，胸腺細胞等のfeeder cellを必要とする点が，T細胞ハイブリドーマとは異なっている。

第2章　動物培養細胞の育種技術

①融合細胞をピペッティングではがして500cells/ml程度となるように培地で希釈後，プラスチックシャーレに入れる。倒立顕微鏡で検鏡しながら，毛細管で1個の細胞を吸引し，feeder cellの入った96wellプレートの各wellに1個ずつ入れる。

②3〜4日ごとに培地交換を行う。目的の抗体を産生するクローンであると同時に，高い抗体産生能のあるクローンを選ぶ。

③継代の操作を繰り返して，徐々に大きな培養器へ移し，ハイブリドーマクローンを確立する。確立できたら，ただちに液体窒素中に凍結保存する。ハイブリドーマが，抗体無産生になったり，特異性に変化が生じたり，雑菌混入が起きた場合，ただちにストック細胞が使えるようにするためである。これらのことを防止するためには，しばしばクローニング操作を繰り返し，抗体産生のクローンを常に確保することが必要である[11]。

(7)　抗体の採取

①ハイブリドーマを，ローラボトル培養等の手段を用いて大量培養し，培養上清を集めることにより，モノクローナル抗体を得ることができる。プロテインAアフィニティーカラムによって，精製が可能である。

②培養上清を抗体として用いても良いが，同系のマウス腹腔内にハイブリドーマを接種すると，千倍から数万倍程度に濃縮された高力価のモノクローナル抗体を含む腹水が得られる。この場合は，あらかじめ，マウス腹腔内にpristane（Sigma P 1403）を0.3ml投与した後，1週間以降に，1×10^6 cellsのハイブリドーマを腹腔内へ投与する。2〜3週間後には，腹水が大量にたまるので，注射筒にて回収し，細胞分画は除去する。腹水は硫安塩析するだけで，かなり純粋な高力価のモノクローナル抗体を得ることができる。また，前述したプロテインAカラムで精製してもよい。

1.2.5　T細胞ハイブリドーマ

T細胞は，その機能から，いくつかのサブセットに分類できる。個々のT細胞機能の免疫学的，生化学的測定や，レセプターを含む機能分子の分子レベルでの解析，および支配遺伝子の解明を行うためには，T細胞ハイブリドーマを大量に必要とする[12), 13)]。

T細胞ハイブリドーマ作製には，AKRマウス由来のTリンパ腫細胞株BW5147を用いることが多く，また安定している。融合方法は，B細胞ハイブリドーマ作製に準じて行えばよい。たとえば，抑制性T細胞ハイブリドーマをつくる時には，100 μgの抗原溶液を2週間隔で2回免疫したマウスから，脾細胞浮遊液をつくる。しかし，このままでは，目的とするハイブリドーマの得られる効率が非常に低い。そこで，抗原特異的抑制性T細胞が抗原に結合できることを利用して，抗原結合ペトリディシュなどを用いて，選択的に細胞を分離濃縮する必要がある。

1 細胞の株化（クローン化）技術

1.2.6 モノクローナル抗体の応用
(1) ヒト免疫担当細胞に対するモノクローナル抗体
① T細胞

ヒトのT細胞にも，マウスのT細胞系特異抗原であるLyt抗原と同様な抗原が存在することが，細胞融合法の応用により明確になった。

現在，最も利用されているのは，Leuシリーズ[14]とOKTシリーズ[15]である。抗Leu-1抗体は全てのT細胞と，抗Leu-2a抗体，抗Leu-3a抗体は，それぞれサプレッサー/細胞障害性T細胞（T$_{s/c}$），インデューサー/ヘルパーT細胞（T$_{I/H}$）と反応する。近年，分子構造やトリプシンに対する反応性が同一であることから，Leu-1，Leu-2a，Leu-2bは，マウスのT細胞表面抗原であるLyt-1，Lyt-2，Lyt-3とそれぞれ同等な分子であると，考えられるようになってきた[16]。抗Leu-4抗体は，末梢T細胞に対しては，抗Leu-1抗体と同様に100％反応するが，胸腺細胞に対しては，抗Leu-1抗体と比べ陰性の細胞も比較的多く認められる。抗Leu-5抗体は，末梢T細胞のすべて，および胸腺細胞の95％以上と反応するが，抗Leu-1抗体，抗Leu-4抗体と異なり，ヒツジ赤血球とT細胞のロゼット形成を抑制する作用を有し，Leu-5抗原は，細胞上のヒツジ赤血球に対するレセプターそのものか，あるいはそれに関連した抗原であろうと考えられている。

OKTシリーズは，現在，臨床上最も広く用いられているモノクローナル抗体である。OKT 1とOKT 3は大部分の末梢リンパ球と反応し，OKT 4はインデューサー細胞またはヘルパーT細胞（T$_{I/H}$）を，OKT 5およびOKT 8（以下T$_5^+$/T$_8^+$と略す）はサプレッサーT細胞および細胞障害性T細胞を，それぞれ認識する。すなわちT$_5^+$/T$_8^+$細胞は，マウスでのLyt-2$^+$，Lyt-3$^+$細胞と類似したものである。OKT 4$^+$細胞はLyt-1$^+$細胞と類似している。そのため，OKT 4$^+$細胞とT$_5^+$/T$_8^+$細胞の比，すなわちT$_4^+$/T$_8^+$比が，臨床上問題となる。またOKT 4$^+$細胞はPHAに対して極めてよく反応するが，T$_5^+$/T$_8^+$細胞はほとんど反応しない。しかし，T$_5^+$/T$_8^+$細胞は，Con Aに対しては非常によく反応する。以上のような結果をまとめたものが，図2.1.4である。

抗Leu抗体，抗OKT抗体で認識する抗原はT細胞分化抗原であり，T細胞が胸腺の中で分化成熟するにしたがって，細胞表面上に一時に出現したり，または消失したりする。

ヒトの免疫系は，その恒常性を保つために必要とされるさまざまな異なるサブセットより成り立っているが，免疫不全症[17]，自己免疫疾患[18]，T細胞悪性腫瘍[19]，などの場合のT細胞サブセットの異常について調べられている。それらをまとめたものが表2.1.2である。

現在，種々の施設で，OKT 4$^+$あるいはT$_5^+$/T$_8^+$サブセットをさらに細分化しうるモノクローナル抗体を作成中であり，近い将来，より詳細に，ヒトの免疫応答の機序，ならびに免疫異常の細胞レベルでの障害が，明確に把握できるものと思われる。

第2章　動物培養細胞の育種技術

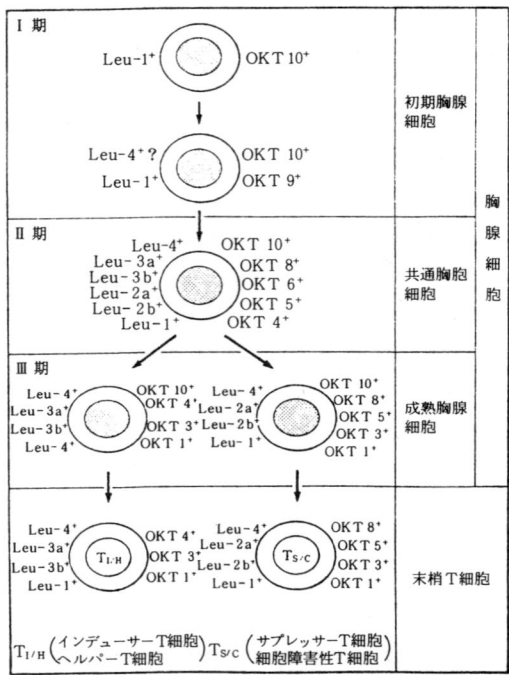

図 2.1.4　ヒトT細胞の分化とLeuおよびOKT抗原との関係

表 2.1.2　各種疾患におけるT細胞サブセットの増減

A．原発性免疫不全症	
1.　DiGeorge症候群	$OKT_6^+↓$, $OKT_3^+↓$, T_4^+/T_8^+ 比 ↓
2.　分類不能型低γ-グロブリン血症	$OKT_4^+↓$, $T_5^+/T_8^+↑$, T_4^+/T_8^+ 比 ↓
（variable immunodeficiency）	
B．自己免疫性疾患	
1.　活動期SLE	$OKT_3^+↑$, $T_5^+/T_8^+↓$
2.　若年性関節リウマチ	$OKT_4^+↓$, $T_5^+/T_8^+↑$, T_4^+/T_8^+ 比 ↑
3.　Sjögren症候群	$OKT_4^+↓$, $T_5^+/T_8^+↓$
4.　急性GVH病	$T_5^+/T_8^+↓$
5.　多発性硬化症	$T_5^+/T_8^+↓$
6.　溶血性貧血活動期	$T_5^+/T_8^+↓$
7.　急性伝染性単核症	Ia陽性の $T_5^+/T_8^+↑$
C．T細胞悪性腫瘍	
1.　Sezary症候群	OKT_1^+ or OKT_3^+ が大部分
2.　Mycosis fungoides	OKT_1^+ or OKT_3^+ が大部分
3.　急性リンパ性白血病	OKT_{10}^+ or OKT_9^+ が大部分

1 細胞の株化（クローン化）技術

②単球／マクロファージ，B細胞，NK細胞

現在，Mac-1[20]，抗MO-2[21]，63D3[22]などが知られている。Mac-1は，末梢単球の一部と反応するが，顆粒球やnull細胞とは反応せず，マクロファージ特異抗体と考えられている。抗MO-2も同様である。また，63D3は末梢単球のほとんど全てと反応する。

B細胞表面抗原に対するモノクローナル抗体としては，抗B1[23]，抗B2などがある。

近年，NK細胞がどのような細胞に属するかを知るために，ヒトおよびマウスで，盛んに，その性状が調べられてきた。Aboら[24]は，ヒトNK細胞にのみ反応するモノクローナル抗体（HNK-1，Leu-7として発売）を作成した。それゆえ，直接ヒトNH細胞を同定，分離することが可能となり，この細胞の性状，分化度などがかなり明らかとなった。

(2) 腫瘍とモノクローナル抗体

各種モノクローナル抗体を用いた，腫瘍の診断，治療の研究が行われている。Koprowskiら[25]，モノクローナル抗ヒト悪性黒色腫抗体を作製し，これを担癌ヌードマウスに投与することによって，腫瘍の増殖抑制をみた。これ以降，各種腫瘍に対するモノクローナル抗体が開発されたが，今後，臨床応用されそうなモノクローナル抗体を表2.1.3に示した[26]。CA19-9は，腫瘍マーカーとして，既に臨床応用され，有用性が認められている。また，抗体に放射性同位元素を結合させ，γ線シンチスキャンを用いた腫瘍部位の確定診断も可能になりつつある。また，人工脂質膜小胞体リポソームを薬剤キャリアーとして，これに抗がん剤を封入し，さらにリポソーム表面にモノクローナル抗体を結合させて，選択的抗腫瘍効果増強（ミサイル療法）をめざす方向にある[27]。

また，抗腫瘍モノクローナル抗体は，腫瘍特異抗原の精製にもきわめて有用である。これが可能になれば，種々の癌に対するワクチン製造も，将来は実現可能になるものと思われる。

表2.1.3 血清診断に有用なモノクローナル抗体の例

モノクローナル抗体	サブクラス	対応抗原決定基	腫瘍特異性*	報告者
CA19-9	IgG1	シアル化Le^a	消化器癌	Kophowskiら
OC124	IgG1	不明	上皮性卵巣癌	Bastら
C50	IgM	不明	大腸癌，子宮癌	Lindholmら
DU-PAN-2	IgM	不明	消化器癌	Metzgarら
CSLEX1	IgM	シアル化Le^x	消化器癌，肺癌	Fukushimaら
$S_1:S_3$	IgG3	H type 2	肝癌	Imaiら
YH206	IgM	不明	肺癌，消化器癌	Imaiら
126	IgM	不明	神経芽細胞癌	Schnltzら

* おもなもののみ示す

第2章　動物培養細胞の育種技術

1.2.7　おわりに

KöhlerとMilsteinが細胞融合法を免疫学に導入して以来，その医学，生物学への応用は，ほとんど無限に近いといっても過言ではないと思われる。その実際の手技も，最初は必ずしも容易ではなかったが，今日では適当な材料さえ用いれば，だれでもが常に成功する手技である。今後は，臨床医学への応用がさらに研究され，安定なヒトγ-グロブリン産生株の研究なども進歩するであろう。一方，種々のタンパクの精製法などにも広範囲に応用されてくることは間違いないものと思われる。

文　献

1) Y. Okada, *J. Biken*, **1**, 103 (1958)
2) G. Köhler, C. Milstein, *Nature*, **256**, 495 (1975)
3) A. Conzelmann, *Nature*, **298**, 170 (1982)
4) K. Okuda, *J. Immunol.*, **130**, 2920 (1983)
5) H. Saito, *Nature*, **312**, 36 (1984)
6) G. Pontecorvo, *Somatic Cell Genetics*, **1**, 397 (1975)
7) J. W. Littlefield, *Science*, **145**, 709 (1964)
8) 渡辺武，免疫実験操作法，**9**, 2963 (1980)
9) 松橋直，"免疫実験入門"，学会出版センター　(1982)
10) 矢野間俊介，臨床免疫，**13**, 929 (1982)
11) G. Köhler, *Eur. J. Immunol.*, **10**, 467 (1980)
12) K. Okuda, *J. Exp. Med.*, **154**, 1838 (1981)
13) K. Okuda, *Proc. Natl. Acad. Sci. U.S.A.*, **78**, 4557 (1981)
14) R. L. Evans, *Proc. Natl. Acad. Sci. U.S.A.*, **78**, 544 (1981)
15) E. L. Reinherz, *Proc. Natl. Acad. Sci. U.S.A.*, **77**, 1588 (1980)
16) J. A. Ledbetter, *J. Exp. Med.*, **158**, 310 (1981)
17) E. L. Reinherz, *New Engl. J. Med.*, **304**, 811 (1981)
18) C. Morimoto, *J. Clin. Invest.*, **66**, 1171 (1980)
19) J. Bread, *J. Immunol.*, **124**, 1943 (1980)
20) H. V. Raff, *J. Exp. Med.*, **152**, 581 (1980)
21) R. F. Todd, *J. Immunol.*, **126**, 1435 (1981)
22) S. A. Rosenberg, *J. Immunol.*, **126**, 1473 (1981)
23) P. Stashenko, *J. Immunol.*, **125**, 1678 (1980)
24) T. Abo, *J. Clin. Invest.*, **70**, 193 (1983)
25) H. Koprouski, *J. Clin. Immunol.*, **2**, 135 (1982)
26) 谷内昭，臨床免疫，**17**, 554 (1985)
27) 秦温信，臨床医，**11**, 69 (1985)

1 細胞の株化(クローン化)技術

1.3 ヒト細胞の株化技術

1.3.1 はじめに

難波正義[*]

　ヒト正常細胞は,培養内である一定の分裂を終えると,分裂を停止し,やがて徐々に死滅してゆく。この現象は細胞の老化と言われる。したがって,ヒト細胞の株化とは,ヒト細胞を培養条件下で老化によって死滅させることなく無限に分裂・増殖する細胞系に転換させること,と一応は定義される。しかし,有限の分裂能力しか持たないヒト正常細胞でも,培養の初期に大量の細胞を得ることができ,それを凍結保存し,必要に応じて融解し培養できる細胞系を作ることができれば,この場合も,ほぼ株化したと言ってもよい。その理由は,これらの細胞系も,株化した細胞とほぼ同様に,長期にわたって使用できるからである。ただ,培養の初期に大量保存できるヒト正常細胞の種類は限られる。全胎児,肺,腎,皮膚などの臓器に由来する繊維芽細胞や血管内皮細胞などであろう。

　上に述べたヒト正常培養細胞の凍結保存例の場合を除外すれば,ヒト細胞の株化は下の2項目に分類できる。

a) ヒト正常細胞の株化

b) ヒト腫瘍細胞の株化

以下,このa),b)の項目について説明する。なお,細胞培養の一般的技術については,参考文献欄に代表的技術書を示した[1)～14)]。したがって,本項では,ヒト細胞の株化に関する,特に注意すべき培養技術について説明し,一般的基礎的培養技術の記述は省略する。

1.3.2 ヒト正常細胞の株化

　ヒト正常細胞を無限に増殖する株化細胞にすることは,現在までのところ極めて困難である。ヒト正常細胞は,ある一定の分裂を終えると増殖を停止する。この現象の理由として,

a) 現在の培養技法がヒト正常細胞の株化に適さない

b) ヒト細胞そのものの特性による

などが考えられる。ヒト正常細胞を,培養を続けるだけで株化させることは,まず期待できない。培養を続けるだけで簡単に株化するマウスとかラットなどの細胞と,ヒト細胞とは,大きな差異がある。

　したがって,ヒト正常細胞を,株化させるためには,細胞に変異を起こさせて無限増殖性を獲得させる必要がある。ヒト正常細胞を無限に増殖させるようにする変異剤として,まず,ウイルスかそのDNAがあげられる。その代表的な実験例を,表2.1.4に示した。ウイルスDNAを細胞内に導入する技術は,表2.1.4の引用文献に述べられている。ヒト正常細胞へのDNA導入は,他の

---

[*] Masayoshi Namba　川崎医科大学　病理学教室

第2章 動物培養細胞の育種技術

表2.1.4 ヒト正常細胞を株化させるウイルスあるいはウイルスDNA

ウイルス ウイルスDNA	株 化 細 胞	文 献
SV 40	繊維芽細胞	30), 48)
	〃 (色素性乾皮症)	46)
	〃 (色素性乾皮症ーバリアント)	27)
	皮膚上皮細胞	49)
	胎盤	20)
	羊膜	26)
	筋肉	33)
	単球	35)
SV 40 - DNA	繊維芽細胞	47)
Adenovirus 5 - DNA	腎繊維芽細胞	25)
Adenovirus 12 - DNA	〃	18), 53)
EBV	B-リンパ球	43)
ATL	T-リンパ球	34)
ras - DNA	気管支上皮細胞	54)

動物細胞に比べ効率が悪い。Whittakerらは[53]，マイクロインジェクションによる核内注入法が最も効率がよいと報告している。ウイルス，あるいは，そのDNAで株化したヒト細胞の欠点として，その細胞がウイルスやウイルス遺伝子に由来する産物を連続的に産生していることがあげられる。しかし，ウイルスDNAを使ってのヒト正常細胞の株化は，今後ますます発展すると思われる。

上に述べた欠点を補うために，化学発癌・変異剤や放射線で正常細胞を変異させ株化させることも可能である。しかし，ウイルスを用いた場合より株化の効率は悪い。現在までに報告されている報告例を表2.1.5に示した。以下に，著者らの行っている実験法を述べる。

表2.1.5 変異・発癌物質によるヒト細胞の株化

処理物質	株化細胞	文 献
4 NQO	繊維芽細胞	27), 28)
MNNG	〃	28)
〃	子宮内膜	22)
^{60}Co ガンマー線	繊維芽細胞	36), 40)

＜化学発癌・変異剤，放射線によるヒト正常線維芽細胞の株化の実験＞

①細胞の用意

できるだけ増殖が旺盛で，かつ多くの分裂回数能のある細胞が適する。したがって，全胎児由来，あるいは，胎児のいろいろの臓器由来の細胞がよい。

②培養の開始

トリプシン，ディスパーゼ，コラゲナーゼなどを用い，なるたけ多くの分散遊離細胞を得る。約5×10^6個/F75フラスコの細胞をまき込む。24～48時間後に，フラスコ表面に活発な増殖を示

1 細胞の株化（クローン化）技術

しながら，ほぼいっぱいに増殖しているように，まき込みを調節する。

③化学発癌・変異剤，放射線による処理法

培養開始後，24〜48時間で開始する。薬剤の濃度，放射線量は，処理後の細胞の生存率が未処理群の70%ぐらいになる程度にする。薬剤や放射線による細胞障害が大きいと，その回復に時間がかかり，実験は成功しない。

以後，細胞がフラスコに1杯になると，1：2の分割比で継代し，2〜3回継代後に，薬剤あるいは放射線で同様の処理を行う。以後，培養を続けながら，この操作を繰り返し，株化した細胞の出現を観察する。薬剤あるいは放射線で処理する細胞は，いつも10^7コ以上あるように用意する。我々は，少なくとも4本のF75フラスコを用いて実験を続けている。^{60}Coガンマー線によるヒト正常繊維芽細胞の実験例を，図2.1.5 に示した。

④株化の指標

（i）細胞の形態的変化：細胞配列が乱れ，細胞質が厚みを帯び，やや上皮様の形態を示す。核／細胞質比の増大や，核小体の数の増加や大きさの増大も観察されるようになる。写真2.1.1に正常細胞，写真2.1.2にその株化した細胞を示した。

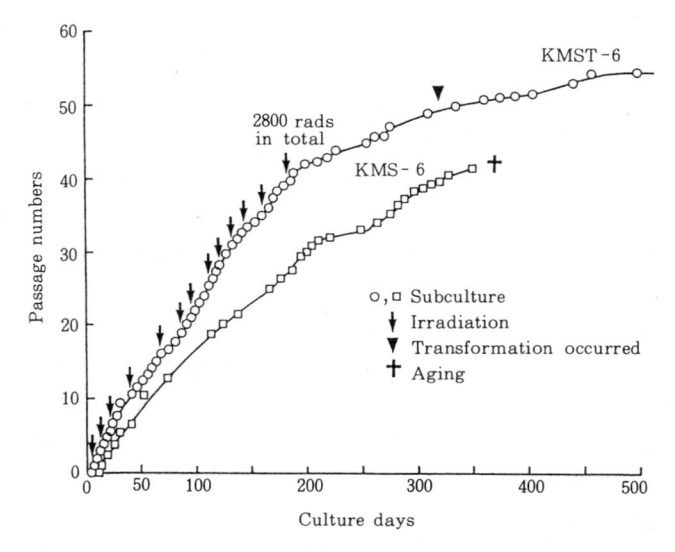

初代から40代にわたって，^{60}Coガンマー線を照射した。その後，継代を続け50代目に株化したことを確認した。ガンマー線未照射の対照細胞は43代目に分裂を停止した。株化の初期は，細胞層上に多数の分裂細胞が観察される。しかし，細胞集団の増殖の亢進はみられていない。分裂細胞の多くは死亡するためであろう。

図2.1.5　^{60}Coガンマー線によるヒト正常繊維芽細胞の株化

第2章　動物培養細胞の育種技術

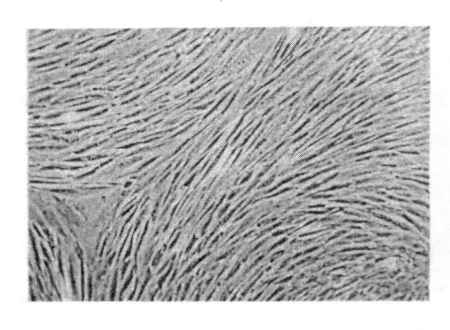

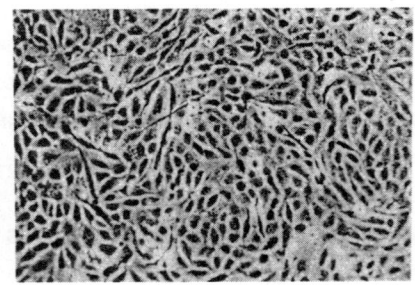

写真 2.1.1　　　　　　　　　　　　写真 2.1.2

　(ii)　活発な細胞分裂：単層にいっぱいに増殖した細胞層上に，分裂細胞が多数みられる（写真2.1.2）。
　(iii)　細胞密度の上昇。
　(iv)　染色体の変化。
などを目安にする。慣れれば，(i)と(ii)との指標で株化を判定できる。
　正常細胞に由来した細胞でも，株化すると，無限増殖性を獲得し，染色体の異常を示す。このような性質をもった細胞は，我々の体内にはみられない。したがって，株化した細胞は，いちおう癌細胞の特徴を示していると言えるので，この点を注意する必要がある。

1.3.3　ヒト腫瘍細胞の株化

　生体内で宿主が倒れるまで無限に増殖を続けることのできる悪性腫瘍細胞を培養に移しても，培養条件下で無限に増殖する細胞系（株化）になるとは限らない。むしろ，株化する例の方が少ない。その成功率は10％前後であろう。なぜ腫瘍細胞にもかかわらず培養条件下で無限に増殖する細胞系にならないか不思議である。現在の培養条件が，腫瘍細胞の増殖に適するようにまだ十分に進歩していないためであろうか。
　以下に，ヒト腫瘍細胞の株化の成功率をなるたけ高めるために，我々が日常考慮している点を述べる。

(1)　培養材料の用意

　材料はできるだけ無菌的に採取する。できるだけ壊死組織の少ない新鮮な増殖部の組織を選ぶ。腫瘍組織より，どのように培養組織を得るかは，なかなか難しい。しかし，株化に成功するかどうかの第1関門は，この点にある。培養技術と腫瘍病理学とを習得した研究者自身が，培養材料の採取をいろいろ工夫して行うことが望ましい。

1　細胞の株化（クローン化）技術

材料は，手術時や生検時のものを用いることが多いが，死後時間のあまり経っていない剖検時のものも培養可能なことがある。また，胸水とか腹水中に浮遊増殖する癌細胞は培養に用いやすい。

採取した材料は細菌の汚染が予想されるものが多い。したがって，その材料を500 μg/mlカナマイシン＋1～2mg/ml合成ペニシリン剤を含む培地に入れ，4℃で保存し，培養室に運ぶ。決して凍結しない。以上の保存条件にすれば，2～3日後でも培養できる。ただし，このときは，材料を3～5mm³程度に細切しておく。

(2)　培養の開始

次の2方法で開始する。

a)　組織片培養法
b)　トリプシンあるいはコラゲナーゼによる細胞分散法

株化を目的とする細胞がはじめて培養に移されて，a), b)いずれの方法で，よく増殖してくるかは，ケースバイケースであろう。したがって，a), b)の2方法で培養すれば，成功率は高まる。以下に，我々の行っている手技を述べる。

＜ヒト腫瘍細胞の培養開始＞

①保存している組織を，6～10cm径のガラスシャーレに移し，PBSで2～3回洗浄する。

②2本のメスを交叉して，組織を細切する。組織の切断面の歪みをなるたけ少なくするように切る。この手技は，参考文献5)に詳しく説明されている。

③細切した一部の組織片をそのまま培養する。図2.1.6に示したように，6cm径シャーレ当り10～20コほどの組織片を入れ，使用したメスでシャーレ表面に均等に分散させ，培地を加える。組織片をシャーレ表面に分散し，2～5分間放置して少し乾かし，シャーレ表面によく付着させてから培地を加えることもある。培地の量は，組織片がやっと浸る程度の少量とする。約2mlである。量が多いと，組織片の多くが浮遊してしまう。24～48時間後，2～3mlの培地を追加する。以後，週2～3回の割合で培地を更新し，組織片よりの細胞の増殖を観察する。

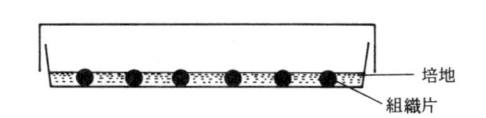

組織片の浮遊を防ぐために，培養開始時，培地は組織片がやっと浸る程度にしておく。24～48時間後に2～3mlの培地を追加する。組織の浮遊を防ぐ別の方法として，組織片上にカバースリップを置くこともある。

図2.1.6　組織片培養

④組織片培養に全部の組織を使用しないで，残した組織片をトリプシン，コラゲナーゼ，ディ

第 2 章　動物培養細胞の育種技術

スパーゼなどで消化し，分散浮遊細胞を作り，培養を始める。このタンパク分解酵素による手技は，参考文献 3)，4)，7)，8)，10)，11)，14) に詳しい。

(3) 材料採取後ただちに培養できない場合

前に述べた 4℃でも，2〜3日間の培養組織の保存は可能である。しかし，組織採取後，なお長期に組織を保存しなければならないときは，以下の2方法を用いる。

a) 前述したように，メスで組織を約 $1mm^3$ に細切し，10〜20％の DMSO あるいはグリセリンを含む培地に入れ，超低温槽に保存する。この方法は細胞の凍結保存法と同じである。

b) ヌードマウスに移植して維持する。ヌードマウスに移植性を示すヒト腫瘍細胞は，株化の成功率が高い。しかし，ヒト腫瘍のヌードマウスへの移植率は10〜20％であるので，培養したい組織が必ずしも移植されるとは限らない。マウスで増殖したヒト細胞を培養に移すと，当然のことであるが，マウスの細胞も増殖してくる。マウスの細胞の除去のために，ウサギで作られたヌードマウス脾細胞抗体血清の使用が報告されている[42]。

1.3.4　ヒト腫瘍細胞の培養の問題点──培養を成功させるために──

(1) 培養組織材料の汚染の問題

培養を始める組織は，細菌やカビあるいはマイコプラズマに汚染されていることがある。我々は，汚染が予想される場合は，次の抗生物質を含む培地で1週間ほど培養し，その後，正常培地に戻す。1〜2 mg/ml 合成ペニシリン＋500 μg/ml カナマイシン（あるいは，20 μg/ml テトラサイクリン）＋1〜2 μg/ml アンホテリシンBを培地に加える。合成ペニシリン剤は，抗菌スペクトルが広く，しかも細胞毒性が少ないので，極めて有効である。

(2) 培地の問題

培養に移す細胞がどの培地に最適かは分らない。2〜3種類の培地で培養を開始し，良好な細胞の増殖がみられる培地を選別する。使用する培地の選択のだいたいの方針は，上皮系の細胞は Ca 濃度の比較的低い F 12，血液系細胞には RPMI-1640，簡便に培養を開始したいときは MEM，MEM に非必須アミノ酸を添加した培地，Dulbecco's MEM，などを使用する。

これらの培地に成長因子を添加することがある。成長因子としては，トランスフェリン，インシュリン，EGF，FGF，PDGF，コレラトキシン，CSF，TCGF，BCGF，その他，多くのものが報告されている[12]。T細胞の株化にはインターロイキン-Ⅱが必須であることは，よく知られている事実である。しかし，成長因子の使用には注意を要する。全く効果がないものや，EGF のように，ある場合には細胞の増殖を抑制するものもある。EGF は上皮系の細胞の増殖を抑制することが多い。反対に，コレラトキシンは上皮系の細胞の増殖促進に有効なことがある。

血清は，上記の培地に10〜30％の割合で添加する。血清はロットによって効果が異なるので，あらかじめ良性のロットを選んでおく。血清のロットの選定は，血清に増殖依存性を示すヒト細

胞を用い，コロニー形成法で行う。長期間培養に慣らされた細胞（たとえば，HeLa細胞など）は，あまり良くない血清でも十分増殖する。また，その判定をmass culture法（多数の細胞をまき込み，一定時間後に細胞数を数えて細胞の増殖をみる方法）で行うと，細胞自身の産生する増殖因子の影響で，血清のロットの判定を誤まる。

(3) Conditioned mediumの問題

培養でなかなか増殖しない細胞にconditioned mediumを加えて増殖を促進させる方法は，ヒト細胞の株化を目的とする場合の有効な1手段である。目的とする培養細胞に，どの種類の細胞から作られたconditioned mediumが有効かは，培地の場合と同じように，試行錯誤的に決定するしか方法がない。一般的には，3T3，L，HeLa，CHO，ヒト繊維芽細胞などを24～72時間培養した後の培地を，新鮮培地に，10～30％程度になるよう添加する。注意すべきことは，conditioned medium中に細胞増殖抑制物質が含まれている場合があることである。また，conditioned mediumを作製する細胞にマイコプラズマが感染していないことを確認しておく。conditioned mediumは，ミリポアーフィルターで必ず濾過して使用する。遠心沈澱した上澄みをそのまま使用すれば，conditioned mediumに使用した細胞が培養に混入する。

(4) Feeder layerの使用の問題点

Feeder layerは，前述したconditioned mediumより細胞の株化に有効である。用意するのが面倒であるが，使用する価値は十分ある。株化を目的とする細胞に，どの種類の細胞のFeeder layerが有効かも試みてみなければ分らないが，我々の経験では，ヒト皮膚由来の繊維芽細胞が，ヒト腫瘍細胞の培養に大抵の場合に間に合う。理由は分らないが，肺由来の繊維芽細胞はあまり良くない。

＜Feeder layerの作り方[38),39)]＞

①活発な増殖を示すヒト繊維芽細胞をF75かF35のフラスコで培養し，細胞がフラスコ表面にはぼいっぱいに増殖した時点で，放射線を3,000～5,000ラド照射し，Feeder layer細胞とする。この細胞にはマイコプラズマの感染がないことを確認しておく。この程度の放射線量では，マイコプラズマは死滅しない。

②トリプシンで細胞を浮遊させ，5,000～10,000 cells/cm²の割合で，新しい培養容器で培養する。このFeeder layerの細胞の密度が重要で，24時間後にFeeder layer細胞が培養容器表面の50～70％に付着している程度を目安とする。密度が高すぎても低すぎても，Feeder layerの効果は低下する。

③放射線を使用できない場合，マイトマイシンCで細胞の分裂を止める方法もある。0.5 μg/ml，48時間処理，あるいは，2 μg/10^6 cells，24時間処理などの方法がある。薬剤処理後は，2～3回，培地あるいはPBSで，細胞を洗浄する。

第2章　動物培養細胞の育種技術

④株化を目的とする細胞のまき込みは，Feeder layer細胞のまき込みと同時，あるいは，24～72時間後に行う。

(5) 培養容器表面の問題

癌細胞の増殖にFeeder layerが有効に働くことの1つの理由として，ある種の癌細胞は，その増殖に基質を必要とすると思われる。すなわち，基質の存在で，細胞はよく伸展し，増殖する。したがって，初代培養時，あるいは，培養初期の継代時に，培養容器表面を，コラーゲン，フィブロネクチン，ラミニンなどで処理しておくことがある。また，細胞の容器表面への付着をよくするために，Poly D-lysineをcoatすることもある。

癌細胞は，培養容器表面にシートを作って増殖するとは限らない。浮遊上に細胞集塊を作って増殖している場合があるので注意する。これらの浮遊して増殖している細胞も，やがてシート状に増殖するようになることがある。

(6) 繊維芽細胞の除去の問題

腫瘍組織の培養を開始すると，旺盛な繊維芽細胞の増殖が起こり，目的とする腫瘍細胞の増殖が妨げられることが，しばしば経験される。繊維芽細胞の除去法について，種々の方法が発表されている。その代表的な方法を表2.1.6に示した。これらの方法を用いても，完全に繊維芽細胞を除去できるとは限らない。しかし，繊維芽細胞の過増殖は腫瘍細胞の増殖を抑制するので，増殖する繊維芽細胞抑制の問題は重要である。

表2.1.6　繊維芽細胞の除去法

方　　法	対　象　組　織	文　献
1. 比重差による分離方法	乳癌，大腸癌	50)
2. Feeder layerによる繊維芽細胞の増殖抑制	皮膚	45)
3. コラゲナーゼによる繊維芽細胞の除去法	腸，乳腺	21), 31)
4. D-valine培地法	腎，肺，子宮，マウス乳腺	24), 51), 52)
5. Tyrosine-free培地法	マウス神経芽細胞腫	16)
6. cis-hydroxyproline培地法	KB細胞，マウス神経芽細胞腫	29)
7. 完全合成培地法	乳腺，肺癌，マウスメラノーマ・睾丸・下垂体	15), 19), 32)
8. 軟寒天培地法	繊維肉腫	17)

この他に，増殖している繊維芽細胞をラバーポリシュマンで物理的に剥離する方法などもある。しかし，旺盛に増殖してくる繊維芽細胞を除去することは大変難しく，これらの方法が完全だとは言えない。今後，表中の7.8.などの方法の改良発展が期待される。特に，完全合成培地に種々の成長因子を適当に組合せて，繊維芽細胞の増殖を抑え，目的とする細胞を選択的に増殖させる培地の研究が急速に進みつつある。表に示した対象組織は，主にヒト由来のものであるが，一部はマウス由来のものも利用した。その発想がヒトの場合にも応用できると考えたからである。

(7) 細胞の同定の問題

無限に増殖する細胞系が樹立されれば，それは，目的とされた腫瘍細胞が株化したと言える。

1 細胞の株化（クローン化）技術

しかし，時々，その株化した細胞がその研究室で培養されている別の細胞と置換していることがある。それは，細胞のコンタミネーションの結果である。したがって，株化した細胞を，形態学的，生化学的，細胞遺伝学的に調べる必要がある。

(a) 形態的同定

光顕的，電顕的に行う。また，ヌードマウスへの移植性，生じた腫瘍の組織像と培養開始時の組織像との類似性の検討も行う。その他，特殊なマーカーのある細胞であれば，組織化学的，免疫組織化学的検査を行う。また，腺癌などに由来する細胞は，培養内で腺管様構造を形成することがある。

(b) 生化学的同定

HeLa細胞の混入が予想される場合は，種々の酵素のアイソザイムを調べる。G6PDが最も重要であるが，その他のものも調べる[23), 44)]。培養に用いた細胞が生体内でCEA，αFP，hCG，ACTHなどの特殊な物質を産生していた場合は，株化した細胞で，その産生をみる。株化した細胞にそれらの産生がみられなかったとしても，目的とした細胞が培養されなかったとは言えない。培養条件で，細胞の分化的機能はしばしば喪失するからである。機能がみられなかった場合，cAMPや5-Azacytidineなどで機能の誘導を図るか，ヌードマウスに移植して，動物体内での機能発現をみるなどの方法がある。

(c) 細胞遺伝学的同定

株化された細胞がヒト由来のものであるかどうか，HeLa細胞などの他の株化されている腫瘍細胞の混入したものではないか，そして，重要なことは，その株化した腫瘍細胞に特異的な染色体の変化はないか，などを調べる。染色体はバンディング法で調べる必要がある。HeLa細胞には，特異なマーカー染色体の存在が報告されている[41)]。

1.3.5 おわりに

ヒト細胞の株化の成功率は10％ぐらいであろう。ぜひ，百発百中成功させたいものである。しかし，この難関を突破するためには，さらに，培地の工夫，種々の成長因子の有効な組合せ，新しい成長因子の検索が必要である。また，腫瘍細胞がFeeder layerやコラーゲン，フィブロネクチンなどの，他の細胞や基質とのcommunicationのもとで増殖を示すことがあるので，この細胞社会学的現象の本体の研究も重要である。今後は，増殖に関係する遺伝子を細胞に導入して細胞を株化する試みがますます盛んになることが予想されるので，その技術を習得しておくことは大切である。最後に，ヒト細胞の多くの株化は，癌，細胞遺伝学，免疫学，生物活性物質の産生などの多方面の研究に貢献するであろう。

第2章 動物培養細胞の育種技術

参 考 文 献 —培養に関する一般的技術書—

1) R. T. Acton, J. D. Lynn ed., "Cell Culture and its Application", Academic Press, New York (1977)
2) J. Fogh ed., "Human Tumor Cells in Vitro", Plenum Press, New York (1975)
3) C. C. Harris, et al. ed., "Methods Cell Biol.", 21A and 21B, Academic Press, New York (1980)
4) W. B. Jakoby, I. H. Pastan, ed., "Methods Enzymol.", 58, Academic Press, New York (1979)
5) 勝田甫,高岡聰子,"組織培養法",学会出版センター (1982)
6) 北村敬,"ウイルス検査のための組織培養技術",近代出版 (1976)
7) P. F. Kruse, M. K. Patterson, ed., "Tissue Culture", Academic Press, New York (1973)
8) 黒田行昭 編,"培養細胞遺伝学実験法",共立出版 (1981)
9) 黒田行昭 編,"組織培養の技法",ニュー・サイエンス社 (1984)
10) 中井準之助,ほか 編,"組織培養",朝倉書店 (1976)
11) 日本組織培養学会 編,"組織培養の技術",朝倉書店 (1982)
12) 日本組織培養学会 編,"細胞成長因子",朝倉書店 (1984)
13) 大星章一,菅野晴夫 編,"人癌細胞の培養",朝倉書店 (1975)
14) J. Paul, "Cell and Tissue Culture", Churchill Livingstone, Edinburgh (1975)

引 用 文 献

15) S. Biran, et al., *Int. J.* Cancer, **31**, 557〜566 (1983)
16) X. O. Breakefield, M. W. Nirenberg, *Proc. Natl. Acad. Sci. U.S.A.*, **71**, 2530〜2533 (1974)
17) ϕ. Bruland, et al., *Int. J. Cancer*, **35**, 793〜798 (1985)
18) P. Byrd, et al., *Nature*, **298**, 69-71 (1982)
19) D. N. Carney, et al., *Proc. Natl. Acad. Sci. U.S.A.*, **78**, 3185-3189 (1981)
20) J. Y. Chou, *Proc. Natl. Acad. Sci. U.S.A.*, **75**, 1854-1858 (1978)
21) B. S. Danes, E. Sutanto, *JNCI*, **69**, 1271-1276 (1982)
22) B. H. Dorman, et al., *Cancer Res.*, **43**, 3348-3357 (1983)
23) N. C. Dracopoli, J. Fogh, *JNCI*, **70**, 469-476 (1983)
24) S. F. Gilbert, B. R. Migeon, *Cell*, **5**, 11-17 (1975)
25) F. L. Graham, et al., *J. Gen. Virol.*, 36, 59-72 (1977)
26) J. Fogh, et al., *Proc. Soc. Exp. Bio. Med.*, **134**, 174-181 (1970)
27) J. D. Hall, S. Tokuno, *Cancer Res.*, **39**, 4064-4068 (1979)

28) T. Kakunaga, *Proc. Natl. Acad. Sci. U.S.A.*, **75**, 1334-1338 (1978)
29) W. W-Y. Kao, D. J. Prockop, *Nature*, **266**, 63-64 (1977)
30) H. Koprowski, et al., *J. Cell Comp. Physiol.*, **59**, 281-292 (1962)
31) E.Y. Lasfargues, D. H. Moore, *In Vitro*, **7**, 21-25 (1971)
32) J. P. Mather, G. H. Sato, *Exp. Cell Res.*, **124**, 215-221 (1979)
33) A. F. Miranda, et al., *Proc. Natl. Acad. Sci. U.S.A.*, **80**, 6581-6585 (1983)
34) I. Miyoshi, et al., *Gann*, **72**, 997-998 (1981)
35) Y. Nagata, et al., *Nature*, **306**, 597-599 (1983)
36) M. Namba, et al., *Jpn. J. Exp. Med.*, **48**, 303-311 (1978)
37) M. Namba, et al., *Gann Monogr. Cancer Res.*, **27**, 221-230 (1981)
38) M. Namba, et al., *In Vitro*, **18**, 469-475 (1982)
39) 難波正義，"細胞成長因子"，日本組織培養学会編，朝倉書店，pp 221-224 (1984)
40) M. Namba, et al., *Int. J. Cancer*, **35**, 275-280 (1985)
41) W. A. Nelson-Rees, et al., *JNCI*, **53**, 751-757 (1974)
42) T. Okabe, et al., *Cancer Res.*, **39**, 4189-4194 (1979)
43) J. H. Pope, et al., *Int. J. Cancer*, **3**, 857-866 (1968)
44) S. Povey, et al., *Nature*, **264**, 60-63 (1976)
45) J. H. Rheinwald, H. Green, *Cell*, **6**, 331-344 (1975)
46) B. Royer-Pokora, et al., *Exp. Cell Res.*, **151**, 408-420 (1984)
47) R. Sager, et al., *Proc. Natl. Acad. Sci. U.S.A.*, **80**, 7601-7605 (1983)
48) H. M. Shein, J. F. Enders, *Proc. Natl. Acad. Sci. U.S.A.*, **18**, 1164-1172 (1962)
49) M. L. Steinberg, V. Defendi, *Proc. Natl. Acad. Sci. U.S.A.*, **76**, 801-805 (1979)
50) J. A. Sykes, et al., *JNCI*, **44**, 855-864 (1970)
51) E. H. Vesterinen, et al., *Cancer Res.*, **40**, 512-518 (1980)
52) M. T. White, et al., *In Vitro*, **14**, 271-281 (1978)
53) J. L. Whittaker.et al., *Mol. Cell. Biol.*, **4**, 110-116 (1984)
54) G. H. Yoakum, et al., *Science*, **227**, 1174-1179 (1985)

第2章 動物培養細胞の育種技術

2　細胞の物質生産能増強技術

2.1　分化誘導培養法による有用物質の生産

三村精男 *

2.1.1　はじめに

　ヒトなどの動物細胞の物質生産能を活用し，細胞大量培養技術によって，工業的に有用な生理活性物質を生産することは，医薬品開発の手段として活発に研究されている。しかし，この分野には，多くの研究課題が残されている。

　第1には，有用な生理活性物質を産生する細胞の探索法である。免疫学や細胞生理学などの基礎研究から発見されてきたが，微生物の代謝産物のスクリーニングと同様な考え方による，新しい生理活性物質の探索技術の開発は，これからの重要な課題である。

　第2には，発見された有用物質の生産細胞を素材として，工業的な大量生産に発展させる技術である。細胞のもっている物質生産能を最大限に発揮させるための細胞改造，培養条件の最適化とスケールアップ等のエンジニアリングがあり，他方，mRNAの取得に始まる遺伝子工学への展開がある。いずれの生産手段を取るかは，目的物質によって選択されるべきであるが，有用な生理活性物質の発見は，技術開発の出発点として最も基本的なことである。

　そこで，本項では，この問題について，細胞の分化と物質の生産能の面から，有用な生理活性物質の探索について考えてみたい。

2.1.2　分化誘導培養法

　動物細胞の大量培養技術は，生体内で行われている現象を培養装置の中で再現することであるが，細胞の取り扱いから分類すると，表2.2.1のようになろう。増殖性細胞の選択が基本になるが，現在では，正常な組織や腫瘍細胞からの増殖性細胞の選択が主であり，いわゆる不死化(immortalization)等による人為的な増殖細胞の樹立は少なく，レトロウイルス，アデノウイルスなどの一部のウイルスで試みられているのみである。

　増殖性細胞の物質生産性を活用するには，その細胞が，たまたま目標物質を生産することから，その細胞を培養する方式，細胞融合や遺伝子操作によって物質生産能を賦与する方法等が，よく用いられている。さらに，増殖と物質生産能が同時に発現しない多くの細胞においては，細胞の分化と物質生産能の関係をしらべ，細胞を人為的に制御する"分化誘導培養法（Differentiation Induction Culture）"が考えられた[1],[2]。つまり，生体内の分化現象を in vitro で制御できるならば，未分化な増殖性細胞を大量に培養したのち，これを人為的に分化誘導させて，非増殖性の機能細胞に変換し，分化と共に生成される有用な生理活性物質を生成せしめることである。生体

---

　　* Akio Mimura　旭化成工業（株）　技術研究所　（現在 大阪大学 工学部）

2 細胞の物質生産能増強技術

表 2.2.1 生理活性物質生産技術としての細胞大量培養

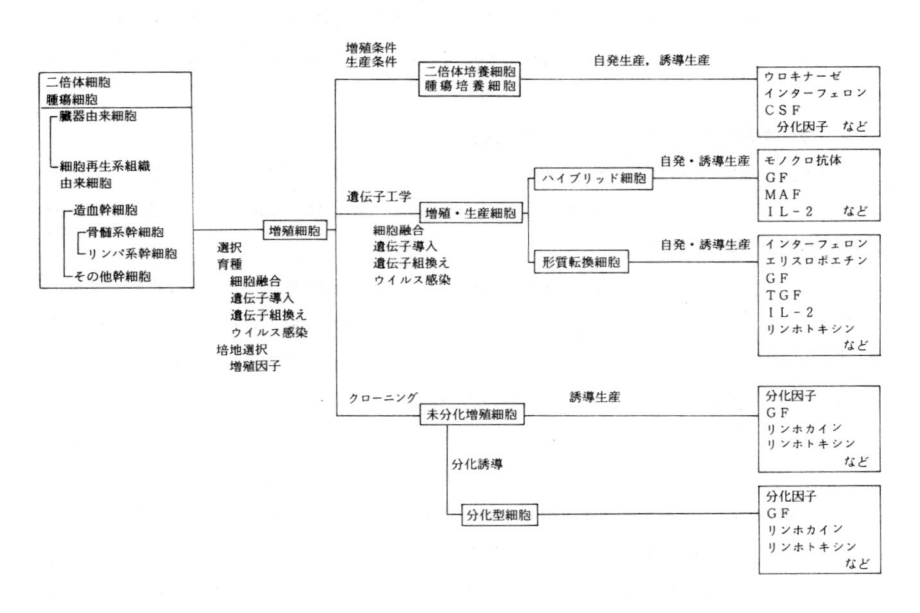

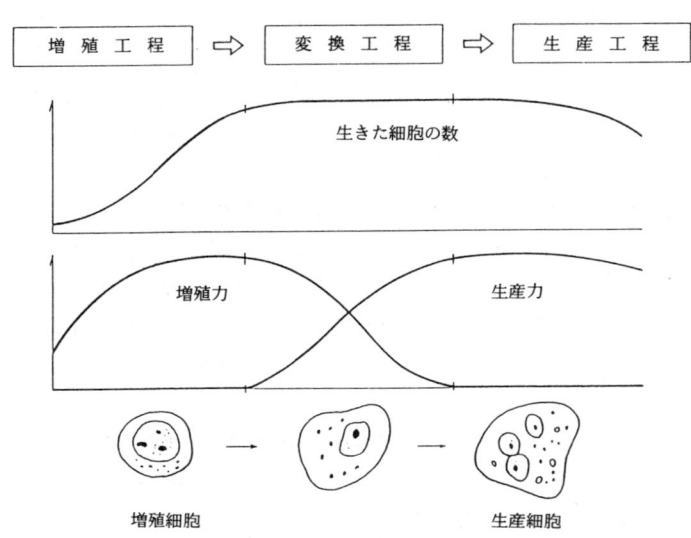

```
二倍体細胞
腫瘍細胞
├ 臓器由来細胞
│
├ 細胞再生系組織
│  由来細胞
│
└ 造血幹細胞
   ├ 骨髄系幹細胞
   ├ リンパ系幹細胞
   └ その他幹細胞
```

増殖細胞 → 選択／育種（細胞融合・遺伝子導入・遺伝子組換え・ウイルス感染・培地選択・増殖因子）

- 増殖条件・生産条件 → 二倍体培養細胞／腫瘍培養細胞 → 自発生産, 誘導生産 → ウロキナーゼ／インターフェロン／CSF／分化因子 など
- 遺伝子工学（増殖・生産細胞：細胞融合・遺伝子導入・遺伝子組換え・ウイルス感染）
  - ハイブリッド細胞 → 自発・誘導生産 → モノクロ抗体／GF／MAF／IL-2 など
  - 形質転換細胞 → 自発・誘導生産 → インターフェロン／エリスロポエチン／GF／TGF／IL-2／リンホトキシン など
- クローニング → 未分化増殖細胞 → 誘導生産 → 分化因子／GF／リンホカイン／リンホトキシン など
  - 分化誘導 → 分化型細胞 → 分化因子／GF／リンホカイン／リンホトキシン など

増殖工程 ⇒ 変換工程 ⇒ 生産工程

（生きた細胞の数）

（増殖力／生産力）

増殖細胞 → → 生産細胞

図 2.2.1 細胞の分化誘導培養法の概念図

第2章　動物培養細胞の育種技術

から採取された細胞のうち，有用物質を生成するが，増殖性がないため大量生産ができないものは，生産細胞の前駆細胞に着目し，これを増殖培養して細胞を調製し，分化誘導によって，目的物質を生成させることが，原理的には可能である。このような"分化誘導培養法"の概念を，図2.2.1に示した。

2.1.3　分化誘導培養法の考え方による物質生産

　増殖性細胞と機能性細胞（物質生産細胞）が両立しない時の有用物質の生産法として，分化誘導培養法が提案されたが，このような考え方を一般化するため，種々の細胞について，増殖と分化による物質生産の実例を表2.2.2にまとめた。

　造血幹細胞が，白血球，赤血球，単球・マクロファージ等の血液細胞に分化する過程で腫瘍化して増殖性細胞に変化した白血病細胞の中には，ビタミンA類，D類，ホルボールエステル類（TPA）によって，人為的に，顆粒状やマクロファージ様の細胞に分化誘導される細胞株がある。こうしたヒト白血病細胞株を用いる分化細胞の調製によって，細胞分化誘導因子（DAF）[1]，骨髄細胞コロニー形成促進因子（CSF）[1]殺腫瘍モノカイン[3]，血小板活性化因子（PAF）[4]，腫瘍壊死因子（TNF）[5]，リンホトキシン（LT）[5]などの生成が報告されている。一方，マウスフレンド白血病細胞は，ジメチルスルホキサイド（DMSO）によって，赤芽球系細胞に分化誘導され，グロビンの生成と，赤芽球細胞に特異的なmRNAの増加が認められている[7]。さらに，マウスやハムスターの繊維芽細胞が脂肪細胞に分化する現象[8],[12]，上皮ケラチノサイト[6]，肝細胞[10]，脾細胞[11]などの分化誘導培養による，ケラチン，アルブミン，γ型インターフェロンなどの生成が調べられている。

　このように，機能性細胞の前駆細胞を種々の方法で分化誘導させ，分化の過程で生成する物質や，終末まで分化した細胞の生成する物質を見出すことは，生体内の細胞の性質を基礎にした細胞培養技術として，今後の展開が期待される。

2.1.4　分化誘導培養法によるマクロファージの大量調製と有用物質生産

　細胞の分化現象は多様であるから，ここでは，一例として，造血幹細胞のマクロファージへの分化に限定して考えてみる。ヒトのマクロファージの増殖性細胞は未だ樹立されていない。そこで，ヒトのマクロファージの大量調製には，肺洗浄法などによって，ヒト組織から直接採取することの他には方法がない。一方，図2.2.2に示したように[13]，造血幹細胞（CFU-S, CFU-Cなど）はマクロファージの前駆細胞であるが，これらの前駆細胞のin vitroにおける長期液内培養は成功していない。そこで考えられるのが，マクロファージ様の細胞に分化誘導することができるヒト骨髄由来の腫瘍細胞の利用である。その中でも，ヒト骨髄性白血病細胞の分化誘導培養法は，マクロファージ様細胞の大量調製と有用物質の生成に有用であった[1],[2]。

2 細胞の物質生産能増強技術

表 2.2.2 細胞の分化誘導培養法の考え方による有用物質の生産
Inducer は増殖性細胞を機能性細胞に分化誘導する。
Activator は機能性細胞の代謝を活性化する。

Growing cell	Differentiated cell	Inducer	Activator	Product	Reference
AL-109 (Clone of THP-1)	Macrophage-like cell (Human)	TPA, Mezerein	S-ConA, MDP	DAF, CSF	1), 2)
AY-23 (Clone of THP-1)	Macrophage-like cell (Human)	TPA	-	Tumoricidal monokine	3)
HL-60	Macrophage-like cell (Human)	TPA	C_3b, C_3d opsonized yeast spores, pH 9.5 treatment	PAF	4)
HL-60	Macrophage-like cell (Human)	TPA	Staphylococcus enterotoxin B, Desacetyl thymosin α_1	TNF, LT	5)
Keratinocytes	Epitherium cell (Human)	Vitamin A	-	Keratin	6)
Friend leukemia cell	Erythroblast cell (Mouse)	DMSO	-	Globin	7)
3T3 Fibroblast	Adipose cell (Mouse)	Growth hormon, Insulin	-	Z-protein	8)
Teratocarcinoma stem cell	not defined (Mouse)	Retinoic acid, Dibutyryl-c-AMP	-	Plasminogen activator, Laminin, Collagen type 4	9)
Fetal liver cell (Hepatocyte)	Maturated hepatocyte (Mouse)	-	-	Albumin	10)
T-lymphocyte (Splenocyte)	Suppressor cell (Mouse)	Con A. Mezerein	Lentil lectin	Interferon-γ	11)
Embryo fibloblast	Adipose cell, Chondroblast, Myoblast (Chinese hamster)	-	-	not determined	12)

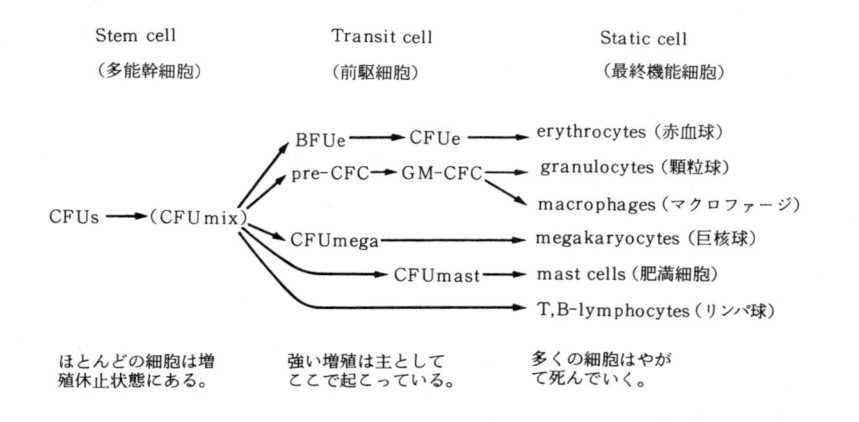

```
     Stem cell           Transit cell              Static cell
   (多能幹細胞)          (前駆細胞)              (最終機能細胞)

                       BFUe ──── CFUe ────→ erythrocytes (赤血球)
                     ↗  pre-CFC ─ GM-CFC ──→ granulocytes (顆粒球)
                    ↗                      ↘ macrophages (マクロファージ)
   CFUs ──→ (CFUmix) → CFUmega ──────────→ megakaryocytes (巨核球)
                    ↘   CFUmast ──────────→ mast cells (肥満細胞)
                     ↘
                       ─────────────────→ T, B-lymphocytes (リンパ球)

  ほとんどの細胞は増     強い増殖は主として      多くの細胞はやが
  殖休止状態にある。     ここで起こっている。    て死んでいく。
```

図 2.2.2 造血幹細胞分化の模式図[13]

第2章　動物培養細胞の育種技術

(1) 増殖性マクロファージの細胞株化

マウス，ハムスター，ラットなどの肺や腹腔からのマクロファージの増殖性細胞の樹立には，SV-40 ウイルス，レトロウイルスなどがよく用いられて成功している[14]。しかし，ヒトのマクロファージの増殖性細胞株の樹立には，SV-40 の DNA 断片を導入する方法がある[17]が，広く用いられていないようである。また，ウイルス DNA や，放射線，化学変異物質によるヒトのマクロファージの樹立も試みられているが，成功したという報告は見当らない（表2.2.3）。

表2.2.3　マクロファージの増殖性細胞樹立の試み

Cell line	Macrophage	Gene for immortalization	Reference
RAW 264	Mouse peritoneal	Albeson leukemia virus	14)
BAM-1, BR-15	Mouse peritoneal	SV-40 virus	15)
A-640-BB	Mouse bone marrow cell	Temperature sensitive mutant of SV-40 virus	16)
DM, BB	Human peritoneal blood monocyte	Origin-defective SV-40 DNA	17)

最近，マウスの腹腔マクロファージからSV-40で形質転換した増殖性細胞の内の，ある細胞が，CSFを生成しており[15]，マクロファージ由来のモノカインの探索手段として活用されている。今後，発癌遺伝子の研究の進展によって，EBウイルス，アデノウイルス，ヒト成人T細胞白血病ウイルス（HTLV）などとの併用によって，増殖性マクロファージ株の樹立も可能になるものと思われる。

しかし前述のように，多くの努力にもかかわらずヒトマクロファージ株化細胞が得られていないことは，終末機能細胞にまで分化した細胞に増殖性と機能性を併存させることは生物学的に困難である，との見方もできよう。

(2) マクロファージの産生する因子

マクロファージの性質については多くの解説があるので，ここでは，マクロファージのもつ生理活性物質の分泌能について述べる。表2.2.4に示したように，マクロファージが活性化されると，酵素類，血漿性タンパク質，核酸関連物質，免疫モジュレーターなど，非常に多様な物質を産生することが知られている[18]。最近報告されているマクロファージ由来のBiological Response Modifier（BRM）を，表2.2.5にまとめた。これらのBRMの単離精製のためには，多量のマウス，ラビット，ヒト由来のマクロファージを調製する必要があるため，物質としての性状の把握がなされているのは少ない。

(3) 分化誘導培養法によるマクロファージの調製

造血幹細胞から分化誘導されるマクロファージの調製は，前述のように，ヒト造血幹細胞の長期液内培養法が確立されていない現状では，不可能である。ところが，造血幹細胞の分化の途中で

2 細胞の物質生産能増強技術

表2.2.4　マクロファージの産生する生理活性物質[18]

Enzymes	Neutral proteases	Plasminogen activator, Metal-dependent elastase, Collagenase (Type 1,2,3,4)
	Lysozyme	
	Lipoprotein lipase	
	Arginase	
	Acid hydrolases	Proteinases, Peptidases, Glycosidases, Phosphatases, Lipases
Plasma proteins	α_2 - Macroglobulin	
	Fibronectin	
	Transcobalamin II	
	Apoprotein E	
	Coagulation proteins	
	Tissure thromboplastin	Factor V, VII, IX, X
	Complement components	C1, C2, C3, C4, C5, Properdin, Factor B, Factor D, C3b inactivator, C3b inactivator accelerator
Reactive metabolites of oxygen	Superoxide anion	
	Hydrogen peroxide	
Bioactive lipids	Prostaglandin E_2	
	6-Ketoprostaglandin E_1	
	Thromboxane B_2	
	Leukotrien C	
	12-Hydroxyeicosatetraenoic acid	
Nucleotide metabolites		
Cell function regulating factors	Interleukin-1	
	Angiogenesis factor	
	Growth factors	for fibloblasts, endotherial cells, T-cells or B-cells, CSF
	Growth inhibitors	for tumor cells

　腫瘍化したと考えられている白血病細胞のうち，ある種の細胞株は，人為的にマクロファージ様細胞に分化誘導することが可能である。白血病の新しい治療法の研究から出発して，白血病細胞を in vitro で非増殖性の機能細胞に分化誘導できることが，マウス骨髄性白血病細胞株（M-1）で見出されてから[31]，腫瘍の分化誘導治療法をめざした研究が活発に行われている[30],[32]～[34]。こうした医学研究の知見は，そのまま細胞の分化誘導培養技術に応用されるものである。

　ヒト白血病細胞株のうち，マクロファージ様の細胞に分化誘導可能な培養細胞株には，骨髄性白血病細胞株（K-562，ML-1，ML-2，ML-3，KG-1など），単球性白血病細胞株（THP-1，U-937など），骨髄性単球性白血病細胞株（RC-2Aなど），前骨髄球性白血病細胞体（HL-60

第2章 動物培養細胞の育種技術

表2.2.5 最近報告されたマクロファージ由来の Biological Response Modifiers (BRM)

Biological response modifiers	Macrophage	Reference
Lymphocyte activating factor (LAF, IL-1)	Mouse macrophage	19)
Macrophage-derived suppressor factor	Mouse macrophage	20)
Plasminogen activator	Mouse peritoneal macrophage	21)
Lipomodulin (Macrocortin)	Mouse peritoneal macrophage	22)
Growth factor for osteoblast-like cells	Rat peritoneal macrophage	23)
Tumor necrosis factor	Rabbit macrophage	24)
Tumor cytotoxic factor	Human alveolar macrophage	25)
Anti-tumor cytotoxin	Human monocyte	26)
Plasminogen activator	Human blood monocyte	27)
Plasminogen activator inhibitor	Human blood monocyte	27)
Growth factor for mesenchymal cell	Human blood monocyte	28)
Colony stimulating factors (CSF)	Mouse, Rat, Human macrophage	29)
Differentiation inducing factor	Human blood monocyte	30)

など）が知られている。また最近，2倍体細胞の造血細胞株として，CM-Sがマクロファージ様細胞に分化誘導できることが報告[65]されている。

　こうしたヒト白血病細胞は，多様な薬剤によって，それぞれ異なった性質のマクロファージ様細胞に分化誘導される（表2.2.6）。このことは，有用な生理活性物質の探索の観点からは非常に興味深い現象である。白血病細胞と分化誘導する薬剤の選択と組合わせによって，いろいろな分化段階の細胞を調製することができることを示唆している。したがって，白血病細胞株と，分化誘導剤の組合わせ，培地組成，培養時間などの培養条件，さらには，分化誘導して得たマクロファージ様細胞の活性化剤などの選択により，目的とするBRM（モノカイン）の生産条件をスクリーニングすることができよう。微生物の代謝産物のスクリーニングと対比して考えると，細胞の種類が微生物のように多様でない欠点を補う方法としても，分化誘導培養法の応用は興味がもたれている。

　最近，ヒト白血病細胞の分化誘導因子が，ヒト細胞の生産物として発見されている。これらの分化誘導因子（D-factor, DIF, DAF, CSFなど）は，ビタミンA類，アクチノマイシンDなどの抗生物質と相乗作用があり[34),50)]，ヒト白血病細胞株を効果的にマクロファージ様細胞に分化誘導できるようになった。また，遺伝子操作によって大腸菌で生産したγ型インターフェロンも，こうしたヒト白血病細胞の分化誘導剤として利用できる[30),34),43),66)]。このような生体内物質（BRM）の応用によって，より in vivo に近い状態での分化誘導培養法が可能になるものと考えられる。

表2.2.6 マクロファージ様の細胞に分化誘導されるヒト白血病由来および二倍体細胞

Leukemia cell line	Differentiation inducing agent	Reference
K-562（Myelogenous leukemia）	Actinomycin D, Arginase, TPA	35)
ML-1（Myelogenous leukemia）	TPA, Cytosin arabinoside	36)
	Alkyllysophospholipid（ST-023）	37)
	Differentiation inducing factor（DIF）	38)
	Adriamycin, Daunomycin, 6-Mercaptopurine, 5-Azacytidine, Isopentenyl adenosine, 5-fluorouracil, Actinomycin D	30)
ML-2（Myelogenous leukemia）	Alkyllysophaspholipid（ST-023）	37)
ML-3（Myelogenous leukemia）	TPA	39)
KG-1（Myelogenous leukemia）	TPA	39)
THP-1（Monocytic leukemia）	TPA	40)
	Mezerein	1), 41)
	Retinoic acid, Cholera toxin	42)
U-937（Histiocytic leukemia）	TPA, Interferon	43)
	Interferon-γ, Vitamine D_3, Lymphokine	44)
	Retinoic acid	45)
	Lipomodulin	46)
RC-2A（Myelomonocytic leukemia）	TPA	47)
HL-60（Promyelocytic leukemia）	TPA	48), 49)
	Cytosin arabinoside	50)
	Alkyllysophospholipids	51)
	1,25$(OH)_2$ D_3	52), 53)
	Arginase	54)
	Proteolytic enzymes（Trypsin）	55)
	Interferon-γ	30), 56), 57), 58)
	Differentiation factor（D-factor）	59), 60)
	Differentiation inducing factor（DIF）	61), 62)
	Leukocyte conditioned medium	63), 64)
CM-S（Hematopoietic diploid cell）	TPA	65)

2.1.5　単球性白血病細胞株（THP-1）の分化誘導培養法

　三村らは，マクロファージ様細胞に分化誘導できるヒト白血病細胞株（AL-109株：THP-1より誘導した無血清培養株）を用いて，分化誘導培養法による有用物質の生産について報告[1], [2]した。無血清培地に増殖した細胞は，写真2.2.1(B)のように球型の細胞であるが，これを無血清培地で，ホルボールエステル（TPA）の存在下，3日間培養すると，写真2.2.1(A)のように細胞は大きくなり，多数のヒダ状構造（raffle）を持ち，培養皿に付着伸展したマクロファージ様の細胞に分化誘導できた。この細胞は増殖能を失っており，一度分化誘導された細胞は再び増殖することはなかった。

第2章　動物培養細胞の育種技術

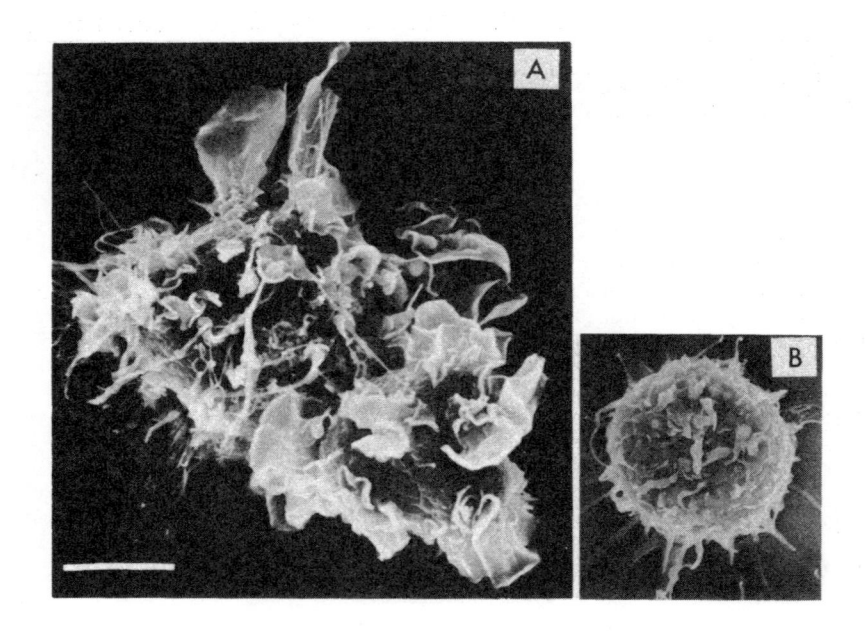

写真2.2.1　ヒト単球性白血病細胞（AL-109株）の増殖性細胞(B)と分化誘導した
　　　　　マクロファージ様細胞(A)，バーは5μ

　このようにして分化誘導された細胞は，生きた酵母菌（*Candida parapsilosis*）の殺菌能やリソゾーム酵素の活性，ラテックス粒子の貪食能など，マクロファージのもつ性質が発現されていた。興味あることは，表2.2.7に示したように，白血病細胞から分化誘導したマクロファージ様の細胞が，レクチン類によって活性化されることである。すなわち，フィトヘムアグルチニン（PHA-M），ブタクサレクチン（PWM），サクシニル化コンカナバリンA（S-ConA）などの植物由来レクチンにより，正常なマクロファージと同様に活性化されて，酵母菌の殺菌能が増加した。一方，^{14}C-ロイシンを用いたタンパク合成能の観察によって，ホルボールエステル（TPA）で分化誘導したのち，S-ConAで活性化する培養条件下では，培養液中に，種々の新しいタンパク質の生成が認められている（写真2.2.2）。これらの結果は，ヒト白血病細胞から分化誘導したマクロファージ様の細胞においても，正常なマクロファージと同じような性質が期待できることを示している。

2 細胞の物質生産能増強技術

表2.2.7 ヒト白血病細胞株（THP-1）から分化誘導したマクロファージ様細胞のレクチンによる活性化

細胞をホルボールエステル（TPA）0.01 μg/ml，3日間分化誘導したのち，その細胞を洗浄し，Activatorと共に24時間培養したのち，*Candida parapsilosis* を 1×10^5/well 接種し，さらに24時間培養した。生きた酵母を寒天プレートで測定した。

Activator	*Candida* / well	Activation ratio	Phagocytosis
Con A	16.8×10^7	0.24	—
PHA-M	1.3	3.1	+++
PWM	2.6	1.5	+++
S-Con A	1.1	3.6	+++
None	4.0	1	+
Medium	12.5	—	

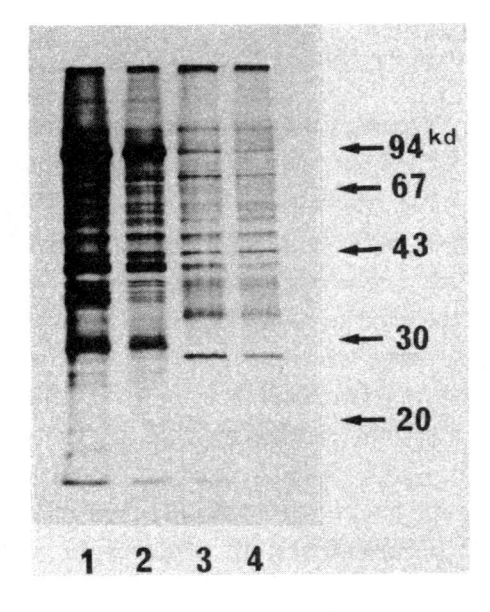

細胞（AL-109）10×10^5/ml をTPA 0.1 μg/ml で16時間処理したのち洗浄し，新培地にS-ConA 20 μg/ml で28時間培養して，^{14}C-leucine により24時間ラベルした培養上清液中のタンパク質をSDS-ポリアクリルアミド電気泳動法で測定した。

	TPA	S ConA
1	+	+
2	+	−
3	−	+
4	−	−

写真2.2.2 ヒト白血病細胞の分化誘導培養法により産生されるタンパク質

2.1.6 ホルボールエステルによる物質生産増強

ホルボールエステルは，腫瘍プロモーターであって，細胞に対し種々の作用をもっている[67)〜70)]。分化誘導培養法においては，ホルボールエステルのもつ細胞分化作用を活用した。一方，ホルボ

第2章 動物培養細胞の育種技術

表2.2.8 ホルボールエステルによって産生が増強される生理活性物質

Biological response modifiers	Producing cell	Reference
Lymphotoxin（LT）	RPMI-1788（Human B-cell lymphoblastoid cell line）	71)
Tumor necrosis factor（TNF）	U-937	5)
Colony stimulating factor（CSF）	HL-60	72)
Growth inhibitory activity	THP-1	41)
Growth factor	THP-1	41)
Urokinase	Human kidney carcinoma cell	73)
	Hela	74)
	Human embryonic lung cell	75)
Interleukin 2	Human T-cell lines	76)
Interferon-γ	Human or mouse splenocytes	77)
Plasminogen activator	Mouse peritoneal macrophage	21)
Interleukin 1	Mouse macrophage cell line	78)
Ornithine decarboxylase	Mouse epidermal cell	79)
Plasminogen activator	Chick embryo fibloblast	80)

ールエステルは代謝活性を賦活する作用があり，細胞培養における有用物質の産生増強法としても利用されてきた。リンホトキシン（LT）[71]，腫瘍壊死因子（TNF）[5]，コロニー形成促進因子（CSF）[72]，ウロキナーゼ[73]，γ型インターフェロン[77]，プラスミノーゲン・アクチベーター[21,80]などの他に，インターロイキン1，2，分化誘導因子，増殖因子など，さまざまなBRMの生成がホルボールエステルによって増強されている。表2.2.8に示したようなBRMは，ホルボールエステルを用いない培養系でも微量の生成が認められるものであって，前項で述べたホルボールエステルによる分化誘導培養法とは異なった現象による細胞培養法に分類される。ホルボールエステルは強力な発癌プロモーターであるため，工業的な生産技術には応用できないが，最初に有効成分を純品化する目的や，遺伝子操作のためのmRNAの取得には効果的であるので，よく用いられている。

2.1.7 おわりに

細胞大量培養に用いられる細胞の育種は，得られた細胞の物質生産技術 —— 無血清培養法，高密度培養法，培養システム，培養装置など —— と組合わせて行われるべきものであり，それぞれが独立したものではない。本項では，育種された細胞をどうしたら，効率的な物質生産状態を維持させることができるかについて，細胞の増殖と分化の面から考えてきた。現世代的な細胞培養技術としては，本来から増殖能をもっている細胞を培養するとき，培養液中に構成的に生成する物質（ウロキナーゼなど）や，ウイルス，合成薬剤による誘導生産（インターフェロンなど）が実用化されている。こうした技術を基盤として，さらに複雑な生体内現象を応用する，次世代的な細胞培養技術としての細胞分化誘導培養法についてまとめてみた。

2 細胞の物質生産能増強技術

　細胞培養による有用な生理活性物質探索の最大の短所は，増殖培養が可能な細胞の種類が非常に少ないことである。幹細胞は生体内では無限に増殖しているが，*in vitro* での連続的な増殖培養は難しい。しかし，最近，真核細胞を対象にした遺伝子操作技術の研究がめざましいので，人為的な増殖性細胞の育成が可能になるであろう。そうすれば，生体内と同様な分化能をもった増殖性細胞を人為的に育種（樹立）することも夢ではないと思われる。新しい手法による真核遺伝子工学を用いた樹立細胞を，種々の分化誘導系に応用して育種し，増殖現象と分化現象を組合わせた細胞大量培養技術として開発することは，将来の大きな研究課題である。

　本論文は，筆者が，旭化成工業（株）技術研究所在籍中に，通産省工業技術院次世代産業基盤技術開発制度による委託研究に参画していた時の経験を含むものである。通産省工業技術院次世代室ならびに旭化成工業（株）の関係者の方々に深謝致します。

文　献

1) 三村精男，吉成河法吏，湯浅勝巳，佐藤恒雄，渋川満，：第1回次世代産業基盤技術シンポジウム＜東京，1983，12＞（1983）
2) A. Mimura. K. Yoshinari, K. Yuasa, T. Sato, M. Shibukawa：Proceedings of the International Symposium on Growth and Differentiation of Cells in Defined Environments＜Fukuoka, Sept. 1984＞. Kodansha, Springer-Verlag, p. 203（1985）
3) G. Camussi, F. Bussolino, F. Ghezzo, L. Pegorato, *Blood*, **59**, 16（1982）
4) C. A. Armstrong, J. Klostergaard, G. A. Granger, *J. Natl. Cancer Inst.*, **74**, 1（1985）
5) D. Pennica, G. E. Nedwin, J. S. Hayflick, P. H. Seeburg, R. Derynck, M. A. Palladino, W. J. Kohr, B. B. Aggarwal, D. V. Goeddel, *Nature*, **312**, 724（1984）
6) E. Fucks, H. Green, *Cell*, **25**, 617（1981）
7) 井川洋二，代謝，**15**, 145（1978）
8) D. A. K. Roncari, *Trend in Biochemical Science*, 486, Nov.（1984）
9) S. Strickland, K. K. Smith. K. R. Narotti, *Cell*, **21**, 347（1980）
10) A. E. Freeman, E. Engvall, K. Hirata, Y. Yoshida, R. H. Kottel, V. Hilborn, E. Ruoslahti, *Proc. Natl. Acad. Sci. U.S.A*, **78**, 3659（1981）
11) J. L. Taylor, J. J. Sedmak, P. Jameson, Y. G. Lin, S. E. Grossberg, *J. Interferon Res.*, **4**, 315（1984）
12) R. Sager, P. Kovac, *Proc. Natl. Acad. Sci. U.S.A*, **79**, 480（1982）

第2章 動物培養細胞の育種技術

13) 森和博, 細胞工学, **2**, 1375 (1983)
14) W. C. Raschke, S. Baird, P. Ralph, T. Nakoinz, *Cell*, **15**, 261 (1978)
15) K. Ohki, A. Nagayama, *J. Cell. Physiol.*, **114**, 291 (1983)
16) T. Tanigawa, H. Takayama, A. Takagi, G. Kimura, *J. Cell. Physiol.*, **116**, 303 (1983)
17) Y. Nagata, B. Diamond, B. R. Bloom, *Nature*, **306**, 597 (1983)
18) Z. Werb, "Basic and Clinical Immunology", 4th Ed., Lange Medical Publications, p.107 (1982)
19) I. Gerg, *J. Exp. Med.*, **136**, 128 (1972)
20) T. M. Aune, C. W. Pierce, *Proc. Natl. Acad. Sci. U.S.A*, **78**, 5099 (1981)
21) J. D. Vassalli, J. Hamilton, E. Reich, *Cell*, **11**, 695 (1977)
22) G. J. Blackwell, R. Carnuccio, M. Dirosa, R. J. Flower, L. Parente, P. Persico, *Nature*, **287**, 147 (1980)
23) L. Rifas, V. Shen, K. Mitchell, W. A. Peck, *Proc. Natl. Acad. Sci. U.S.A*, **81**, 4558 (1984)
24) N. Matthews, *British J. Cancer*, **38**, 310 (1978)
25) S. Sone, K. Tachibana, K. Ishii, M. Ogawara, E. Tsubura, *Cancer Res.*, **44**, 646 (1984)
26) N. Matthews, *Immunology*, **44**, 135 (1981)
27) O. Saksela, T. Hovi, A. Vaheri, *J. Cell. Physiol.*, **122**, 125 (1985)
28) C. Kevin, *Cell*, **25**, 603 (1981)
29) N. A. Nicola, M. Vadas, *Immunology Today*, **5**, 76 (1984)
30) 武田健, 紺野邦夫, ファルマシア, **21**, 46 (1985)
31) Y. Ichikawa, *J. Cell. Physiol.*, **74**, 223 (1969)
32) 穂積本男, 癌と化学療法, **8**, 9 (1981)
33) 穂積本男, *Oncologia*, **6**, 16 (1983)
34) T. R. Breitman, B. R. Keene, H. Hemmi, *Cancer Surveys*, **2**, 263 (1983)
35) Y. Honma, Y. Fujita, T. Kasukabe, M. Hozumi, *Gann*, **73**, 97 (1982)
36) K. Takeda, J. Minowada, A. Bloch, *Cancer Res.*, **42**, 5152 (1982)
37) 日野研一郎, 本間良夫, 穂積本男, 鶴岡延熹, 清水盈行, 日本血液学会雑誌, **46**, 116 (1983)
38) 武田健, 蓑和田潤, A. Bloch, 紺野邦夫, 日本血液学会雑誌, **46**, 358 (1983)
39) H. P. Koeffler, M. Bar-Eli, M. C. Territo, *Cancer Res.*, **41**, 919 (1981)
40) S. Tsuchiya, Y. Kobayashi, Y. Goto, H. Okumura, S. Nakae, T. Konno, K. Tada, *Cancer Res.*, **42**, 1530 (1982)
41) E. V. Gaffney, S. C. Tsai, M. L. Dell'Aquila, S. E. Lingenfelter, *Cancer Res.*, **43**, 3668 (1983)
42) H. Hemmi, T. R. Breitman, *Gann*, **76**, 345 (1985)
43) T. Hattori. M. Pack, P. Bougnoux, Z. L. Chang, T. Hoffman, *J. Clin. Invest.*, **72**, 237 (1983)
44) P. E. Harris, P. Ralph, P. Litcofsky, M. S. A. Moore, *Cancer Res.*, **45**, 9

45) I. L. Olsson, T. R. Breitman, *Cancer Res.*, **42**, 3924 (1982)
46) T. Hattori, T. Hoffman, F. Hirata, *Biochem. Biophys. Res. Commun.*, **111**, 551 (1983)
47) P. Ralph, N. Williams, M. S. A. Moore, P. B. Litcofsky, *Cell Immunol.*, **71**, 215 (1982)
48) G. Rovera, T. G. O'Brien, L. Diamond, *Science*, **204**, 868 (1979)
49) G. Rovera, D. Santoll, C. Damsky, *Proc. Natl. Acad. Sci. U.S.A*, **76**, 2779 (1979)
50) M. Hozumi, *Advances in Cancer Res.*, **38**, 121 (1983)
51) Y. Honma, T. Kasukabe, M. Hozumi, S. Tsushima, H. Nomura, *Cancer Res.*, **41**, 3211 (1981)
52) C. Miyaura, E. Abe, T. Kuribayashi, H. Tanaka, K. Konno, Y. Nishii, T. Suda, *Biochem. Biophys. Res. Commun.*, **102**, 937 (1981)
53) D. M. McCarthy, J. F. San Miguel, H. C. Freak, P. M. Green, H. Zora, D. Catorsky, J. M. Goldman, *Leukemia Res.*, **7**, 51 (1983)
54) Y. Honma, Y. Fujita, J. Okabe-Kado, T. Kasukabe, M. Hozumi, *Cancer Letter*, (1985)
10, 287 (1980)
55) E. Fibach, A. Treves, M. Kidron, M. Mayer, *J. Cell. Physiol.*, **123**, 228 (1985)
56) P. M. Guyre, P. M. Morgsnelli, R. Miller, *J. Clin. Invest.*, **72**, 393 (1983)
57) 逸見仁道, T. R. Breitman, 組織培養, **10**, 185 (1984)
58) 大槻健蔵, 化学と生物, **22**, 4 (1984)
59) M. Tomida, Y. Yamamoto, M. Hozumi, *Biochem. Biophys. Res. Commun.*, **104**, 30 (1982)
60) J. Lotem, L. Sachs, *Proc. Natl. Acad. Sci. U.S.A.*, **76**, 5158 (1979)
61) I. Olsson, T. Olofsson, *Exp. Cell Res.*, **131**, 225 (1981)
62) I. L. Olsson, M. G. Sarngadharan, T. R. Breitman, R. C. Gallo, *Blood*, **63**, 510 (1984)
63) R. T. Todd, J. D. Griffin, J. Ritz, L. M. Nadlar, T. Adams, S. F. Schlossman, *Leukemia Res.*, **5**, 491 (1981)
64) T. W. Chiao, W. F. Freitag, J. C. Steinmetz, M. Andreeff, *Leukemia Res.*, **5**, 477 (1981)
65) G. Monoco, E. Vigneti, M. Lancieri, P. Cornaglia, G. L. Deliliers, R. Revoltella, *Cancer Res.*, **42**, 4182 (1982)
66) J. B. Weinberg, M. M. Hobbs, M. A. Misukonis, *Proc. Natl. Acad. Sci. U.S.A.*, **81**, 4554 (1984)
67) 山崎洋, 蛋白質・核酸・酵素, **24**, 999 (1979)
68) 穂積本男, 日本医師会雑誌, **92**, 587 (1984)
69) 千田和広, 黒木登志夫, 組織培養, **11**, 113 (1985)
70) 谷本徹二, 貝淵弘三, 高井義美, 組織培養, **11**, 283 (1985)
71) P. W. Gray, B. B. Aggarwal, C. V. Benton, T. S. Bringman, W. J. Henzel, J.

第2章 動物培養細胞の育種技術

  A. Jarrett, D. W. Leung, B. Moffat, P. Ng, L. P. Svedersky, M. A. Palladino, G. E. Nedwin, *Nature*, **312**, 721 (1984)
72) I. A. Svet-Moldavskaya, Z. Arlin, G. J. Svet-Moldavsky, B. D. Clarkson, B. Koziner, N. Mendelsohn, S. N. Zinzar, J. F. Holland, *Cancer Res.*, **41**, 4335 (1981)
73) R. Ferraiuola, M. P. Stoppell, P. Verde, S. Bullock, P. Lazzaro, F. Blasi, T.C. Pietropaola, *J. Cell. Physiol.*, **121**, 368 (1984)
74) D. J. Crutchley, L. B. Conanan, J. R. Maynard, *Cancer Res.*, **40**, 849 (1980)
75) S. Jaken, C. Geffen, P. H. Black, *Biochem. Biophys. Res. Commun.*, **99**, 379 (1981)
76) S. Gillis, M. Scheid, J. Watson, *J. Immunol.*, **125**, 2570 (1980)
77) Y. K. Vip, R. H. L. Pang, C. Urban, J. Vilcek, *Proc. Natl. Acad. Sci. U.S.A*, **78**, 1601 (1981)
78) S. B. Mizel, D. I. Rosenstreich, J. J. Oppenheim, *Cellular Immunol.*, **40**, 230 (1978)
79) T. G. O'Brien, R. C. Simsiman, R. K. Boutwell, *Cancer Res.*, **35**, 1662 (1975)
80) M. Wiglar, D. Defeo, I. B. Weinstein, *Cancer Res.*, **38**, 1434 (1978)

2　細胞の物質生産能増強技術

2.2　遺伝子操作による物質生産増強

草野友延[*]

2.2.1　はじめに

　大腸菌や酵母における，応用遺伝子工学と呼べる分野での進歩には目をみはるものがある。周知のように，この技術を駆使して，ヒトのインターフェロン，インシュリンそして成長ホルモン等を発現することに成功している。しかしながら，微生物の宿主・ベクター系を用いた物質生産系には，いくつかの欠点のあることが指摘されてきた。こうした背景から，動物細胞の宿主・ベクター系の開発が進められている。本項では，動物細胞の宿主・ベクター系について概説すると共に，いくつかの系では，物質生産の実例も紹介したい。

2.2.2　動物細胞の遺伝子操作

　遺伝子のプラスミドやファージへのクローニング法，*in vitro* 変異法，そして迅速な DNA 塩基配列決定法といった，近年の遺伝子操作技術の発展は，遺伝子の構造と発現あるいは調節機構といったものを急速に明らかにしつつある。応用としての有用遺伝子産物の量産といった問題も，こうした基礎的研究の延長線上にある。

　有用遺伝子産物の生産も，手始めは，大腸菌等の原核生物の宿主・ベクター系において，なされた。しかし，有用遺伝子産物が哺乳動物細胞由来のものである場合には，産物が複合糖タンパク質であったり，リン酸化やアミド化等の翻訳後修飾を受けることがある。こうした修飾や糖付加が生物活性に重要である場合が多い。また，細菌の産生系は，動物細胞と異なり分泌機構をもたないために，多くの場合，産物は封入体（inclusion body）状で回収される。さらに，産物が適切な高次構造（特に cysteine 間のS-S結合）をとり得ないといった例もある。これらの諸欠点を克服する観点から，本来の産生系である動物細胞を宿主とするベクター系の確立が急がれた。既に，これらの系を利用して，天然と同じように修飾を受け，かつ生物活性のある物質生産の例が報告されている。

　以下の各項では，動物細胞への遺伝子の導入の際汎用されている優性選択マーカー遺伝子について述べた後，種々の宿主・ベクター系について概説したい。さらに，各々の系での物質生産の応用例についても触れたい。

　ベクターの基本骨格となっている DNA, RNA 腫瘍ウイルスの基礎的なことについては文献1)，2)を，また，ウイルスベクターについては文献3)，4)，5)を，それぞれ参照いただきたい。

2.2.3　プロモーター，エンハンサーと宿主との関係

　物質生産増強の視点からは，動物細胞で発現する強力なプロモーター，そして，プロモーター活性を高めるエンハンサーは重要である。これらの活性は，宿主細胞との関係で著しく左右され

---

　[*]　Tomonobu Kusano　大正製薬㈱　総合研究所

る。

Howardのグループ[6]は，強力なプロモーターとして知られるRous sarcoma virus（RSV）のlong terminal repeat（LTR）のプロモーター部分下流に，クロラムフェニコールアセチルトランスフェラーゼ（CAT）遺伝子を配したpRSVcatを作製し，SV 40ウイルス初期遺伝子プロモーター下流にcatを配したpSV 2 catとの比較を行った。RSVプロモーターは，一般にSVプロモーターよりも数～10倍強力であるが，チャイニーズハムスター細胞では活性が逆転している。また，宿主細胞によって活性は著しく異なる（表2.2.9）。

Moloney murine sarcoma virus（Mo-MSV）は，サル細胞において，largeT抗原の発現量と自己複製速度が，SV 40にくらべ，かなり低い。しかし，マウス細胞では両ウイルス間に大差がない。Laiminsら[7]は，SV 40初期プロモーターの上流に，SV 40，MSVのそれぞれのエンハンサー配列をつなぎ，プロモーター下流にcat遺伝子を連結した。両組換えDNAをサルとマウスの細胞に導入し，CAT活性を測定した。図2.2.3に示すように，サル細胞ではSV 40エンハンサーが強力であるが，マウス細胞では，逆にMSVエンハンサーが強力に働く。この結果は，エンハンサー効果の発現には，細胞側の因子が関与していることを示している。したがって，プロモーター，エンハンサーの宿主特異性を考慮して，導入遺伝子を構築しなければならない。

エンハンサーについては，文献8)の参照をお勧めしたい。

2.2.4 DNAの細胞内導入法

現在，組換え遺伝子を作製し動物細胞に導入する際の方法は，以下のものがある。

(i) リン酸カルシウム共沈法

(ii) 多価カチオン法（DEAE-デキストラン，ポリブレンなど）

(iii) 微注入法（microinjection法）およびプリッキング法（pricking）

(iv) プロトプラスト融合法

(v) 電気パルス穿孔法（electroporation）

これら諸法の具体的な記述については，成書[9]を参照されたい。

表2.2.9 各細胞抽出液によりアセチル化された
クロラムフェニコール量の比較[6]

細　　胞	pRSVcat	pSV2cat
ニワトリ（CEF）	100	19
サル（CV-1）	86	38
チャイニーズハムスター（CHO）	4.7	10.5
ヒト（HeLa）	2.5	0.3
マウス（NIH/3T3）	1.5	0.15

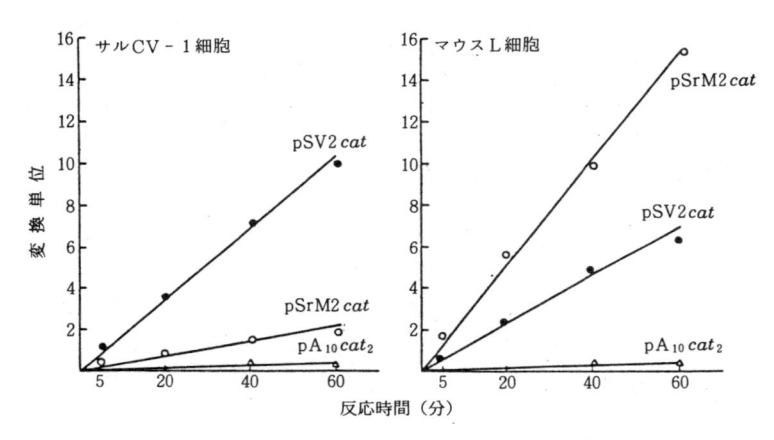

図 2.2.3 細胞によるエンハンサー活性の違い[7]
各プラスミドを，サル細胞またはマウス細胞にトランスフェクション後，48時間目に合成された CAT 量を測定した。縦軸は，基質である[^{14}C]クロラムフェニコールの1％がアセチル化されたものを，1変換単位としている。

2.2.5 選択系 (Selection system)

前項で述べた手法により組換え遺伝子を細胞に入れる際，もしベクターに生化学的に容易に識別できるマーカー遺伝子を連結していたなら，目的クローンを効率的に選択する事が可能となる。後述するウシパピローマウイルスの場合には，ベクター上に，受容細胞を形質転換しフォーカス形成を与える能力が付与されている。これも1つの選択系と言えよう。

現在のところ，単純疱疹ウイルス（ヘルペスシンプレックスウイルス，HSV）のチミジンキナーゼ（*tk*）遺伝子が，選択マーカー遺伝子として広汎に用いられている。しかし，受容細胞がTK欠損変異細胞に限局される欠点がある。そこで，広範囲な細胞を宿主にできる，優性（dominant）選択マーカー遺伝子がクローンされている。

(1) *Eco gpt* 遺伝子

プリンヌクレオチドの合成系は，*de novo* と salvage の2系から成る。図 2.2.4 に，*Eco gpt* 選択に関与しているプリン代謝系を示す。*de novo* の合成系は，前駆体から IMP を，IMP から XMP，GMP を合成する。ミコフェノール酸（MPA）は，IMP を XMP に変換する IMP 脱水素酵素の阻害剤である。大腸菌の XGPRT (xanthine guanine phosphoribosyl transferase) は，哺乳動物に存在している HGPRT (hypoxanthine guanine phosphoribosyl transferase) の類似

第2章 動物培養細胞の育種技術

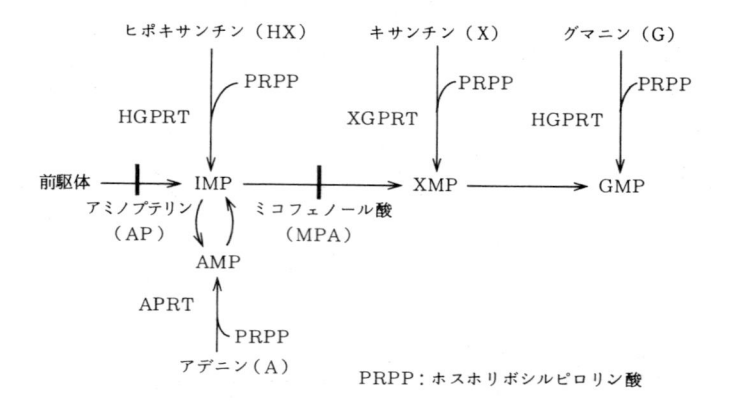

図2.2.4 プリンヌクレオチド合成系とアミノプテリンとミコフェノール酸の阻害部位

酵素である。前者はXMPを，後者はIMPとGMPを合成するsalvage系の酵素であるが，哺乳動物細胞にはXGPRT活性はほとんど検出できない。アミノプテリン（AP）がIMPの生成を阻害するために，MPAの作用はより効果的となる。動物細胞は，APとMPAの2薬剤存在下であっても，IMPとGMPの前駆体であるHXとGを補ってやれば生育可能であるが，AとXを加えた場合には，結局，GMPが生産されないために細胞は死滅する。しかし，細胞が$Eco\ gpt$遺伝子を発現している場合には，AとXを含む培地での生育が可能となるわけである。

MulliganとBerg[10]は，SV40後期領域置換ベクターであるpSVGT5に $Eco\ gpt$ 遺伝子をクローンした。彼らは，さらに，発現ベクターであるpSV2の外部遺伝子の部分に gpt を組込んだ，pSV2 gpt を作製した[11]。外来遺伝子を動物細胞で発現させるためには，発現可能なプロモーター，RNAスプライシングおよびポリA付加の両シグナルが必要であるが，pSVベクターの場合には，SV40のエンハンサーと初期プロモーター，sT抗原のスプライシングシグナルとポリA付加シグナルが備わっている。

(2) **アミノグリコシドリン酸転移酵素遺伝子**

① neo

トランスポゾンTn5由来のアミノグリコシド3′リン酸転移酵素（neo）遺伝子は，もう1つの優性な選択系を構成する。neo遺伝子を発現している細菌は，カナマイシンやネオマイシンに耐性となる。JiminezとDavies[12]は，真核細胞である酵母が，G418（2-デオキシストレプタミン抗生物質）に感受性であることを示した。G418はネオマイシン類似の構造を持つが，

動物細胞のタンパク質合成を阻害する。Colbere-Garapinら[13]は，neo遺伝子をクローンし，HSVのtk遺伝子のプロモーターの支配下におき，3′側にはポリA付加シグナルを連結し，動物細胞に導入したところ，G418耐性クローンの出現をみた。SouthernとBerg[14]は，前述したpSV2 gptのgptをneoに置換したpSV2 neoを作製した。

Bradyら[15]とMeneguzziら[16]のグループは，独自に，同様なneo発現ベクターを作製した。Bradyらのグループは，Tn5-neoの5′側にHSVtk遺伝子のプロモーター，3′側にポリA付加シグナルを連結し，さらにHSVtkプロモーターの上流にpBR322由来のP1プロモーターを連結したプラスミドを作製した。Meneguzziらのグループは，P1プロモーターのかわりにneoのプロモーターを置き戻している。これらのプラスミドは，細菌においては，P1あるいはneoプロモーターの働きによりカナマイシン耐性を与え，動物細胞においては，HSVtkプロモーターの働きによりG418耐性を与える。ヒト，サル，マウス等の細胞は，G418感受性であり，約400 μg/mlの濃度で死滅する。

② hph

ハイグロマイシンB（hyg B）は，*Streptomyces hygroscopicus*により生産されるアミノサイクリトール抗生物質である。hyg Bは，原核および真核生物のタンパク質合成における転位反応（translocation）を阻害することが知られている。GritzとDavies[17]は，大腸菌のプラスミドpJR225より，hygBを不活化するハイグロマイシンBリン酸転移酵素（*hph*）遺伝子をクローンした。*hph*遺伝子は1,026塩基対よりなり，分子量39,000のタンパク質をコードしている。彼らは，酵母の*cyc*1プロモーター下流に*hph*遺伝子を置いたものをパン酵母に導入し，hyg B耐性のクローンを得ており，*hph*が真核細胞の優性な選択マーカーになることを示した。*hph*遺伝子の上流にHSV-tkプロモーター，3′側にポリAシグナルを連結し，哺乳動物に導入した例[18],[19]も報告されている。前述したG418に比し，hyg Bは哺乳動物細胞に対する毒性が，重量換算で3～10倍強い。

(3) 増幅遺伝子

以下に述べる選択系は，物質生産増強の視点から，ぜひとも触れなければならない。遺伝子増幅（Gene Amplification）については，優れた文献[20],[21]がある。参照いただきたい。

① ジヒドロ葉酸還元酵素系（*dhfr*）

この酵素はジヒドロ葉酸（DHF）→テトラヒドロ葉酸（THF）の反応を行うが，THFは種々の生合成反応における1炭素転移（one-carbon transfer）に要求されるコファクターである。したがって，*dhfr*遺伝子に変異のある細胞は，その生育に，グリシン，プリンそしてチミジンを要求する。

*dhfr*遺伝子を発現ベクターに組込んだ例としては，pSV2 *dhfr*がある[22]。また，Schimkeの

グループ[23]は，マウスの genomic dhfr 遺伝子と cDNA の dhfr 遺伝子とから，一連の"mini-genes"を作製した。これらは，5′上流約1kb と種々の長さの non-coding 領域を 3′側に持つ。"minigenes"を dhfr 欠損チャイニーズハムスター卵母細胞［CHO（dhfr⁻）］に導入したところ，dhfr⁺ のクローンを得た。dhfr⁺ クローンの出現頻度は，5′側の2つのイントロンを含むプラスミドの方が，イントロンを全く欠くプラスミドにくらべ10倍以上高い。さらに，得られた dhfr⁺ クローンを，dhfr 遺伝子の強力な阻害剤であるメソトレキセート（Mtx）で処理すると，Mtx 耐性株が得られる。こうした細胞内では，導入した遺伝子の増幅がみられた。

　dhfr 遺伝子系は，tk 遺伝子系と同様，本来は優性（dominant）な系ではないが，dhfr 遺伝子を優性な選択系として用いようとする試みがある。前述したように，葉酸アナログであるMtx は dhfr を強く阻害するが，Mtx 耐性となった細胞の中には，dhfr 遺伝子が変異し，Mtx に対する親和性が著しく低下している例がある。O'Hareら[24]は，動物細胞用発現ベクターpKCR に細菌のR因子由来の Mtx 耐性 dhfr 遺伝子を組込んだ。このプラスミドをマウス繊維芽細胞に導入したところ，Mtx 耐性のクローンを得た。また，Simonsen と Levinson[25]は，マウスの Mtx 耐性 dhfr の cDNA を発現ベクターにつなぎ，野生型のハムスター，マウス細胞に導入した。野生型 dhfr 遺伝子を導入した場合に全くコロニーを得ることのできない 100～250 nM Mtx に耐性なクローンを得ている。ちなみに，変異 dhfr 遺伝子は，N末から22番目のアミノ酸がロイシンからアルギニンになるような塩基置換を有していた。

　Christmanら[26]は，2分子のB型肝炎ウイルス（HBV）遺伝子を head-to-tail に連結した遺伝子と Mtx 耐性 dhfr 遺伝子をマウス NIH3T3 細胞に共導入（co-transfection）し，Mtx 耐性のコロニーを得た。このうち，75％以上のクローンが表面抗原（HBsAg）を合成していた。さらに，Mtx の濃度を上げることにより，遺伝子増幅がおこり，HBsAg 合成が増大した。Mtx 40 μg/ml で生育した細胞のなかには，8～10 μg/10^7 細胞/日の生産性をもつものがあり，30回継代後も生産性は維持されていた。

②他の増幅遺伝子

　上述した dhfr 遺伝子の系は，Mtx による遺伝子増幅がかかり，かつ応用的にも利用できている唯一の系である。メタロチオネイン（MT）遺伝子は，重金属やグルココルチコイドホルモンで誘発を受ける。その分子機構解明の基礎的研究も行われている。

　Pavlakisら[27]は，マウス MT-I 遺伝子のプロモーターと調節領域（control region）の下流にヒト成長ホルモン（hGH）遺伝子を配置した hybrid 遺伝子を，ウシパピローマウイルスベクター（後述）に連結した。この組換え遺伝子で形質転換したマウス細胞をカドミウム処理すると，hybrid mRNA が誘発され，大量の hGH を生産したと報告している。このほかにも，薬剤耐性細胞で遺伝子増幅（表 2.2.10）がおこったり，酵素活性の増大やタンパク質の過剰生産（表 2.2.

2 細胞の物質生産能増強技術

表 2.2.10 薬剤耐性細胞における遺伝子増幅[21]

薬　剤	増幅する酵素あるいは結合タンパク質
メソトレキセート	DHFR
PALA[a]	CAD[b]
カドミウム	メタロチオネイン-I
銅	銅-ケラチン（酵母）
6-アザウリジン （ピラゾフリン）	UMP合成酵素
アデノシン，アラノシン デオキシコホルマイシン	アデノシンデアミナーゼ
HAT[c]	変異型ヒポキサンチングアニンホスホリボシル転移酵素
コンパクチン	3-ヒドロキシ-3-メチルグルタリル補酵素Aレダクターゼ
メチオニンスルホキシム	グルタミンシンターゼ

a) N-ホスホンアセチル-L-アスパルテート
b) カルバミル-P合成酵素，アスパルテートトランスカルバミラーゼそしてジヒドローオロターゼの3活性を有するタンパク質
c) ヒポキサンチン，アミノプテリンとチミジンの組み合わせ

表 2.2.11 薬剤耐性細胞における酵素活性あるいはタンパク質の過剰生産[21]

薬　剤	酵素あるいは結合タンパク質
5-フルオロデオキシウリジン	チミジレートシンセターゼ
α-メチルオルニチンあるいは α-ジフルオロメチルオルニチン	オルニチンデカルボキシラーゼ
ヒドロキシ尿素あるいは デオキシヌクレオチド	リボヌクレオチドレダクターゼ
アフィデコリン	DNAポリメラーゼα（ショウジョウバエ） リボヌクレオチドレダクターゼ
アデニンとコホルマイシン	AMPデアミナーゼ
アルビジインあるいは β-アスパルチルヒドロキサメート	アスパラギンシンセターゼ
ミコフェノール酸	IMP-5'-ジヒドロゲナーゼ
ツニカマイシン	N-アセチルグルコサミニルトランスフェラーゼ
ボレリジン	スレオニンtRNAシンセターゼ
複数の薬剤[a]	170K P-糖タンパク質，19K細胞質タンパク質
カナバニン	アルギニノコハク酸シンセターゼ

a) ビンクリスチン，メイタンシン，アドリアマイシン，サイトカラシンBなど

11）が観察されている例がある。$dhfr$ の系に匹敵する，あるいは，しのぐ系が開発されることを期待したい。

2.2.6 宿主・ベクター系

(1) SV40－サル細胞系

SV40ゲノムは，5243塩基からなる2本鎖閉環状DNAで，遺伝子構造やその発現が，よく解析されている。複製起点（ *ori* ）をはさんで，初期（DNA合成前）遺伝子と後期（DNA合成開始後）遺伝子の2領域がある。前者からは，large T抗原と small T抗原が，後者からは，VP1，VP2やVP3が合成される。ウイルスの自己複製，細胞の形質転換には，large T抗原が必要である。

SV40をベクターとして用いる場合，アフリカミドリザル腎細胞由来のCV-1が，宿主としてよく用いられている。組換え遺伝子を作製する際には，(i)後期遺伝子領域に目的遺伝子を挿入する場合と(ii)初期遺伝子領域に挿入する場合があるが，SV40感染細胞では，後期プロモーター活性が強いために，前者を用いることが多い。HamerとLeder[28]は，β^{maj}グロビン遺伝子をSV40後期領域に挿入した実験より，安定な細胞質mRNAを得るためには，組換え遺伝子が，少なくとも1つの，欠損のない（intact）splice junctionをもたなければならないことを示した。後期置換ベクター系にて，H-*ras*[29]，ラットプロインシュリン[30]そしてHBsAg[31]などの発現が成功している。

SV40が宿主細胞で自己増殖するには，前述のように，large T抗原の存在が必須である。したがって，large T抗原がコードされている初期領域の置換はほとんどなされなかった。しかし，Gluzman[32]がCV-1を *ori* 欠損のSV40で形質転換したCOS細胞を樹立したために，この系が多用され始めた。ただ，この系では，組換え遺伝子の増幅・転写が一過性であり，細胞はやがて死滅する。インフルエンザウイルス血球凝集素遺伝子やヒトγ型インターフェロン[33]の発現が成功しているが，その生産性は，後期置換ベクター系にくらべて低い。

(2) アデノウイルス－ヒト細胞系

アデノウイルス（AdV）は，直鎖状2本鎖のDNAであり，約35kb塩基からなる大型のものである。DNAの5′末端には，分子量55,000のタンパク質が結合しているが，このタンパク質はDNA複製におけるプライマー機能を有し，かつ感染効率にも関与している。AdV感染ヒト細胞におけるAdV遺伝子の発現は，SV40に似ているが，かなり複雑である。AdVは5つの初期転写単位（*E1A, E1B, E2, E3, E4*）を有し，DNA合成後には，16.6 mp（map position）にある後期プロモーター（major late promoter, MLP）より，十数種の後期mRNAが転写される。AdVのMLPは非常に強力であることが知られている。この系に関する詳細は，小田の総説[5]にゆずりたい。

(3) レトロウイルスベクター

レトロウイルスは，1本鎖RNAウイルスであるが，感染細胞内で，ウイルスの *pol* 遺伝子に

2 細胞の物質生産能増強技術

コードされている逆転写酵素により，2本鎖DNA（プロウイルス）に変換される。この過程で，ウイルスDNAは，両端にLTR（long terminal repeat）と呼ばれる大きな反復配列をもつ。LTRには，プロモーター活性や転写終結の情報が存在する。また，細胞DNAへの組込みにもLTRが関与する。

レトロウイルスベクター系は，以下に記するいくつかの特徴を有する。

(i) 広い宿主域をもつ，
(ii) 感染細胞内でウイルスDNAが安定である，
(iii) 感染効率が高く，ウイルス感染により細胞が死滅しない，
(iv) genomicあるいはsubgenomic DNAを挿入した場合に，スプライシングが起こる，
(v) 細胞に導入できるゲノムの大きさが8～9kbと大きい。

この系において，c-mos[34]，v-rasH[35]やラット成長ホルモン[36]の発現が報告されている。

この系に関しては，文献37)を参照していただきたい。

(4) エピゾームベクター

SV40，AdVやレトロウイルスの系では，ベクターは宿主細胞DNAに組込まれるが，細胞DNAに組込まれることなく，プラスミドレプリコンとして増殖するものがある。

① ウシパピローマウイルス（BPV）-マウス細胞系

パピローマウイルスは，SV40やポリオーマウイルスなどとともに，パポーバウイルス群に属し，宿主に乳頭腫（良性のイボ）を誘発するウイルスである。パピローマウイルスの中のひとつ，BPVは，ハムスターやマウスに繊維芽細胞腫をおこし，培養細胞を形質転換し，フォーカス（focus）形成をひきおこすこと，これらの細胞内ではウイルスゲノムがエピゾームとして存在すること，が判明した。こうした事実から，この系に対して，細菌におけるプラスミドと同じような，ベクターとしての機能が期待された。BPVゲノムがエピゾームとして存在する細胞株として，マウスC127，NIH3T3，ラットFR3T3がある。これらの細胞では，多くの組換え遺伝子が数十コピー/細胞のエピゾームとして存在することが示されているが，例外として，HSV-tk遺伝子，マウス$dhfr$遺伝子[38]，組織適合性抗原HLA-H鎖遺伝子[39]，等が知られている。Lowryら[40]は，BPVゲノムの69％の長さのBamHI-HindⅢ断片が，マウス細胞を形質転換するのに十分であることを示した。この系での物質生産の例を紹介したい。

(a) HBsAgの発現[41]

HBVのsubgenomic断片を，細菌プラスミドpML2dと共にBPV（100％）に組換え，C127細胞に導入し，フォーカス形成細胞をクローン化した。大部分のクローンがHBsAgを培地に分泌しており，糖付加が起こっていた。クローン内で，組換え遺伝子はエピゾームとして存在したが，分子内再配列（rearrangement）を受けていた。

(b) ヒト β 型インターフェロン（hIFN-$β_1$）の発現[42]

genomic hIFN-$β_1$遺伝子（1.6 kb 断片）を，BPV（69％）に連結し，マウス C127 に導入した。形質転換した細胞は，低レベル（～数十 U/ml）ながら，構成的に hIFN-$β_1$ を生産した。ニューカッスル病ウイルス（NDV），ポリ（rI-rC）で誘発がおこり，hIFN-$β_1$活性は，数百 U/ml に達した。

(c) ヒト γ 型，$α_5$ 型インターフェロン（hIFN-γ, hIFN-$α_5$）の発現[43]

長田らは，発現ベクター pdKCR の SV 40 初期プロモーター下流に，hIFN-γ（あるいは hIFN-$α_5$）遺伝子を配し，BPV（69％）に連結した。この hybrid 遺伝子導入により生じた C 127 の形質転換細胞は，高レベル（3～4×10^5 国際単位/ml）の hIFN-γ を構成的に分泌生産していた。この生産性は，大腸菌の系の値に相当し，かつ，hIFN-γ の場合には，天然のものと同じく，糖鎖の付加が見られている。

② BK ウイルス（BK）-ヒト細胞系

腎移植患者の尿から分離された BKV は，JC ウイルスとともに，パポーバウイルス科に属する。ヒト細胞で増殖し，*in vitro* では，ハムスター，ラット，マウス，ウサギ，サルなどの培養細胞に形質転換を起こす。ゲノム環状 2 本鎖 DNA は，SV 40 DNA と高い相同性（＞80％）を示す。

Milanesi ら[44]は，BKV ゲノムの後期遺伝子領域に細菌プラスミド pML 1 と HSV-*tk* 遺伝子を連結した組換え遺伝子を作製した。この組換え体で形質転換（TK$^-$→TK$^+$）した HeLa 細胞，143 B 細胞クローンは，導入した DNA と同一の，完全長のプラスミドを含んでいた。前者の場合，細胞当り 20～40 コピー，後者（143B）では，100 コピー以上の組換え遺伝子が存在した。

③ L 因子-マウス細胞系

次に，筆者らが現在開発している L 因子について述べたい。L 因子は，マウス細胞の 1 クローンに，高コピープラスミド（～10^4 コピー/細胞）として見出された。L 因子は，分子量のわずかに異なる 2 成分 [L 因子 I（5.3 kb），L 因子 II（5.5 kb）] から成る。全一次構造の決定より，L 因子は，ポリオーマウイルス DNA に類似していることが明らかになった。両者の相違は，複製起点領域（*ori*）とエンハンサー領域，いわゆる non-coding 領域にある。また，ポリAシグナルのあるポリオーマ DNA のマップ上，約 2,900～3,000 の付近にも変異が集中している。

斎藤ら[45]は，L 因子の後期遺伝子領域に，HSV-*tk* 遺伝子と pBR 322 の誘導体である pML 2 d を連結した組換え体を作製し，マウス L 細胞（TK$^-$）に導入した。得られた形質転換株（TK$^+$）細胞中で，組換え DNA は，完全長のプラスミド（10～100 コピー/細胞）として存在した。選択マーカー遺伝子を *neo* に置き換えた場合でも，完全長のプラスミドとして存在している，G 418 耐性クローンを得ている。L 因子は，L 細胞のほか，FM 3 A，F 9 等の細胞で，エピゾームとして存在することが明らかになっている。マウス以外の細胞では，果たしてどうであろうか

2 細胞の物質生産能増強技術

興味ある点である。

④ EBウイルス－ヒト（サル，イヌ）細胞系

ヘルペスウイルス科に属するエプスタイン・バールウイルス（EBV）は，バーキットリンパ腫との関連において，よく知られている。EBVゲノムは，分子量 115×10^6（172 kb）の大きなものである。EBVは，B型リンパ球に感染するが，ウイルスゲノムは細胞DNAに組込まれず，環状構造をとる。

Sugdenら[18]は，EBV-DNAの複製起点領域 ori P（B 95-8株のマップ番号 7,333～9,109）と，ori Pに対して trans に作用する遺伝子の同定を行った。後者は，EBNA-1核抗原をコードする2.6 kbの領域（マップ番号 107,567～110,176）である。さらに，彼らは[19]，ori Pと選択マーカー遺伝子（hph）を連結したpHEBoにEBNA-1遺伝子を組込んだ環状DNAが，3種（ヒト，サル，イヌ）の培養細胞内で，プラスミドレプリコンとして自律増殖することを示した。ただし，げっ歯類の細胞では，エピゾーム化しない。得られたhyg B耐性細胞内に，組換え遺伝子は，細胞当り数分子存在した。

(5) CHO-dhfr系

最後に，現時点で最も実用化に結びついている系——CHO（$dhfr^-$）細胞へdhfr遺伝子と目的遺伝子を導入する系——に触れたい。この系の原理については，2.2.5の(3)増幅遺伝子の項で述べたので，ここではいくつかの応用例を述べる。

(i) Haynesら[46]は，マウスdhfr遺伝子とヒトγ型IFN遺伝子を，それぞれAdVのMLPとSV40初期プロモーターの下流に置き，両者を連結した組換え遺伝子を作製した。この遺伝子導入により得られた$dhfr^+$株を，Mtxでさらに選択した。その結果，50倍もの遺伝子増幅がおき，IFNの高生産クローン（10万単位/ml/日）が得られている。

(ii) Cetus社のグループ[47]は，マウスdhfr-cDNAとヒトβ型IFNのhybrid DNAを細胞に導入した。得られた1クローンM 17を，Mtxで数度の選択を行い，5,000単位/10^6細胞/日の生産性を得た（表 2.2.12）。さらに，ポリ（rI-rC）で誘発をひきおこすと，1単位/細胞/日の高生産性を得た。

(iii) Kaufmanら[48]は，マウスdhfr遺伝子とヒト組織型プラスミノーゲン・アクチベーター（ht-PA）遺伝子を細胞に共導入し，$dhfr^+$クローンを得た。Mtxでの段階的選択の結果，ht-PA遺伝子は100倍以上も増幅し，高単位のht-PAを生産した。

dhfr系の最大の長所は，遺伝子増幅が図られることである。遺伝子増幅は，dhfr遺伝子のみならず，近接したかなり大きな領域で起こることは，(iii)の例からも明らかである。

2.2.7 おわりに

以上述べてきたように，種々の動物細胞の宿主・ベクター系が開発されており，今後，あらゆ

第2章 動物培養細胞の育種技術

表 2.2.12　CHO細胞からのヒト IFN-β の生産[47]

細胞系統（Cell line）	生産された IFN 量（U/ 10^6 細胞/日）		
	未　処　理	ニューキャッスル病ウイルスによる誘発	ポリ(rI-rC)による誘発
CHO・DHFR⁻	0	0	0
CHO・GC 10	30	30	30
CHO・M 17	15	3,000	19,000
CHO・M 17・R 10	160	1,000	35,000
CHO・M 17・R 30	2,000	100,000	475,000
CHO・M 17・R 1000	5,000	未検定	1,000,000
CTT 2（ヒト繊維芽細胞）	0	1,000	4,000

（注）CHO・GC 10 は，親株である CHO・DHFR⁻ への，SV 40 プロモーターをもった hIFN-β 遺伝子と dhfr 遺伝子との組換え遺伝子導入により得られた株，CHO・M 17 は，hIFN-β 自身のプロモーターをもった hIFN-β 遺伝子との組換えにより得られた dhfr⁺ 株，R 10，R 30，R 1000 は，Mtx 10，30 そして 1000 nM に耐性となった CHO・M 17 由来株である。

る種類の細胞への形質導入が可能になると思われる。

また，本書の主題である物質生産に立ち戻れば，宿主に対する適切なプロモーターの選択・安定な遺伝子増幅系の採用により，生産の増強が図れるものと考える。

文　献

1) J.Tooze, " Molecular Biology of Tumor Viruses ", CSH (1980)
2) J.Tooze, : Molecular Biology of Tumor Viruses, "RNA tumor viruses ", CSH (1981)
3) Y.Gluzman, "Eukarytic Viral Vectors", CSH (1982)
4) P.W.J.Rigby, "Gene Engineering 3", Academic Press (1982)
5) 小田鈎一郎, 蛋白質・核酸・酵素, **30** 1096 (1985)
6) C.M.Gorman, *Proc. Natl. Acad. Sci. U.S.A.,* **79**, 6777 (1982)
7) L.A.Laimins, *Proc. Natl. Acad. Sci. U.S.A.,* **79**, 6453 (1982)
8) Y.Gluzman, T.Shenk, : Current Communications in Molecular Biology - Enhancers and Eukaryotic Gene Expression (1983)
9) 長田嘉穂, 大石道夫, 蛋白質・核酸・酵素, **28**, 1569 (1983)
10) R.C.Mulligan, *Science,* N.Y. **209**, 1422 (1980)
11) R.C.Mulligan, *Proc. Natl. Acad. Sci. U.S.A.,* **78**, 2072 (1981)
12) A.Jimenez, *Nature,* **287**, 869 (1980)
13) F.Colbere-Garapin, *J.Mol.Biol.,* **150**, 1 (1981)

14) P.J.Southern, *J. Mol. Appl. Genet.*, **1**, 327 (1982)
15) G.Brady, *Gene*, **27**, 223 (1984)
16) G.Meneguzzi, *EMBO J.*, **3**, 365 (1984)
17) L.Gritz, *Gene*, **25**, 179 (1983)
18) B.Sugden, *Mol. Cell. Biol.*, **5**, 410 (1985)
19) J.L.Yates, *Nature*, **313**, 812 (1985)
20) R.T.Schimke, "Gene Amplification" CSH (1982)
21) G.R.Stark, G.M.Wahl, *Ann. Rev. Biochem.*, **53**, 477 (1984)
22) S.Subramani, *Mol. Cell. Biol.*, **1**, 854 (1981)
23) C.S.Gasser, *Proc. Natl. Acad. Sci. U.S.A.*, **79**, 6522 (1982)
24) K.O'Hare, *Proc. Natl. Acad. Sci. U.S.A.*, **78**, 1527 (1981)
25) C.Simonsen, *Proc. Natl. Acad. Sci. U.S.A.*, **80**, 2495 (1983)
26) J.K.Christman, *Proc. Natl. Acad. Sci. U.S.A.*, **79**, 1815 (1982)
27) G.N.Pavlakis, *Proc. Natl. Acad. Sci. U.S.A.*, **80**, 397 (1983)
28) D.H.Hamer, *Cell*, **17**, 737 (1979)
29) P.Gruss, *Nature*, **293**, 486 (1981)
30) P.Gruss, *Proc. Natl. Acad. Sci. U.S.A.*, **78**, 133 (1981)
31) A.M.Moriarty, *Proc. Natl. Acad. Sci. U.S.A.*, **78**, 2606 (1981)
32) Y.Gluzman, *Cell*, **23**, 175 (1981)
33) P.W.Gray, *Nature*, **295**, 503 (1982)
34) D.G.Blair, *Proc. Natl. Acad. Sci. U.S.A.*, **77**, 3504 (1980)
35) A.L.Huang, *Cell*, **27**, 245 (1981)
36) J.Doehmer, *Proc. Natl. Acad. Sci. U.S.A.*, **79**, 2268 (1982)
37) 下遠野邦忠, 蛋白質・核酸・酵素, **28**, 1582 (1983)
38) R.Breathnach, *EMBO J.*, **3**, 901 (1984)
39) D.DiMaio, *Mol. Cell. Biol.*, **4**, 340 (1984)
40) D.R.Lowry, *Nature*, **287**, 72 (1980)
41) A.Stenlund, *EMBO J.*, **2**, 669 (1983)
42) S.Mitrani-Rosenbaum, *Mol. Cell. Biol.*, **3**, 233 (1983)
43) R.Fukunaga, *Proc. Natl. Acad. Sci. U.S.A.*, **81**, 5086 (1984)
44) G.Milanesi, *Mol. Cell. Biol.*, **4**, 1551 (1984)
45) 斎藤 博ら,：第6回日本分子生物学会年会（札幌）(1983)
46) J.Haynes, *Nuc. Acid. Res.*, **11**, 687 (1983)
47) F.McCormick, *Mol. Cell. Biol.*, **4**, 166 (1984)
48) R.J.Kanfman, *Mol. Cell. Biol.*, **5**, 1750 (1985)

第3章 動物細胞の大量培養技術

1 動物細胞培養技術の現在の問題点

1.1 はじめに

村上浩紀[*]

　動物細胞を培養するための技術上の問題点としては，その細胞培養を研究室内のたとえばシャーレレベルでの小規模で実施するのか，物質生産を意図した比較的大規模の場合に適用するかで，個々の問題点の重要性の度合は異なってくる。ここでは，物質生産の手段としての細胞培養を中心として，これらのことを検討することにする。

　培養上の問題点は大きく分けて，細胞に関するもの，培地に関するもの，培養装置に関するもの，生産された物質の精製に関するもの，の四つがあると思われる。それらについて，以下で個別に検討する。

1.2 細胞に関するもの

　物質生産を目的とした細胞培養法に使用される細胞は，目的とする物質の生産能が高いことが最も望ましい。そのためには，第2章で述べられているような，細胞融合法，細胞工学的手法，遺伝子操作法などの方法により，細胞自身の物質生産能を増強することが可能である。これらの方法は，細胞内での有用タンパク質等の合成量を増大させることができる。一方，有用物質の大量生産の見地からは，細胞内で生産された物質が細胞内に蓄積されるのではなく，細胞外に分泌された方が，生産効率あるいは物質の精製の面からも，より好都合である。したがって，タンパク質分泌機能のすぐれた細胞を選択，あるいは作成することが重要となってくる。

　細胞の物質生産は無制限に起こるのではなく，フィードバック機構によって，その程度は一定に調節されている。この機構が，化学物質による生体のホメオスタシスの維持に関与している。このフィードバック機構を解除することができれば，細胞による有用物質生産能は飛躍的に増大することが予想される。マウス骨髄腫細胞株MPC-11は免疫グロブリンG（IgG）を培地中に5 pg/cell/minの割合で分泌する[1]。もちろん，このようなIgGの急速な生産が長期間継続するわけではなく，短時間のうちに，その生産速度は低下する。もしこの速度が維持されたままIgG

---

[*] Hiroki Murakami　九州大学　農学部

1　動物細胞培養技術の現在の問題点

の生産が継続するとすれば，10^8/ml の細胞密度を持つ 1 ℓ 容の培養槽を用いれば，1 日間で 720g のモノクローン IgG が生産されることになる。細胞のタンパク質生合成の調節機構を改造することができれば，培養細胞によって，多量の有用タンパク質を比較的小規模の培養システムを用いて生産することができる。

このように，動物細胞のタンパク質生合成反応の制御について，いくつかの方向，すなわち遺伝子レベル，タンパク合成反応，タンパク質の膜透過，分泌タンパクと細胞表層との相互作用に基づくタンパク質合成の調節，などの面から検討することが必要である。

1.3　培地に関するもの

1.3.1　無血清培地の利用

細胞を用いて有用物質を大量に生産する為には，多数の細胞が必要である。無血清培地（機能因子類添加無血清培地[2]）が，細胞を物質生産の手段として用いる上で，極めて優れている事は，本書中でも他の著者によって述べられている。無血清培地用の基本合成培地の浸透圧[3]，構成物質の量や種類[4]を検討し，制御因子類を適切に選択すれば，従来，血清添加培地では培養できなかった細胞も培養可能となり，しかも，増殖速度は血清添加培地中のそれよりも急速となり，さらに到達細胞密度も増加することが知られている。単一の無血清培地は，本来的に多種類の細胞の増殖するものではない（このことは血清添加培地についても同様である）から，使用する細胞に応じて，適切な無血清培地を用いなければならない。細胞の種類とそれに対応する無血清培地の組み合わせについては，成書を参照されたい[5]。物質生産に使用する細胞は，生体内に存在した細胞とは異なり，一種の人工細胞であることが多くなるであろうから，そのような細胞に対して有効な無血清培地を開発することが必要となる。

1.3.2　細胞増殖用培地と物質生産用培地

細胞の増殖と物質の分泌生産は必ずしも並行的ではない。言い換えれば，細胞が増殖過程にあるときには培地中への物質の蓄積が相対的に低い場合がある。このようなときには，細胞の増殖を促進するような培地は，物質生産の面からは有利ではない。したがって，細胞の分裂を抑制し，タンパク質の分泌が促進されるような培地条件を設定できることが望ましい。この点から，物質生産のための培地は，細胞増殖用と細胞維持用（物質生産用）の二種に分けて考える必要がある（図3.1.1）。トランスフォームした細胞は，通常，血清添加培地中では，増殖し続けなければ死滅する。すなわち，生存するためには細胞周期が常に回転していなければならなかった。細胞密度が最高値に達した後は，タンパク合成能を維持したまま細胞分裂を抑制できるような培地条件を設定することができることが望ましい。このことを具体的に示せば，細胞周期の中のG_1期を長くする，あるいは細胞をG_0期に導くことである（図3.1.2）。すでにいくつかの方法（たとえば，

第3章　動物細胞の大量培養技術

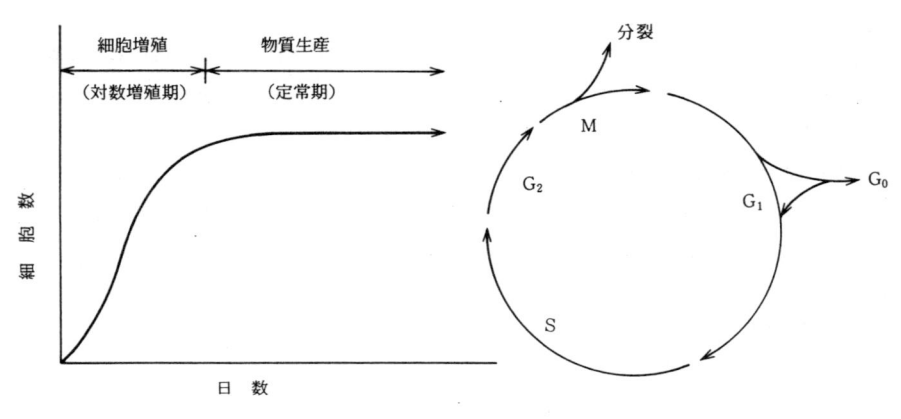

図3.1.1　細胞増殖と物質生産

図3.1.2　細胞周期

温度感受性細胞株では，温度を変化させることにより）によって，このことが可能である。もちろん，G_0期における細胞の全タンパク質合成量は，細胞周期が回転している時のそれの5分の1程度に低下しているが，特定タンパク質のみを優先的に生産するように改造された細胞においては，なお十分量の目的タンパク質の生産が期待しうる。さらに，G_0の細胞を用いれば，細胞の増殖がないので，細胞を生物反応体（bioreactor）として取り扱った連続的物質生産システムの設定が容易となること，分泌されるタンパク種の中で目的タンパク質の割合が高まり，精製が容易となるなどの利点がある。したがって，物質生産のための培地の将来における主たる役割は，細胞の増殖支持にあるよりも，細胞による目的タンパク質の生産維持を行うことにあるようになるであろう。細胞の分裂を起こすことなく細胞の分化した機能の発現を継続させる培地条件の研究が必要となる。

1.4　培養システムに関するもの

　細胞を有用物質の生産に用いる場合には，生産性の高い細胞を，目的にかなった適切な培地で培養する条件を設定することが必要であることは既に述べた。一方，有用物質を大量に得ようとするときには，そのための培養システムを作り上げることが大きな問題となる。これが，いわゆる大量培養システムの開発に関する領域となる。

1.4.1　高密度培養の有用性

　細胞の大量培養は，わが国のみならず欧米においても，インターフェロン，ワクチン，ティシュープラスミノーゲンアクチベータ等の生産のために，10kl程度の容量の培養槽を用いた実用生

1 動物細胞培養技術の現在の問題点

産が行われている。欧米では，現状では，いわゆる大量培養の研究が主流である[6]が，わが国では，高密度培養に関しての検討が多く行われている。わが国でのこの傾向は，主として次の理由による。ハイブリドーマ等の浮遊細胞を例にとれば，これらの細胞をシャーレスケールで培養すれば，その到達細胞密度は 10^6/ml レベルである。また現在，欧米における工業的生産用システムでも，同様の細胞密度レベルで培養が行われている。ハイブリドーマ細胞を動物腹腔内で培養すると，その細胞密度は最終的には 10^8/ml に達する。したがって，生体内環境を十分に解析すれば，培養装置中でも同様の密度で細胞の培養が可能となるはずである。細胞密度を100倍高く培養できれば，現在の培養槽の容量を1/100に縮小することができ，10klの培養槽のかわりに100ℓのものでよいことになる。この培養槽を用いて，生産効率を上げるように改良した細胞を適切な培地で培養すれば，トン単位の物質が1カ月程度で生産できることになる。装置の小型化は，当然の結果として培養システム設置の経費を大幅に軽減することができるのみならず，各種自動制御系を含めた維持管理を簡便化することができる。また，システム内の洗浄，滅菌を完全に，しかも容易にすることができることも極めて重要な点である。細胞生産物の工業的生産にとって一般的に考慮しておかなければならないことは，それが単一品目のみを多量に生産する方向ではなくて，量的にはさほど多くはなくても，多品目の物質を平行的に生産する場合がしばしばあると考えられる。たとえば，ガン抗原の複数のエピトープに対するモノクローン抗体を混合して治療に用いようとするとき，あるいはドラックデリバリーシステムとして，多種類の抗原に対してそれぞれに対応する抗体を作ろうとする場合などである。細胞が分泌する有用物質の生産効率を上げるためには，目的とする物質の種類に応じて培養システムを変更した方が良いこともある。これらを考慮すると，工業生産の場では，同種あるいは異種の培養システムを複数設置することが必要となろう。この点からも，設置および維持経費の安価な小型装置がすぐれている。したがって，将来の工業的細胞培養システムは，単に大量培養のみでなく高密度培養システムが使用されるべきであり，この視点に立った培養技術の開発研究が必要となる。

1.4.2 高密度培養の問題点

高密度培養に関して，いくつかの問題点を指摘しておきたい。動物細胞には培養技術の面から大きく3種類がある。それらは，

(1) 浮遊細胞
    器壁および担体に極めて弱く結合することもできるが，増殖，機能発現のためには，それを必要としない。……………血球細胞
(2) 接着性細胞
    器壁等に比較的強く接着して存在し，接着が阻止されると死滅する。……………繊維細胞，上皮細胞

第3章 動物細胞の大量培養技術

(3) 弱接着細胞

器壁等に比較的弱く接着しており，ピペッティング等の弱い物理的操作によって離脱するが，生存のためには接着を必要とする。……………(2)の細胞がトランスフォームしたもの等

これらの性質の異なった細胞の高密度培養は，必ずしも同一の方式で十分な成果が得られるとは考えられない。各種の培養方式については本章3節で述べられているので，ここでは触れない。

細胞を高密度に培養するための最も重要な因子は，酸素の供給に関するものであり，この問題の解決は細胞の高密度培養の成功の鍵である。培養装置が，生体系に比較して現状で最も欠落している機能は，細胞の代謝によって培地中に蓄積するアンモニア，過酸化水素等の有害代謝産物の除去能力である。この方面の研究例は少ないが，アンモニア吸着剤による細胞増殖効果の改善の研究がある[7]。有害代謝産物の効果的な除去の問題は，将来の重要な課題となるであろう。

1.4.3 細胞の増殖と機能分化

細胞培養法は，従来，主として細胞の増殖を目標として研究されてきた。細胞の機能分化の問題は生命科学上の大きな主題である。分化した細胞機能の表現としての有用物質生産も，その範ちゅうに属するものである。物質生産の立場からは，細胞の増殖よりも，目的タンパク質の合成が長期間継続することの方が重要であることはいうまでもない。したがって将来は，物質生産のための細胞培養法技術の研究は，細胞増殖よりも物質生産の継続維持の面に比重が移ってこよう。

1.5 細胞生産物の分離・精製に関するもの

細胞の生産する有用物質の分離・精製は極めて重要な問題であり，第4章でその詳細が述べられている。ここでは培養技術の面から，物質の分離・精製法の設定に対しての要望を述べるにとどめる。1.4項で述べてきたように，細胞による物質の生産効率を上げるためには，細胞の増殖ではなくて，高密度の細胞が物質生産を継続することを主眼とした培養法（物質生産法）が将来の主流となろう。この場合には，必然的に，培地が培養器（反応器）中を通過し，使用済み培地は反応系外に出されるようなシステムが採用されることになる。特に，目的物質を最大量に得ようとするとき（単位培地量当たりの濃度を高くするのではなく，絶対量として多量の物質を得ようとするとき）には，それを反応器中で蓄積させるのではなく，使用済み培地と共に系外に出すことが有利となる場合もあろう。このような場合の分離・精製の特色は，目的有用物質を比較的高濃度に含んだ少量の使用済み培地を回分的に処理するのではなくて，低濃度の有用物質を含んだ大量の使用済み培地から有用物質を，連続的に分離・精製することになるであろう。

文　　献

1) American Type Culture Collection, Fourth edition, p. 107 (1983)
2) 村上浩紀, 化学と生物, **24**, 34 (1986)
3) H. Murakami, "Method for Serum‐Free Culture of Neuronal and Lymphoid Cells". ed, by D. W. Barnes, D. A. Sirbasku, G. H. Sato, p. 197, Alan R. Liss Inc., N.Y. (1984)
4) 村上浩紀, 下村猛, 中村卓二, 篠原和毅, 大村浩久, 日農化誌, **58**, 575 (1984)
5) 村上浩紀, "生物反応プロセスシステムハンドブック", 遠藤勲, 坂口健二, 古崎新太郎, 安田武夫編, p. 137, サイエンスフォーラム (1985)
6) ESACT 7th General Meeting, Vienna, (1985)
7) 飯尾雅嘉, 組識培養, **11**, 432 (1985)

第3章 動物細胞の大量培養技術

2 無血清培養法

2.1 はじめに

源　良樹[*]

　組織培養または培養技術は，生体の一部である細胞を取り出し，単純化した系の中で取り扱う技術であり，生命の最小単位である細胞の多面的な解析ができるので，細胞生理学，免疫学，遺伝学といった生物学の分野における研究技術として発展してきた。これらの研究から，生体内における細胞は，種々の生理活性物質を産出し，かつ，これを受け取ることにより，生体としてのホメオスターシスを保ち，外的侵襲にレスポンスしていると考えられるようになってきた。近年，生体内において細胞相互に働く生理活性物質を単離し，これを生体内に戻すことにより，生体のレスポンスを助けたり，ホメオスターシスを人為的に制御することが可能であることが示されてきた。

　そこで，これらの生理活性物質を大量に取得する方法の一つとして，増殖可能で，かつ，活性物質を産生するヒトまたは動物細胞を大量に培養し，細胞または細胞培養液から目的とする物質を得る技術が開発されてきた。

　大量培養の例としては，ヒト・リンパ系細胞[1])によるインターフェロンや，動物細胞のウイルスワクチンの産生[2))において，1,000～8,000ℓという規模での培養も報告されており，ヒト繊維芽細胞[3))によるIFN産生や，マウス・ハイブリドーマによるモノクローナル抗体産生[4))などについても大量培養が行われている。

　一方，これらのヒトまたは動物細胞が発現している遺伝子を取り出し，これを微生物に組み込み生理活性物質を産生させる，いわゆる遺伝子工学技術による方法が発達してきた。しかしながら，微生物による生理活性物質産生法では，確かにペプチド鎖としての産生量は飛躍的に増大させることができるが，数本のペプチド鎖からなるタンパクや糖鎖がついたタンパク，すなわち細胞が分泌産生する天然型の分子そのものを産生するわけではないので，生物活性は認められても，その純度，生体内での持続性，有効性や抗原性などにおいて，多くの問題が残されている。

　さらに，これらの技術では，新しい生体由来の生理活性物質を発見することや，これらを受け取る細胞側の作用を解析することは不可能である。さらに，細胞内における特定の遺伝子を特異的かつ効率的に取り出すためには，細胞生物学を基盤とする細胞培養技術の発展が不可欠である。

　このように，細胞培養による天然型の生理活性物質産生技術は，ニュー・バイオテクノロジーの幅広い基盤技術となっており，微生物によるヒトまたは動物の活性物質産生技術における問題点が明らかになりつつある現在，細胞大量培養技術は一層注目を集めるようになってきた。

　しかしながら，大量に細胞を培養し生理活性物質を得るためには，いくつかの問題が残されて

---

　　* Yoshiki Minamoto　味の素（株）中央研究所

2 無血清培養法

いる。すなわち、細胞の育種選別、培養装置、培養条件の制御、活性物質単離精製といった、さまざまな問題があるが、これらは他の報告に述べられているので、ここでは、培養液、特に無血清培地の問題と将来の方向について述べることにする。

2.2 無血清培地の意義

歴史的にみて、細胞培養技術の発展は、培養装置の開発もさることながら、細胞の増殖と分化機能を支持する培養液の開発にあったといっても過言ではないであろう。初期では、動物体液や臓器抽出液等が用いられていたが、近代では、動物血清添加を前提として、糖、アミノ酸、ビタミン等の合成培地が多数開発されてきた。現代においても、細胞を増殖させ生理活性物質を産生させるためには、培養液に胎児や仔ウシ、ウマなどの動物血清を用いることが一般的な技術となっている。

しかしながら、これらの血清を用いるためには、以下のような問題点がある。

(1) わが国においては、培養用の血清は、そのほとんどが輸入されており、市販の胎児ウシ血清は、1ℓ当り6〜8万円と高価である。これらの血清は培養液に10%程度添加するが、糖、アミノ酸、ビタミン、金属塩などを含む粉末合成培地が市販培地でも1ℓ当り500〜1,000円であるので、培養液の費用の約8割以上は血清代となる。

(2) 血清には原因不明のロット差があり、再現性のよい結果を得られないことがある。したがって、現実には、使用前に、その細胞および培養目的に応じて血清ロットを検定して選別する必要がある。

(3) 血清は、動物タンパク質などの未同定なものを含む多様な成分からなっているため、ヒト細胞が産生する微量生理活性物質を精製し、これを利用する場合、微量混入する血清由来の異種タンパク質の除去が困難である。

(4) 活性物質の産生やその作用機序を研究する場合、血清成分がそれらの活性物質と相互作用して、不明瞭な結果をもたらすblack boxの一つとしてつきまとう。

このような問題点は、特に大量培養の場合きわめて深刻となり、現実的な大量培養の大きな障害となっている。

これまでに、細胞増殖と分化機能発現における血清の役割については、どの成分がどのように作用するかという観点から数多くの研究が行われてきた。これらの研究と無血清培地の開発は、細胞生物学における解析と培養技術を結びつけるという点で、興味深い接点を持っている。

2.3 血清の細胞増殖能

細胞培養における血清の役割について、次のようなことが判明してきた。

R.G.Hamらは、血清の細胞増殖促進効果を詳細に検討し[5]、表3.2.1に示すような要因を呈

第3章 動物細胞の大量培養技術

示した[6]。また，G. H. Sato らは，血清の役割が未知なものも含め広義のホルモン供給であるとし，インシュリン，トランスフェリン，ステロイドホルモンなどを添加することにより血清を代替し得ることを示した[7]。さらに，血清または各種臓器抽出液中に存在するさまざまな細胞増殖因子，たとえば上皮細胞増殖因子（Epidermal Growth Factor：EGF）[8]や，血小板由来増殖因子（Platelet Derived Growth Factor：PDGF）[9]，繊維芽細胞増殖因子（Fibroblast Growth Factor：FGF）[10]，インシュリン様増殖因子[11]（IGF）などの各種増殖因子が，血清の細胞増殖機能を代替するか，この機能を増強することが明らかにされてきた。

血清タンパク質に関しては，鉄の輸送タンパクであるトランスフェリンの他，血清アルブミンが汎用的に有効である。このアルブミンに結合している不飽和脂肪酸が有効な成分であることが報告されており[12]，また，アルブミンに結合している脂質成分や重金属などの供給，ならびにタンパク自身の–SH基が働いていることも示唆されている[13]。

脂質結合タンパクとしては，low density lipoproteinやhigh density lipoproteinが，中性脂肪，リン脂質またはコレステロールの供給に有効であることも報告されている。

表3.2.1　細胞培養における血清の機能

---
1. 栄養成分の供給
    a. 低分子成分
    b. 高分子に結合している成分
2. 栄養成分の利用の調節
    a. 特定な栄養成分の輸送成分の輸送担体タンパクを供給
    b. 水不溶性成分の水溶化
    c. 不安定栄養成分の安定化
    d. 栄養成分が利用されるような酵素の供給
3. 細胞増殖促進因子の供給
    a. ペプチド性ホルモン，またはホルモン様物質の供給および利用の調節
    b. 細胞が産生する増殖阻害物質の中和
    c. 細胞分裂に直接必要な構造的または触媒性高分子の供給
4. 培地成分の解毒
    a. 培地成分中の毒性物を吸着均衡化
    b. 栄養成分の緩衝化
    c. 細胞が産生する代謝物を吸着，酵素を失活させる
5. 物理的および物理化学的培養環境の整備
    a. 細胞付着に必要な高分子の供給
    b. 細胞表面に結合し，細胞を保護する成分の供給
    c. 培地pH緩衝成分の供給
    d. 培地浸透圧，粘度，物質拡散性の調節
6. タンパク質分解酵素の阻害
    a. 細胞分散に用いるタンパク質分解酵素の中和
    b. 細胞から放出されるタンパク質分解酵素の中和
---

2 無血清培養法

　付着性細胞では，以上の増殖因子等の他に，血清中に含まれている細胞が付着伸長するためのタンパク質成分が必須である。フェチュイン[15]，ビトロネクチン[16]やファイブロネクチン[17]等は血清中の有効成分として，ゼラチン[18]はそれらの代替または補強成分として知られている。

　さらに，血清のpH緩衝機能を代替するために，HEPESやβ-グリセロリン酸[19]などの細胞に比較的不活性なpH緩衝剤が有効であるとされている。また，血清中に存在する微量重金属類も細胞増殖にとっては必要な成分となっている。

　このように，血清の，細胞増殖ならびに細胞の物質産生に及ぼす作用については，不明確な部分も多く残されているが，その主要な成分は次第に明らかにされてきており，これらの研究に基づいた無血清培地を用いることにより，さらに詳細が解明されようとしている。

2.4　無血清培地の研究

　以上述べたように，細胞増殖に関する血清機能についての研究と無血清培地の研究は表裏一体をなしている。これまでに報告されている主な無血清培地または無血清培養の特徴をあげてみる。

　初期の無血清培養の例としては，1959年，C. Waymouthにより開発されたMB 752 / 1培地があげられる[20]。この培地では，血清やその他のタンパク質を添加しなくとも，マウスL細胞が培養し得るとされている。また，勝田甫らは，マウスL細胞やヒトHeLa細胞などが，タンパクを用いて培養し得ることを報告している[21]。さらに，藤吉らは，ヒト・バーキットリンパ腫瘍由来のナマルバ細胞を，後述するG. SatoらのITS培地を基礎とする無血清培地に馴化させ得ることを示した[22]。

　しかしながら，これらの報告では，いずれも，増殖性のよいガンまたは変異細胞を各々の培地に長期間馴化させる方式を用いており，その馴化の間に一部の細胞が選別された可能性があるので，一般的な細胞に適用できる無血清培養とは言い難いが，目的に応じては試みるべき方法の一つである。

　R. G. Hamらは，長年にわたり，いろいろな動物細胞の栄養要求性を詳細に検討し，Ham F-10, F-12培地の他，各細胞に適した無血清培地MCDBシリーズ培地を開発した[23]。彼らは，各種非必須アミノ酸，ビタミン，代謝中間体を添加する以外に，亜セレン酸などの微量重金属が有効であることを見出した[24]。また最近では，リポゾームを用いて，脂質やビタミンEなどの脂溶性ビタミンの添加が有効であることを示した[25]。これらの無血清培養法では，フェチュインや塩基性ポリマー[26]などの付着性因子と微量の血清タンパクが必要であるが，彼らの研究は，正常細胞の増殖における無血清培養において重要な示唆を与えている。

　G. H. Satoらは[27]，細胞の無血清培養について精力的に研究を行っている。彼らの研究は，基礎培地として，ダルベッコ変法Eagle培地，ハムF-12培地，RPMI-1640培地の混合培地を

第3章 動物細胞の大量培養技術

用いているのが特徴で,インシュリン(I),トランスフェリン(T),亜セレン酸(S)(ITS培地)や,その他のホルモン類が血清の代替となることを見出した。これらの培地に付着性因子を組み合わせて,各種の細胞が無血清培養できることを報告している。また,血清の脂質成分に注目し,ハイブリドーマの培養において,血清の低密度リポプロテインを含む無血清培地が有効であることを示した[28]。

リン脂質成分であるエタノール・アミンの有効性については,T.Kano - Sueokaらがマウス乳ガン細胞を用いて発見し[29],次いで,村上浩紀らは,マウス・ハイブリドーマの増殖と抗体産生において,エタノール・アミン[30]やレシチンが有効成分であることを示した。また,マウス・ハイブリドーマの非常に増殖性の良い細胞では,エタノール・アミン等を含むITS培地のみ,すなわち,無タンパク,無脂質培地で増殖し得ることが報告されている[31]が,これら

表3.2.2 RITC 80-7培地の組成

イーグル最小培地	9,400 mg/ℓ
アミノ酸	
L-アスパラギン酸	13.3
L-グルタミン	292
グリシン	7.5
L-グルタミン酸	0.15
L-プロリン	3.5
L-セリン	10.5
ビタミン,ホルモン	
フォルニック酸	0.00005
3,3′,5-トリヨード-L-チロニン	0.0002
m-EGF	0.01
トランスフェリン	10
インシュリン	1
ビタミンB_{12}	0.02
その他の有機化合物	
プトレッシン・2HCl	0.02
ピルビン酸・Na	110
コリン・HCl	16
チミジン	0.07
ヒポキサンチン	0.24
微量元素	
$CuSO_4 \cdot 5H_2O$	0.0000025
$FeSO_4 \cdot 7H_2O$	0.8
$MnSO_4 \cdot 7H_2O$	0.0000024
$(NH_4)_6Mo_7O_{24} \cdot H_2O$	0.0012
$NiCl_2 \cdot 6H_2O$	0.00012
NH_4VO_3	0.000058
H_2SeO_3	0.00039
緩衝液	
HEPES	3,300
NaOH	300
$NaHCO_3$	1,400

の細胞における必須脂肪酸の合成等がどのように行われているか興味が持たれる。

一方,わが国では,村上,山根らが,浮遊性のヒトまたはラットなどのガン細胞の培養において,インシュリン,トランスフェリン,ピルビン酸,ウシ血清アルブミン(BSA)などを含むRITC培地を作製した[32]。

また,菅,山根および筆者らは,ヒト二倍体繊維芽細胞用の無血清培地を開発(RITC-80-7培地)した。この培地を用いて,ヒト繊維芽細胞[17]およびヒト上皮性株化細胞[33],さらには,ヒト血管内皮細胞[34]を血清添加培地と同等の長期継代培養できることを示した。この培地では,イ

ンシュリン, トランスフェリンのほかにEGFが有効であり, さらに, 付着因子としてのファイブロネクチンと, 脂質などを供給するBSAを併用することが必要である.

浮遊性のリンパ系細胞の無血清培養については, リンパ系細胞がIFNやリンホカイン, 抗体などの生理活性物質を産生するので, 近年注目されているが, N.N.Iscoveらは, リポ多糖で刺激したマウス・リンパ球の抗体産生において, BSA, トランスフェリン, ダイズ脂質などを添加した無血清培地が有効であることを報告している[35].

筆者らは[36],[37], ヒト・リンパ系細胞の無血清培地としてRITC 55-9培地を開発し, さらに抗体等の物質産生を高めるために, ガラクトース, マンノース, レシチンを添加したRITC 57-1培地へと改良を加えた. この培地は, ダルベッコMEM培地を基礎培地として, インシュリン, ト

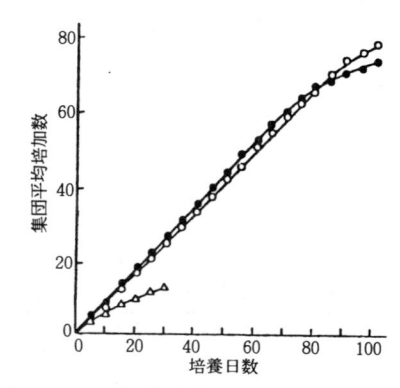

図 3.2.1 胎児肺由来ヒト二倍体繊維芽細胞の長期継代培養
● : イーグル基礎培地 (BME) + 10% 胎仔ウシ血清 (FBS)
○ : RITC 80-7 + ヒトファイブロネクチン (12μg/ml) + BSA (5mg/ml) 培地
△ : RITC 80-7培地, 5日ごとに継代

ランスフェリン, 各種必須アミノ酸, ビタミン, 核酸前駆体や代謝中間体, 重金属類, pH緩衝剤およびBSAが有効成分として含まれている. この培地では, ヒト・IFNを高単位に自発産生するUMCL細胞株をはじめとして, 数種のヒトまたはマウス・リンパ系細胞の増殖と, IFN, 抗体等の物質産生が, 血清添加培地と同等であった[38] (図3.2.2). 特に, ヒト白血病細胞由来Bリンパ系細胞株であるBALL-1細胞や, EBウイルス変異ヒトBリンパ芽球様細胞株[39]による抗体産生の場合は, 血清添加培地よりも高い産生がみられることがある (図3.2.3, 図3.2.4). さらに, タンパク成分であるBSAまたはヒト血清アルブミン (HSA) は, 産生された抗体と容易に分離できるので, このRITC57-1+HSA培地は, ヒト・モノクロナール抗体などの抗体産生に有効である.

このように, 動物細胞は, その培養形態から付着性細胞と浮遊性細胞に分けられ, また正常細胞かガン由来または変異細胞か, さらに動物の種差, またはその培養目的によって, 栄養要求性や細胞増殖因子, 付着性因子の要求性が異なっているので, それぞれに対応した無血清培地が開発されている. 現在のところ, 株化細胞では, 少なくともインシュリン, トランスフェリン, 亜セレン酸と血清アルブミン, または脂質成分および付着因子が, 共通に必要な成分であろうと思われる.

第3章 動物細胞の大量培養技術

表3.2.3　RITC 57-1の培地の組成

ダルベッコ変法イーグル培地（日水製薬）	9,750　mg/ℓ
L-アラニン	20
L-アスパラギン	56
L-アスパラギン酸	20
L-システイン塩酸一水塩	40
L-グルタミン酸	20
L-プロリン	20
アスコルビン酸ナトリウム	10
ビオチン	0.2
フォルニック酸	0.01
ビタミンB_{12}	0.1
グルコース	1,000
マンノース	500
ガラクトース	500
レシチン	2.5
グルタチオン	1.0
プトレッシン二塩酸塩	0.1
ヒポキサンチン	4
チミジン	0.7
デオキシシチジン	0.03
デオキシアデノシン	1.0
6,8-ジヒドロキシプリン	0.3
硫酸第一鉄七水塩	0.8
硫酸亜鉛七水塩	0.02
亜セレン酸ナトリウム	0.004
結晶インシュリン	10
ヒトトランスフェリン	5
β-グリセロリン酸二ナトリウム	1,500
HEPES	1,200
重曹	1,300
硫酸カナマイシン	60

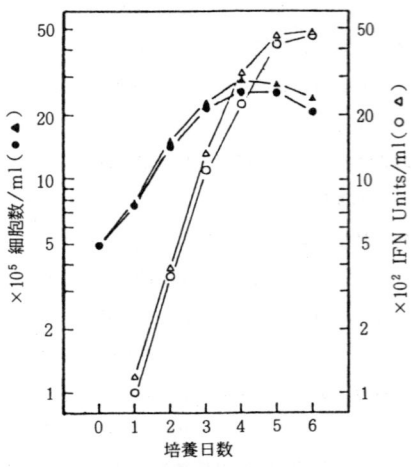

図3.2.2　UMCL細胞の細胞増殖とヒトインターフェロンの自発産生
▲, △：RPMI 1640+10%FBS培地
●, ○：RITC 57-1+0.5%BSA培地

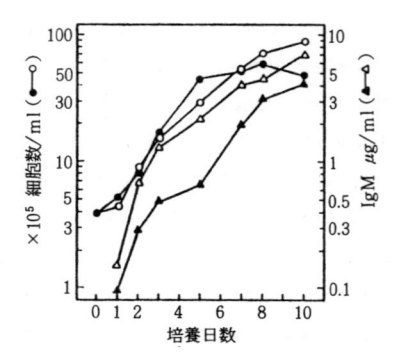

図3.2.3　BALL-1細胞増殖とヒトIgM産生
●, ▲：RPMI 1640+10%FBS培地
○, △：RITC 57-1+0.5%BSA培地

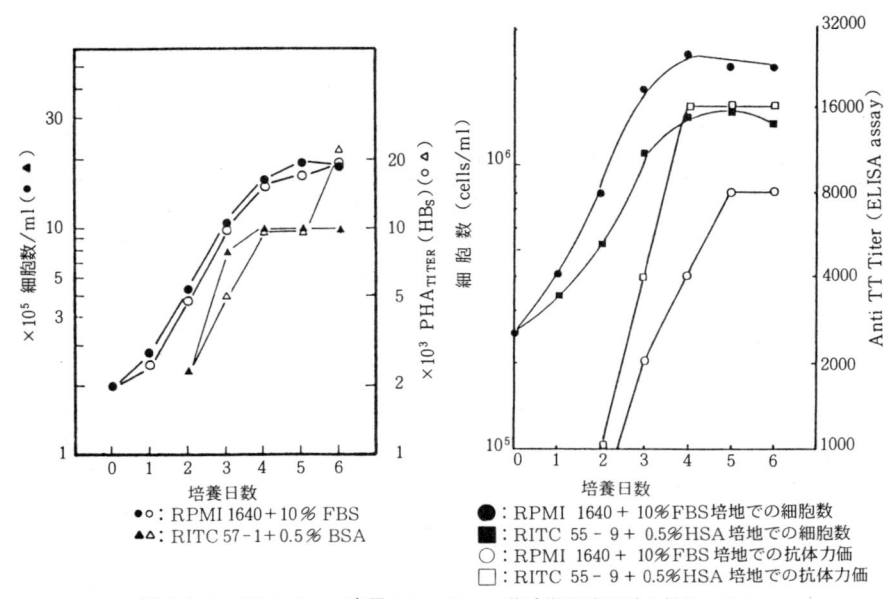

図3.2.4　EBウイルス変異ヒト・リンパ芽球様細胞増殖と抗体の産生

●○：RPMI 1640＋10％FBS
▲△：RITC 57-1＋0.5％BSA

●：RPMI 1640＋10％FBS培地での細胞数
■：RITC 55-9＋0.5％HSA培地での細胞数
○：RPMI 1640＋10％FBS培地での抗体力価
□：RITC 55-9＋0.5％HSA培地での抗体力価

2.5　市販無血清培地

このように研究開発されてきた無血清培地の一部は，市販されるようになってきた。

その形態は二つに大別される。一つは代用血清というべきものであって，本来，血清を添加する通常の培地に，血清の代わりに添加して用いる。

これらには，「Nu-Serum」（コラボレーティブリサーチ社製，丸善石油バイオケミカル(株)販売），「SERUM-PLUS」（KCバイオロジカル社製，丸善石油バイオケミカル(株)販売），「UL-TROSER G」（LKB社製），「Ser Xtend」（ハナ・メデア社製，富士レビオ(株)販売）などがある。これらは，細胞増殖因子であるインシュリン，トランスフェリン，EGF，ステロイドホルモンや血清アルブミン，ならびに，付着性因子などを含む微量の血清からなっていると思われ，付着性細胞および浮遊性細胞の両細胞系で増殖が良好な株化細胞の増殖については，代用血清として，ある程度の汎用性があると思われる。

これらの代用血清は，タンパクレベルが低く，かつロット間の差がないということで，血清の問題点をある程度解決している。しかし，血清と同じく，それらの全成分が明らかにされてはおらず，細胞増殖機構の解析や物質生産，および，その精製段階で，不明な点が残されている。

もう一つは，培地として調合された形態で販売されており，イスコフ培地（ギブコ社，フロー

社，ベーリンガー・マンハイム社製），HB 101〜104培地（ハナ・メデア社製，富士レビオ（株）販売），KC 2000培地（KCバイオロジカル社製，丸善石油バイオケミカル（株）販売），HL－1培地（ベントレット社製，フナコシ薬品（株）販売），BM 86 - Wissler培地（ベーリンガー・マンハイム社製）などがある。

表3.2.4 HBシリーズ無血清培地の増殖因子およびタンパク成分の組成とその対象細胞

培地 成分*	インシュリン ウシ	インシュリン ヒト	トランスフェリン（ヒト）	アルブミン ウシ	アルブミン ヒト	低密度リポタンパク（ヒト）	主なる対象細胞
HB 101	5		25	7000			マウス｛ミエローマ／ハイブリドーマ｝
HB 102	5		25	700		2	マウス・ハイブリドーマ
HB 103i		5	5		700		ヒト・リンパ球（機能検査）
HB 104		5	25		700		ヒト・ハイブリドーマ

＊単位：μg/ml

これらの無血清培地は，主にハイブリドーマや浮遊性細胞の培養に適するとされており，血清タンパクをほとんど含まないもので，全成分が化学的に明らかになっている培地もあるが，大部分はITS培地＋アルブミンまたはリポタンパクを基礎としていると推察される。最近，HB 101〜104培地については，タンパク組成が示された（表3.2.4，図3.2.5）。

これらの市販無血清培地は，それぞれの細胞とその使用に適するように工夫されており，特定の細胞株には良好であっても，必ずしも汎用性があるとはいえず，再現性にも難点があるように思われる。場合によっては，その無血清培地に馴化させたり，1〜2％の血清を加えなければ，10％血清添加培地と同等の増殖能が得られないこともある。

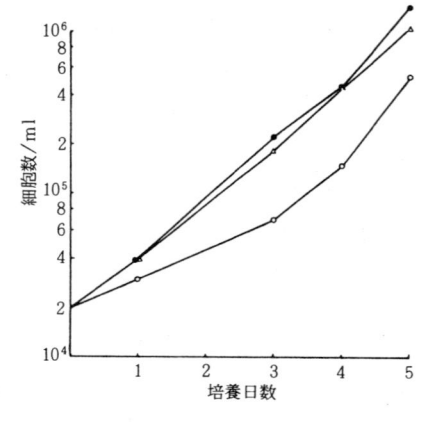

図3.2.5 HB 101™無血清培地におけるSP 2/0-Ag-14マウスミエローマ細胞の増殖
● - ● 10％ウシ胎児血清添加培地
○ - ○ HB 101™無血清培地
△ - △ 1％ウシ胎児血清添加 HB 101™無血清培地

これらの市販培地は，現在のところ総て外国製であるためか，問題点であった価格の面では，期待されるほど安価とはいえない。今後，無血清培地の使用量が増大するか，もしくは国産の製品が販売されるに従い，多くの試行やノウハウの蓄積，各種の改良が行われ，安価で実用性の高い無血清培地が大量培養に使用され得ると思われる。

2 無血清培養法

2.6 無血清培地研究の今後の展開
2.6.1 無血清培地の汎用性と特殊性

これまで開発された無血清培地は，血清添加培地を代替するように，汎用性をもつ培地を目指して開発されてきた。しかしながら現在のところ，血清培地を完全に代替できる汎用性と細胞増殖性とを兼ね備えた無血清培地は作られていない。したがって，細胞の種類，培養の目的，培養規模などについて，各々の無血清培地の特殊性を把握することをはじめとして，大量培養への適用については多くの経験と検討が必要とされている。

一方，最近，各種の増殖因子を組み合わせる初代培養で，血清培地では得られなかった細胞を選択的に増殖させ得ることも報告されており[40],[41]，血清培地の代替とは別の観点から注目されている。

また，最近，無血清培地を用いることによって，マウスのハイブリドーマを，その親株であるミエローマと選択的に分別増殖させ得ることが認められ，マウス・ハイブリドーマの取得に有効であることが示された[42]。

このように，無血清培地の開発では，必ずしも血清培地の代替として細胞汎用性のある培地を目的とする方向だけではなく，目的の細胞や培養法（増殖，物質産生）に応じた無血清培地を作製することも重要となる。それには，基本的かつ汎用性のある増殖因子を含む培地に，特定の増殖因子や付着因子を添加して調製する方向が望ましいと思われる。

2.6.2 加熱殺菌加能培地の開発

現在，血清，無血清培地を問わず，細胞培養の培地調製には，培養液を濾過滅菌法で調製しなければならないことが，問題点の一つである。この濾過滅菌法では，バクテリアより小さいマイコプラズマやウイルスの汚染防止ができない上，培地調製の方法が繁雑になり，コストも無視できない。特に，大量培養では大きな問題となる。

これまでに，イーグル最小培地（MEM）などの培地では，弱酸性で加熱殺菌可能な培地が開発されている[43]が，この方法では，加熱殺菌後，血清，熱不安定なグルタミンおよび重曹は，濾過滅菌して添加することが必要である。総ての培地成分を加熱殺菌で調製するには，まず無血清培地であることが前提であるが，無血清培地中の血清代替成分，ならびにグルタミンなどの熱不安定成分の加熱殺菌法の開発が必要である。このような加熱殺菌可能培地が開発されれば，その容器ごと殺菌し得るので，大量細胞培養には特にメリットが大きいと考えられる。

2.6.3 異種動物由来増殖因子の代替

前述したように，現在の無血清培地では，ウシ，ウマ，マウスなどの動物由来の増殖因子（EGF，FGF，インシュリン等）や，血清成分（アルブミン，トランスフェリン等）を用いている。

第3章 動物細胞の大量培養技術

　大量細胞培養では，ヒトに用いる天然型生理活性物質を得ることを目的とする場合が多いので，これら異種動物の成分が微量でも混入することは好ましくない。血清アルブミンについては，ヒト血清アルブミンでの代替が可能であるが，高価であることなどが問題である。山根らは，血清アルブミンが不飽和脂肪酸の担体として働いていることを報告している[12]。そこで，山根，菅，ならびに筆者らは，アルブミンの代替物として，α-サイクロデキストリンに不飽和脂肪酸を包接させた化合物が有効であることを見出した[44]。

　また，トランスフェリンは，鉄を細胞内へ運ぶことが主な機能とされているが，二価鉄は，還元状態であれば細胞にとり込まれ，トランスフェリンがなくとも細胞増殖が可能であることが示されている[45]。

　このように血清タンパクの機能が解明されると，それを代替する成分や方法が見出されるようになると考えられる。

　また，インシュリンやEGFなどの増殖因子やファイブロネクチンのような付着因子については，遺伝子レベルでの研究が進展してきたので，遺伝子工学技法により作られたヒト・ペプチドまたはタンパクが利用される可能性が高い。

　したがって，近い将来，総ての培地成分が低分子化合物とヒト・ペプチドまたはタンパクとなる培地が作製され，これらを用いた無血清培地により，ヒト天然型生理活性物質の産生ならびに精製がさらに容易になることが期待される。

2.7　おわりに

　無血清培地の研究および開発について述べてきたが，細胞培養における無血清培地の研究は，血清の機能を解明することに始まり，それらの研究に基づいた無血清培地を用いることによって，新しい増殖または分化因子が発見されたり，さらに血清または各種因子の機能が明らかにされてくる，という相互関係が成り立っている。

　一方，これらの無血清培地を用いる大量培養法では，従来の血清培地での培養条件より，さらに厳密でかつ特別な培養条件の設定が必要であると思われる。今後，多くの経験を積み，培養装置を含めた改良が必要であるが，その実用化に向かって研究開発が一層進展すると期待される。

　さらに，生命の最小単位を扱う動物細胞培養は，細胞を物質生産の手段としてみるばかりでなく，生体の一部として，発生，増殖，分化，ガン化，老化などの生物学の発展に不可欠な技術となっている。

　最近，増殖性のよいガンまたは変異細胞や繊維芽細胞のみならず，正常細胞，例えば骨髄細胞，リンパ球，肝実質細胞，膵細胞，血管内皮細胞，皮膚角化細胞などの無血清培地を用いた研究が進展している。その結果，各々の分化機能を発現している正常細胞に対する固有な増殖または分

2 無血清培養法

化因子や細胞接着因子が発見されたり，それらの機能が明らかになってきている[46]〜[48]。このような生物学の研究においても，無血清培地はますます重要な道具となってくると考えられる。

なお本報は，通産省工業技術院次世代産業基盤技術研究開発制度による委託研究成果の一部を含む。

文　　献

1) N.B.Finter, K.H.Fantes, G.Allen, M.D.Johnston, G.D.Ball, M.J.Lockyer, : Proc. Biotech, '83 p. 389 (1983)
2) H.Mougeot, J.M.Preaud, J.Rouehouse, H.Favre, C.Doubouclard, *Develop. Biol. Standard,* **35**, 33 (1977)
3) S.Kobayashi, M.Iizuka, M.Hara, H.Qzawa, T.Nagashima, J.Suzuki, "The Clinical Potential of Interferons" p. 57, Univ. Tokyo Press (1980)
4) S.Fazekas, St. Groth, *J. Immunol. Method.*, **57**, 121 (1983)
5) W.G.Hamilton, R.G.Ham, *In Vitro*, **13**, 537 (1977)
6) R.G.Ham, W.L.McKeehan, "Nutrition Requirements of Cultured Cells", p. 63, Japan Scientific Societies Press (1978)
7) D.Barnes, G.H.Sato, *Cell*, **22**, 649 (1980)
8) G.Carpenter, S.Cohen, *J. Cell Physiol.*, **88**, 227 (1976)
9) R.Ross, A.Vogel, *Cell*, **14**, 203 (1978)
10) D.Gospodarovicz, *J.Biol. Chem.*, **250**, 2515 (1975)
11) E.Rinderknecht, R.E.Humbel, *Proc. Natl. Acad. Sci. U.S.A.*, **73**, 2365 (1976)
12) I.Yamane, O.Murakami, M.Kato, *Proc. Soc. Exp. Biol. Med.*, **149**, 439 (1975)
13) M.Kam, I.Yamane, *Cell Struct. Funct.*, **7**, 133 (1982)
14) N.Savion, D.Gospodarovicz "Growth of Cells in Harmonally Defined Media" p. 1141, Cold Spring Harbor Laboratory (1982)
15) I.Lieberman, F.Lamy, P.Ove, *Science*, **129**, 43 (1959)
16) E.G.Hayman, E.Rvoslahti, et al., *Exp. Cell Res.*, **160**, 245 (1985)
17) I.Yamane, M.Kan, H.Hoshi, Y.Minamoto, *Exp. Cell Res.*, **134**, 470 (1981)
18) M.Kan, Y.Minamoto, S.Sunami, I.Yamane, M.Umeda, *Cell Struct. Funct.*, **7**, 245 (1982)
19) C.Waymouth, "Nutritional Requirements of Cultured Cells", p. 39, Japan Scientific Societies Press, Tokyo (1978)
20) C.Waymouth, *J.Natl. Cancer, Inst.*, **22**, 1003 (1959)
21) T.Takaoka, H.Katsuta, *Exp. Cell Res.*, **67**, 295 (1971)
22) 佐藤征二，川村一雄，藤吉宣男，組織培養，**9**, 286 (1982)

23) R.G.Ham, W.L.McKeehan, "Nutritional Requirements of Cultured Cell", p. 63, Japan Scientific Societies Press (1978)
24) W.L.McKeehan, W.G.Hamilton, R.G.Ham, *Proc. Natl. Acad. Sci. U.S.A.*, **73**, 2023 (1976)
25) W.J.Bettger, R.G.Ham, "Growth of Cells in Harmonally Defined Media", Book A p. 61, Cold Spring Harbor Laboratories (1982)
26) W.L.McKeehan., *J.Cell Biol.*, **71**, 727 (1976)
27) G.H.Sato, *Biochem. Actions Horm.*, **3**, 391 (1975)
28) T.Kawamoto, J.D.Sato, A.Le, D.B.McClure, G.H.Sato, *Anal. Biochem.*, **130**, 445
29) T.Kano-Sueoka, P.M.Cohen, S.Yamaizumi, M.Nishimura, M.Mori, H.Fujiki, *Proc. Natl. Acad. Sci. U.S.A.*, **76**, 5741 (1979)
30) H.Murakami, H.Masui, G.H.Sato, N.Sueoka, T.P.Chow, T.Sueoka, *Proc. Natl. Acad. Sci. U.S.A.*, **79**, 1158 (1982)
31) H.Murakami, T.Shimomura, T.Nakamura, H.Ohashi, K.Shinohara, H.Omura, *J.Agricult. Chem. Soc. Japan*, **58**, 575 (1984)
32) I.Yamane, O.Murakami, M.Kato, *Cell Struct Funct.*, **1**, 279 (1976)
33) 源良樹, 菅幹雄, 星宏良, 山根績, 第33回日本細胞生物学会予稿集, p. 47 (1980)
34) 小林敬三, 菅幹夫, 山根績, 森川実, 組織培養, **11**, 409 (1985)
35) N.N.Iscove, F.Melchers, *J.Exp.Med.*, **147**, 923 (1978)
36) T.Sato, Y.Minamoto, I.Yamane, T.Kado, T.Tachibana, *Exp. Cell Res.*, **138**, 127 (1982)
37) 源良樹, 組織培養, **10**, 179 (1984)
38) T.Sato, Y.Minamoto, I.Yamane, T.Kudo, T.Tachibana, *Exp. Cell Res.*, **138**, 127 (1982)
39) 天辻康夫, 石川英之, 有村博文, 組織培養, **11**, 481 (1985)
40) W.I.Schaiffer, B.F.Vonkneuter, E.A.Reichard, G.H.Sato, *In Vitro*, **19**, 108 (1983)
41) G.Brunner, K.Lang, R.A.Wolfe, D.B.McClure, G.H.Sats, *Brains Res.*, **254**, 563 (1981)
42) 矢部則次, 組織培養, **11**, 458 (1985)
43) I.Yamane, Y.Matsuya, K.Jimbo, *Proc. Soc. Exp. Biol. Med.*, **127**, 335 (1968)
44) I.Yamane, M.Kan, Y.Minamoto, Y.Amatsuji, *Japan Proc. Natl. Acad. Sci.*, **57**, 385 (1981)
45) M.Kan, I.Yamane, *In Vitro*, **20**, 89 (1984)
46) H.Murakami, et al. (ed.), "Growth and differentiation of Cells in Defined Enviroment", Kodansha/Springer-Verlag, (1985)
47) D.W.Barnes, D.A.Sirbasku, G.H.Sats (ed.), "Cell Culture Methods for Molecular and Cell Biology" Vol. 1, Alan R.Liss, Inc. (1984)
48) I.Yamane, et al. (ed.), : Proceedings of the Third International Cell Culture Congress (1985)

3 細胞大量培養法

3.1 細胞大量培養法と培養装置の概要

3.1.1 はじめに

佐藤征二[*]

　動物細胞の大量培養技術は，1950年代後半から，微生物用のジャーファメンターを用いて行われたことに始まる。これらは，浮遊細胞を，微生物同様の培養法，制御法を利用して培養したものであった。接着依存性細胞は，この方法を応用することができず，1969年，van Wezelら[4]によって，マイクロキャリアーが開発され実用化されるまで，小型の培養器を多数用いる非能率的な方法に頼らざるを得なかった。

　1970年代に入り，インターフェロン[2],[3]の生産を中心として，大量培養の社会的要請もあって，ジャーファメンターを基礎としたハードウェアの改良がなされ，マイクロキャリア培養法を含め，多くの進展が見られた。1980年代に入ると，さらに，生体の高密度細胞維持機構を模した灌流培養法の試みがなされ，小規模ながら，高密度の細胞を維持し，高い物質生産能を発揮でき得る装置の開発がなされるようになってきた。現段階においては，まさしく，従来の通気撹拌培養法の大型化と，小規模高密度培養の混然一体となった状況にあるが，今後に，大規模高密度培養法の確立が期待されるところである。

　この項においては，通気撹拌培養を中心とした，既に大量生産可能な培養法を概説すると同時に，灌流培養法などの概略について述べ，詳細は次の項にゆずることとする。

3.1.2 動物細胞大量培養の特徴

　動物細胞の大量培養で重要な一面は，細胞自身の性質に依存していることである。従来の通気撹拌培養法は，先に述べたように，微生物醱酵技術を基礎として発展してきた。ここにおいて，生体内で生育してきた生理状態とこれらの人工環境下では，大きな飛躍がある点に注目する必要がある。すなわち，細胞と細胞の相互作用，血液循環による栄養補給，ヘモグロビン等による酸素補給と炭酸ガス交換，ホルモンや増殖因子など液性因子による増殖制御など生理学的な特徴を，人工的な培地条件，コンピューターコントロールを用いた工学的な制御方法によって代替しなければならない。

　これらの生理的な差異はともかく，現状の工学的手法によって最適条件を設定することも重要なことである。特に，既に工業レベルで成功している微生物醱酵技術を利用することは，当然の成行きである。これらの技術を応用する上で明確にする必要のあることは，従来の技術が微生物をモデルとして組立てられていることから，両者の差異を明らかにし，その性能によって処理

---

　[*]　Seiji Sato　協和醱酵工業（株）東京研究所

するか,他の方法を見いだすことにするかである。

手法上の差異に関連した事項を比較したのが,表3.3.1である。細胞の大きさ,剪断力感受性,二倍化時間,環境適応力の他,生理的な多くの特徴と差異がある。このうち,従来の培養技術では,剪断力の感受性の差やpH,イオン強度などについては,最適化が可能であり,各種センサーと連動した制御システムにより行われている。

3.1.3 培養器および培養法

動物細胞の培養法は,接着依存性細胞と浮遊細胞によって培養法が異なり,それぞれ異なった問題点を持っている。

(1) 接着依存性細胞

接着依存性細胞の場合,接触阻止(Contact inhibition)が起こり,接着表面の面積によって細胞増殖が左右されるため,その表面積の拡大が大量培養の鍵となっていた。表3.3.2に示したように,その接着面積の拡大は,単一平面から,多段式へ,そして,多孔質や中空繊維と三次元的に拡大する一方,浮遊培養法の利用できるマイクロキャリアーやマイクロカプセル化が用いられるようになってきた。

容積当りの培養表面積(Surface to Volume:S/V)によって,その効率を現わすことが

表3.3.1 動物細胞と微生物の性質の比較

	微生物	動物細胞	(関連事項)
大きさ	約 1 micron	10〜100 micron	(沈降)
剪断力	比較的強い	弱い	(低撹拌)
			(上面通気)
二倍化時間	約30分	約1日	(長時間培養)
環境適応力	高い	低い	(長期馴化)
生理的特徴		血清,ホルモン一依存性	(戸過滅菌)
		金属イオン感受性	(水質管理)
			(材質制限)
		接着依存性	(面積拡大)

表3.3.2 細胞接着面から見た培養器,培養法

細胞の性質	接着担体,培養法
Anchored	平面
	Solid single trays
	Multiple trays
	Discs
	Multiplates
	円筒
	Tubes
	中空繊維,多孔質膜
	Hollow fibers
	Ultrafiltration membranes
	多孔質
	Ceramic Opticore
	マイクロキャリアー
	Polymer beads
	Glass beads
	マイクロカプセル
	Sodium arginate gel
Suspended	生体高分子
	Serum, BSA
	液体培地
	(Serum free or protein free medium)

できるが,マルチプレートがS/V=1.7,スパイラルフィルムがS/V=4.0,プラスチックバッグがS/V=5.0,ガラスビーズがS/V=10,ホロファイバーではS/V=30.7,マイクロキャ

3 細胞大量培養法

A プラスチックバッグ　　B 多層平板　　C らせんフィルム増殖器

D ガラスビーズ充塡カラム　　E 中空繊維の束　　F マイクロキャリアー培養

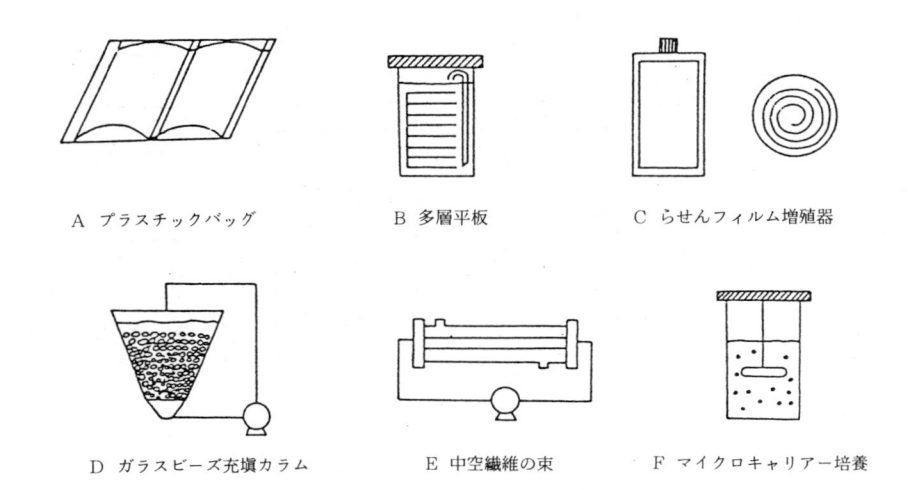

図 3.3.1　接着依存性細胞の培養法（P. W. Levine, et al., 1977）

リアーでは，その仕込み量で異なるが，通常用いる 3～5 g/ℓ では S/V＝18～30，10 g/ℓ の仕込みができると S/V は 60 と増加する。このように，浮遊化させ高濃度仕込みでき得る方法が，大量培養化の一つの道である[4]。

(2) 浮遊細胞

浮遊培養に関しては，ジャーファメンターが用いられる。動物細胞の特徴として，重金属イオン，特にカドミウムなどに感受性が高いとされているため，材質としては，SUS 316L 鋼，テフロン，シリコン，ガラスによって組立てられる。形状は，大きく分けて，気泡塔とインペラーによる撹拌法により異なる。気泡塔は，図 3.3.2 に示したように，二重の円筒を配した形状がすぐれている。インペラーによる撹拌は，上部撹拌と下部撹拌方式に分かれ，無菌水をシール水に用いたダブルメカニカルシールにより，回転軸からの微生物汚染を防ぐ方式が用いられる。比較的小型の装置では，マグネットドライブ方式が最近良く用いられるようになってきた。

一般的に，ジャーファメンターは，温度制御のためのジャケット，撹拌子，じゃま板，温度センサー，pH センサー，溶存酸素センサー，レベルセンサーなどのセンサー類，サンプリングラインなど，微生物用に使用されているものと大差はないが，pH, DO 制御が，O_2, CO_2, N_2，空気などの気体を用いる特徴がある。

3.1.4　大量培養の一般的プロセス

動物細胞大量培養の一般的プロセスとしては，(1)培地の作製，(2)装置の殺菌，(3)培地の殺菌と

第3章　動物細胞の大量培養技術

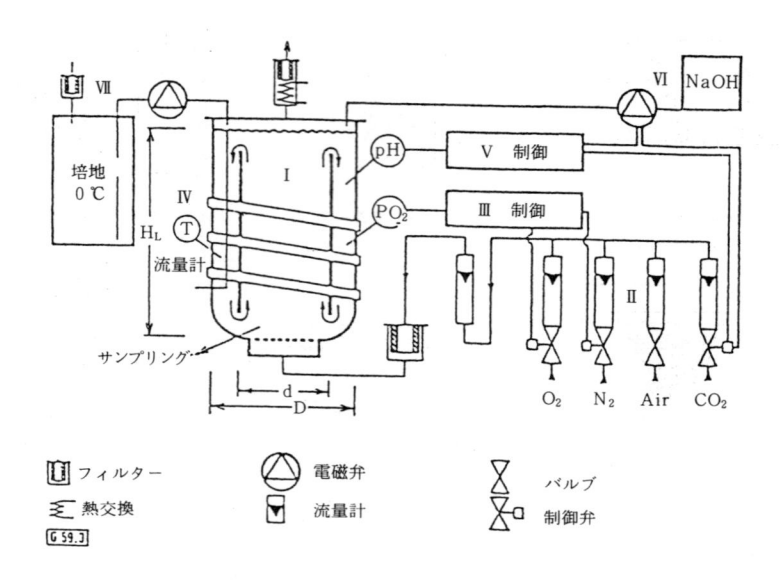

図3.3.2　気泡塔培養槽の概略図（H. W. D. Katinger et al., 1979）

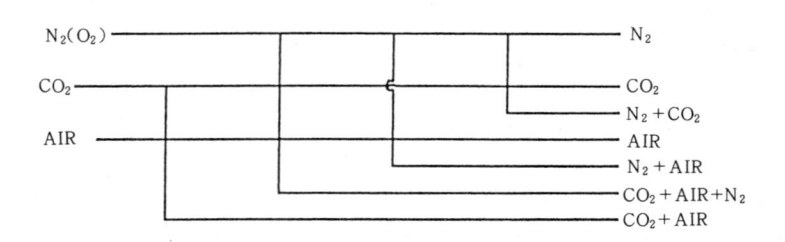

図3.3.3　The gas mixture composition

移送，(4)種細胞の培養の拡大（Build up），(5)本培養，(6)目的物質の誘発や採取，(7)細胞の採取，(8)装置の洗浄，(9)目的物質の濃縮や精製，などの操作が必要である。表3.3.3に示したように，これらのプロセスには，一般的には，次のような装置が用いられる。培地作製用に，純水製造装置，培地作製槽，無菌沪過装置，培地貯蔵槽。培養には，種培養槽，本培養装置，データ処理装置，その他，製品処理装置，細胞分離装置。マイクロキャリアー培養には，トリプシン処理槽などを用いる。

3 細胞大量培養法

表3.3.3 細胞培養における一般的なプロセスと装置

1.	培地の作成	---	純水製造装置，培地作製槽，培地貯蔵槽
2.	装置の殺菌	---	自動殺菌装置
3.	培地の殺菌と移送	---	無菌フィルター，ポンプ
4.	種細胞の培養拡大	---	ジャーファメンター
5.	本培養	---	ジャーファメンター，タンク
6.	細胞の採取	---	トリプシン処理槽，細胞分離機
7.	目的物質の誘発や採取	---	処理タンク
8.	装置の洗浄，汚水処理	---	キルタンク
9.	目的物質の濃縮	---	膜濃縮機，イオン交換樹脂
10.	目的物質の精製	---	アフィニティークロマト，ゲル沪過，無担体電気泳動装置

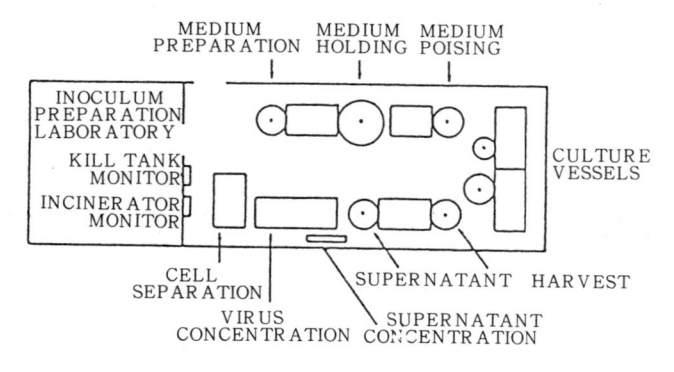

図3.3.4 動物細胞培養施設における基本的な機器配置
(RONALD T. ACTON et al., 1977)

(1) 培地の作製・滅菌

動物細胞の特徴は，高純度の良質な水を必要とする点にあるが，最近では，逆浸透圧法，各種のイオン交換樹脂の組合せや，蒸留などを組合わせた優れた方法や装置が市販され，容易に良質の水を手に入れることができるようになった。

また，培地成分中に高分子のタンパクやペプチド，熱に不安定な栄養源を含むために，沪過滅菌法が用いられるが，一般的には，0.2～0.45 μmのフィルターが使用されている。最近になって，蒸煮滅菌可能な基礎培地が市販されるようになり，沪過滅菌の負担も軽減されつつある。

(2) 種細胞の培養の拡大

種細胞の培養の拡大は，主として，スピンナーフラスコやローラーボトルが用いられ，さらに，

第3章 動物細胞の大量培養技術

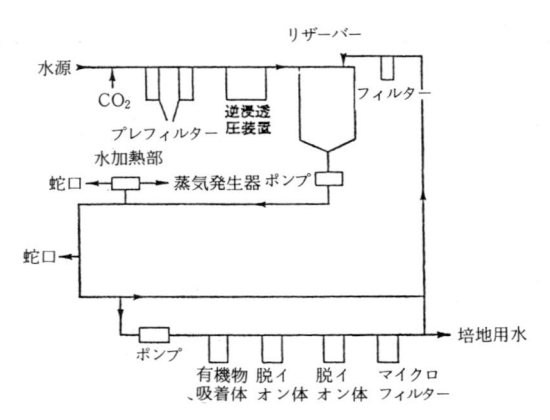

図 3.3.5 純水製造システム
R. T. Acton et al., "Cell Culture and Its Application"
(eds. R. T. Acton et al.), p. 141, Academic Press (1977) より

表 3.3.4 培地作成用水——水質の確保

水の精製法
　フィルター泸過法（プレフィルター，ファイナルフィルター）
　イオン交換法（陽イオン交換樹脂，陰イオン交換樹脂，混床式）
　吸着法（カーボンフィルター）
　蒸留法－沸騰蒸留法（石英ガラス＞ホウケイ酸ガラス＞＞金属）
　　　　－非沸騰蒸留法
　逆浸透圧法（RO）

　例1　原水－プレフィルター－イオン交換－カーボンフィルター－蒸留－ファイナルフィルター
　例2　原水－プレフィルター－RO－蒸留－ファイナルフィルター
　例3　原水－プレフィルター－イオン交換－蒸留－蒸留－ファイナルフィルター

小型ジャーファメンターから大型のタンクへと拡大される。一例を図3.3.6に示した。この場合，二倍化時間が長いため，拡大操作中に微生物汚染の心配があり，十分な汚染対策，工程の整備が重要な問題である。また，マイコプラズマ汚染の検査テストを種培養の段階で実施し，微生物汚染による経済的な負担を軽減することは重要な点である。

(3) 装置の殺菌・洗浄

殺菌操作は，動物細胞が微生物汚染を受けやすいだけに重要である。したがって，培養槽は，できるだけ開口部を少なくし，より単純な形にすることが望ましいし，操作も簡単なものにする

3 細胞大量培養法

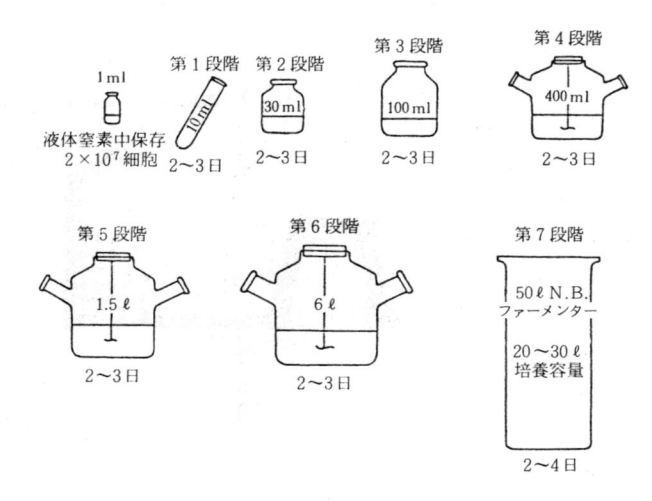

図3.3.6 浮遊培養時の培養規模の拡大（F. Klein, 1979）

必要がある。各ラインも単純であるべきではあるが，通気ラインなどが複雑であるため，微生物の培養槽に比べ約二倍のバルブが必要であると言われている。そのため，誤操作によるトラブルを防ぐため，自動殺菌を行うシーケンス制御方式が用いられている。各配管ラインは，バイオハザード対策や汚水処理を考慮して，汚染排気，排水と一般排水を分割する方法が，最近用いられるようになった。接着性の強い細胞の場合には，培養槽への付着による汚染を防ぐため，洗浄しやすいサニタリータイプの配管が用いられている。

(4) 細胞の採取

生細胞の回収には，動物細胞特有の遠心機が用いられる。動物細胞が剪断力に弱いため，低速回転で，しかもメッシュを用いないバスケットタイプの遠心機が，短時間に大量の細胞を集めるのに有利であると言われている[5]。

(5) プロセスと装置の組合わせ

プロセスと装置は，培養される細胞の種類や方法によって異なることは当然のことである。浮遊細胞か接着依存性細胞か，バッチ法か，フェドバッチ法か，連続培養法かなど，それぞれの目的に応じたプロセスと適切な装置を組合わせる。

3.1.5 最適条件の設定

動物細胞大量培養の目的は，ほとんどの場合，細胞そのものではなく，細胞によって生産される生理活性物質であり，生産法は，①細胞外に直接分泌されるもの，②何らかの刺激を必要とす

第3章　動物細胞の大量培養技術

るもの，③細胞内に蓄積されているものなどと分類される。いずれにしても，細胞一個当りの生産量が一定であれば，高密度の細胞を得ることが重要なことであるのはいうまでもないことである。

(1) 動物細胞培養に要するパラメーター

Katingerら[6]，動物細胞の培養に必要ないくつかのパラメーターが存在する，と指摘している。その主なものを分類すると，(1)培地，添加物，代謝物などの変化と制御に要するケミカルパラメーター，(2)通気－溶存酸素，撹拌－剪断力，温度，圧力など物理的環

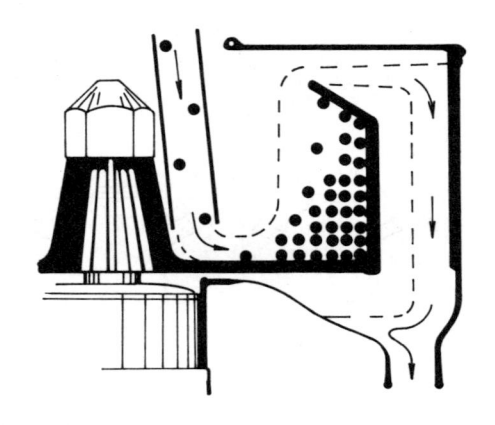

図3.3.7　バスケットタイプ遠心機の概略図[5]

境の測定と制御を目的としたフィジカルパラメーター，(3)血清の作用，細胞の接着や細胞間相互作用，増殖阻害因子や成長因子，分化誘導因子など，動物細胞の特徴の発見，解析，応用に関する生理学的なパラメーターがある。

(2) 浮遊性動物細胞培養における最適条件の設定

微生物醗酵技術から，主として浮遊培養の回分培養法に応用されたものがあり，これが，従来のジャーファーメンターや大型タンク培養の基礎となっている。Nyiriら[7]によってまとめられたのが，表3.3.5，図3.3.8の測定項目およびデーター解析と制御フローであり，市販されている多

表3.3.5　動物細胞培養における測定項目[7]

センサー	測定項目	処理法	制御変数	妨害因子
サーミスター	温度	冷媒蒸気等の流量バルブの調節	培養液温度	(発酵熱),回転発熱
回転計	モータースピード	モータースピード調節，制御	回転速度	培養液粘度
ガス流量計	ガス流速	ガス流量バルブの調節	培養液内通気量	気相部内圧
圧力計	気相部内圧	排出ガスバルブの調節	気相部内圧	
pH電極	水素イオン濃度	酸，アルカリ，ガス添加量制御	H^+ / OH^-	代謝産物によるpH変化
DO電極	溶存酸素濃度	モータースピード ガス流量バルブ 気相部内圧 の制御	PO_2	酸素取り込み 変性剤 温度変化 細胞密度変化
酸化還元電位計	酸化還元電位	ガス流量バルブ調節	eH	物質代謝
濁度計	濁度	バルブ調節	細胞密度	培養系内の変化
酸素ガス分析計		酸素ガス混合比調節		
炭酸ガス分析計		炭酸ガス混合比調節		
ガスクロマトグラフ		(排出ガス内揮発性代謝物)		

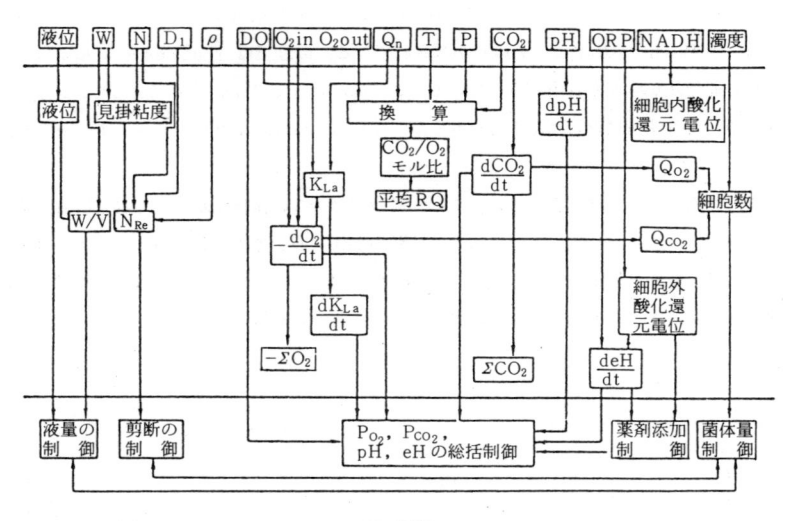

3 細胞大量培養法

図3.3.8 動物細胞培養におけるデータ解析と制御フローの概要（L. K. Nyiri, et al., 1977）

W：動力
N：撹拌速度
D_1：翼径
ρ：密度
DO：溶存酸素濃度
Q_a：呼吸速度
T：温度
P：圧力
N_{Re}：レイノルズ数 etc.
ORP：酸化還元電位
NADH：ニコチン酸アミド二燐酸（還元型）

くの培養装置は，基本的には，これらの応用である。

①pHの制御

pH制御法では，動物細胞の場合，HEPESなどの緩衝液の利用と，CO_2/HCO_3^-緩衝系の利用である。一般的には，95％空気と5％CO_2の混合ガスによる通気を行う。最近では，培養装置下部にあるスパージャーからの通気では，発泡による剪断力などの増殖阻害があるとされ，上面通気による方法が多く用いられている。

②溶存酸素の制御

溶存酸素の制御は，撹拌と通気の両方を用いることができる。撹拌回転数は，その所要動力から剪断力を求めることも可能であり，剪断力の許容できる範囲内であれば，溶存酸素の制御に用いられる。また，ガス系の酸素分圧を調節する方法も比較的容易であり，酸素流量の調節で制御できる。

気泡塔は，撹拌と溶存酸素維持が一体であるので都合が良いが，発泡時の剪断力および，細胞

第3章　動物細胞の大量培養技術

の堆積による生存率の低下，などの問題があったが，形状や通気量などに多くの工夫がなされ，Katinger[6]やBirch[8]らによって実用化がなされている。最近では，Lehmanら[9]によって，発泡性のない通気法が開発され用いられている。これは，かつてWang[10]らによって，シリコンチューブを用いた方法が試みられたことがあるが，Lehmanらは，ポリプロピレンチューブを用い成功した。

　むろん，通常の通気撹拌培養法においても，剪断力の少ない撹拌法が考えられている。図3.3.9に示したように，インペラーの形状により剪断力が異なると考えられ，特に，マイクロキャリアー培養では，粒子の比重が重いため，③，④の形が良いと言われている。大型の浮遊培養には，⑥のマリンブレイド型か⑧の気泡塔が，実際に用いられている。

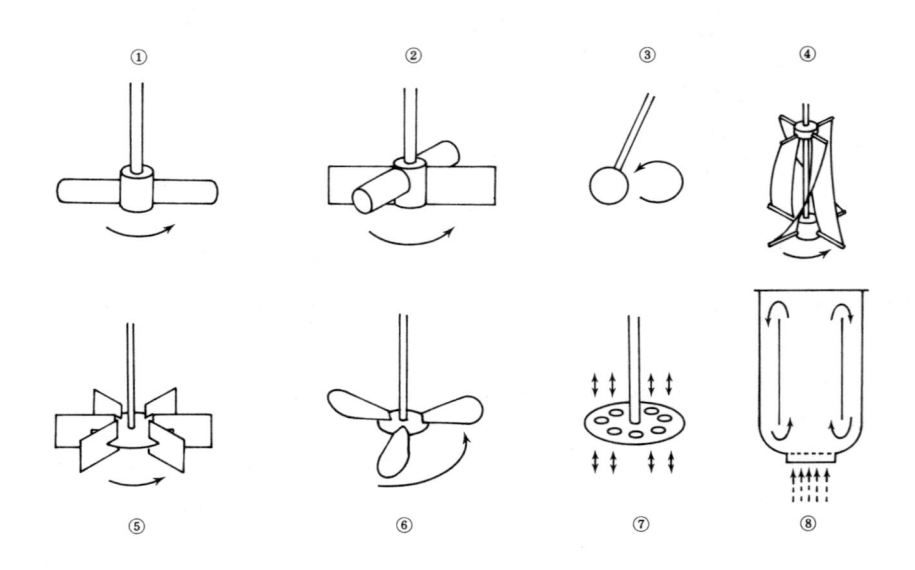

図3.3.9　各種撹拌法（AGITATION METHODS）

3.1.6　新しい培養法と培養装置の開発

　動物細胞大量培養の目的の多くが，細胞外に分泌される生理活性物質の生産であり，また，生産物の生産量が細胞密度に依存する場合がほとんどであるので，高い細胞密度を得られる培養法，培養装置が望まれる。さらに，血清を含む培地の価格を考えると，大規模培養時の微生物汚染の

3 細胞大量培養法

経済的な負担が大きく，むしろ，比較的小型で生産効率の良い方法や装置の開発が期待され，研究されてきた。

従来の培養法では，ほぼ 2×10^6 cells/ml 程度の細胞密度が得られ，種々の制御法を駆使しても，5×10^6 cells/ml を越えることは容易なことではない。

このような問題点を解決すべく，多くの試みがなされているが，上記の通気撹拌培養を基礎とした培養法で，高密度の細胞を維持し得る生体との差異から指摘される阻害要因が，いくつかあげられる。

(1) 高密度培養に対する阻害要因

①化学的要因

Katingerらの分類に従って，化学的要因として取り上げられるものは，まず溶存酸素である。表3.3.6には，各細胞の酸素消費速度をあげた。高密度の培養では，生体の細胞密度に近く，$10^7 \sim 10^8$ cells/ml となるので，これらの細胞に十分に酸素を供給するシステムが必要である。方法としては，ⓐ上面通気，ⓑスパージング，ⓒ膜からの通気，ⓓ灌流法，ⓔ酸素分圧調節，ⓕ加圧，などが考えられ，剪断力との兼ね合いから，いずれかの方法を選択し，最適化をはかる

表 3.3.6 種々の細胞による酸素取込み速度[11]

Utilisation Rate μ moles/10^5 cells/hr	Utilisation Rate ($\times 10^{12}$) gms/cell/hr	Cell Type(s)	Reference
0.09 - 0.33	2.88 - 10.56	HeLa	Philips & McCarthey (1956)
0.19 - 0.34	6.08 - 10.88	KB, HeLa, Detroit 6, MCN	Green et al (1958)
0.04 - 0.33	1.28 - 10.56	HeLa, CHF 16, Lymphoma	Danes・et al (1963)
0.12	3.8	AH (L cell var.)	Brosemer & Rutter (1961)
0.06	1.92	WI-38	Cristofolo & Kritchevsky (1966)
0.07 - 0.28	2.24 - 8.96	14 Various Lines	McLimans et al (1968)
0.20	6.4	BHK	Radlett et al (1972)
0.04	1.28	Leucocyte	Documenta Geigy (1972)
0.17 - 0.50	5.44 - 16	WI-38	Balin et al (1976)
0.05	1.6	Lymphoblastoid	Katinger et al (1978)
0.11	3.52	Liver	Jensen (1979)
0.05	1.6	FS-4 (HDC)	Fleischaker & Sinskey (1981)
0.23	7.36	Mean (Non-Lymphocytes/Lymphoblastoid)	
0.05	1.6	Mean (Lymphocyte/Lymphoblastoid)	

必要がある。

代謝産物として，生育に影響を与える因子としては，アンモニアの毒性，乳酸による至適pHからのずれが，考えられる。乳酸の蓄積は，主として，グルコースの代謝に依存しているので，他の糖に代替することで防ぐことが可能である。アンモニアについては，グルタミンからの分解で発生する。吸着や沈殿法で除去することも考えられるが，透析や灌流法が，生体内での除去方法に近く，すぐれている。

②物理的要因

物理的要因としては，撹拌や発泡による撹拌剪断力が，重要な因子であり，インペラーの形状や回転数などの最適化を必要とする。

③生物学的要因

生物学的な要因となると，その実態はまだ明らかでないが，Chalone様の高分子阻害物質が考えられる一方，細胞自身の栄養源の消費速度が問題となる。

④阻害要因の解析と新しい培養法

これらを表にまとめたのが表3.3.7である。

これらの解析の結果，透析や灌流培養が，上記の問題点を比較的良く処理できることがわかる。たしかに，生体は，血液循環による一種の灌流システムであると考えられ，これらを目指した，いくつかの装置が開発されてきた。

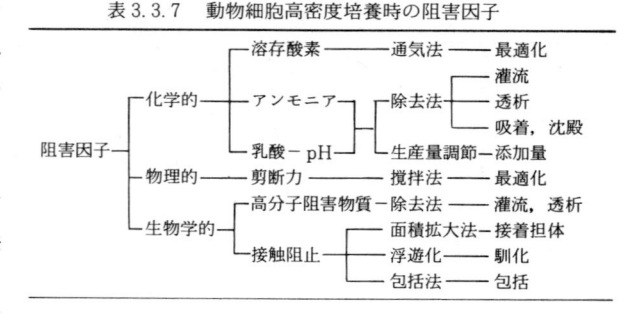

(2) 各種の大量培養法

大量培養の培養法としては，すでに述べたバッチ法（Batch法：回分培養法）の他，Fed batch法（半回分培養法，流加培養），Chemostat法（連続定常培養法），Dialysis法（透析培養法），Perfusion法（灌流培養法）などが試みられている。

表3.3.7 動物細胞高密度培養時の阻害因子

阻害因子				
化学的	溶存酸素	通気法	最適化	
	アンモニア	除去法	灌流	
			透析	
			吸着，沈殿	
	乳酸－pH	生産量調節	添加量	
物理的	剪断力	撹拌法	最適化	
生物学的	高分子阻害物質	除去法	灌流，透析	
	接触阻止	面積拡大法	接着担体	
		浮遊化	馴化	
		包括法	包括	

①Fed batch法

Fed batch法は，従来の大量培養法の主流であり，インターフェロンの生産に用いられてきた。特に，種培養のスケールアップに，一部を抜き取り，これに新たな培地を追添加する，半連続培養が用いられた[12]。

3 細胞大量培養法

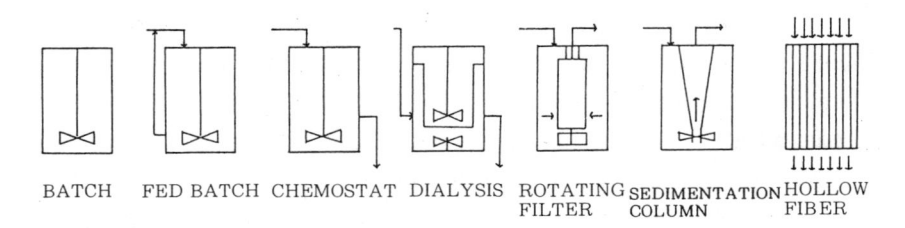

BATCH　　FED BATCH　CHEMOSTAT　DIALYSIS　ROTATING　SEDIMENTATION　HOLLOW
　　　　　　　　　　　　　　　　　　　　　　　FILTER　　COLUMN　　　　　FIBER

図 3.3.10　各種培養法（CULTIVATION SYSTEMS）

② Chemostat 法

Chemostat 培養は，hybridoma の培養法として，Fazekas ら[13]が用い，細胞密度と，上清中に放出されるモノクローナル抗体量が，比例関係にあることを示した。

③ Dialysis 法（透析培養法）

Dialysis 培養は，1962年，Gallup らが微生物の培養に用い，注目されていた[14]。この培養法で重要な点は，(i)透析膜を通して，エネルギー源や必須栄養源が供給されること，(ii)代謝産物の内，透析可能なものが培養液から除去されること，にあり，高い細胞密度が得られることであった。この考え方は，先に指摘したように，生体内での血液循環系での高密度細胞維持機能につな

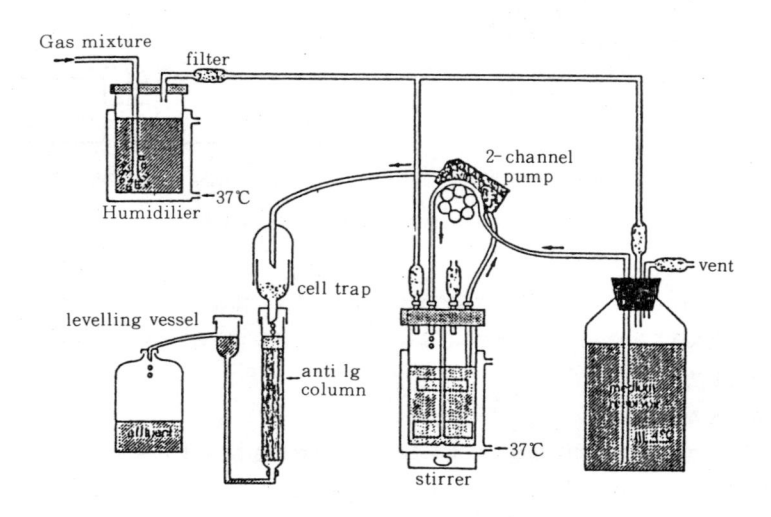

図 3.3.11　Chemostat 培養法[13]

第3章 動物細胞の大量培養技術

がるものであった。

灌流法では，1972年，Knazekら[17]がHollow fiberを用い，capillaris上に細胞を増殖させ，組織状に生育すると報告している。むろん，膜を用いても同様の結果が得られ，Membrofermという名で用いられている。

④灌流培養法

1965年，Himmelfarbら[15]は，通気撹拌培養を発展させ，セラミック製の回転沪過塔を用い，フィルターを回転させることによって目づまりを防ぎながら，細胞と上清を沪過分離し，新鮮な培地と培養上清を交換する灌流培養法を考案した。英国のGriffithら[16]も同様に考え，円錐型のフィルターで灌流培養を試みている。

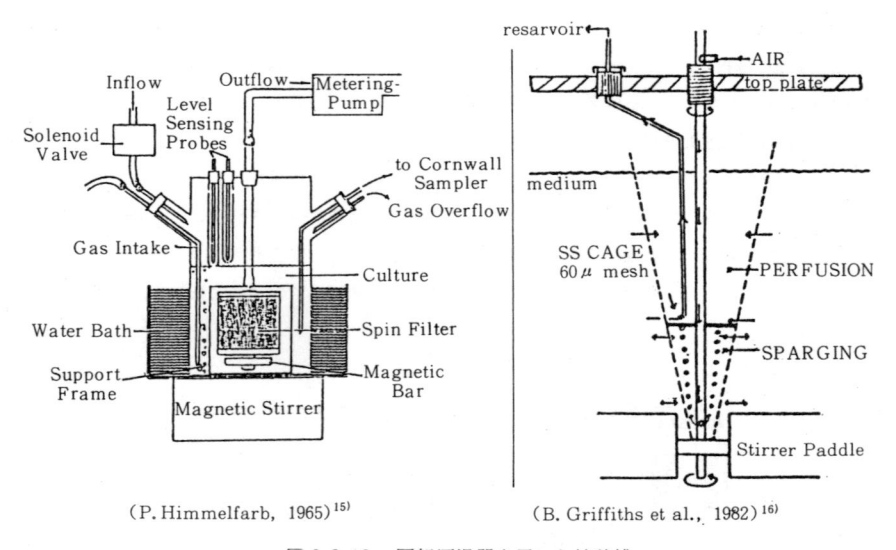

(P. Himmelfarb, 1965)[15]　　(B. Griffiths et al., 1982)[16]

図 3.3.12　回転沪過器を用いた培養槽

1983年，Satoらは，動物細胞が比較的重く，沈殿しやすい性質を持つことを利用し，細胞沈殿管型培養装置を開発した。この方法は，膜もフィルターも用いず，重力だけにより細胞と上清を分離する方法である[18]。

⑤高密度培養法の確立

これらの方法のうち，中空繊維や限外沪過膜による透析培養法，回転沪過器による沪過培養法，細胞沈殿管による灌流培養法は，従来の通気撹拌培養法に比べ高い細胞密度が得られることから，高密度培養法という新しい分野を形成するまでになってきた[19]。現在，これらの応用やシステム

3　細胞大量培養法

化が企業間で試みられ，小規模ながら生産手段として実用化されるまでに成長している[20]。

⑥マイクロビーズ法

その他に，古くから微生物で試みられてきた，マイクロビーズ化の応用がある。Nilssonら[21]やLimら[22]は，固定化微生物の手法を用いて，動物細胞の包括を試みた。特にNa‐Arginateを用いた包括法は，生産される高分子生理活性物質をゲル内に蓄積することができ，高い細胞密度が得られることから，Hybridomaの培養法，モノクローナル抗体の生産法として用いられるようになった。

3.1.7　おわりに

従来の通気攪拌培養法を中心とした大量培養技術は，1000ℓ～8000ℓという工業的規模での培養がなされるようになっている一方，新たな高密度培養技術の進展によって，高い細胞密度と高い生産性を誇るいくつかの方法が登場し，実用化されようとしている。従来の通気攪拌培養の欠点は，生産物濃度が低く，1バッチの仕込み量が多いため微生物汚染時の経済的負担が大きく，精製工程への負担も大きいことである。しかし，工学的には，種々の制御法がほぼでき上り，システム化されやすい。

一方，Hollow fiber, Membrofermなどを用いた培養法は，まだ大量培養法としては確立しておらず，小規模高密度培養のレベルにあると言ってよい。また，さらに，高価でロット差のある血清含有培地に変って，安価で安定した無血清培地の開発が進められており，無血清培地を用いた大規模高密度培養が可能になれば，動物細胞も微生物醗酵工業のレベルとなって，社会に貢献できるかもしれない。

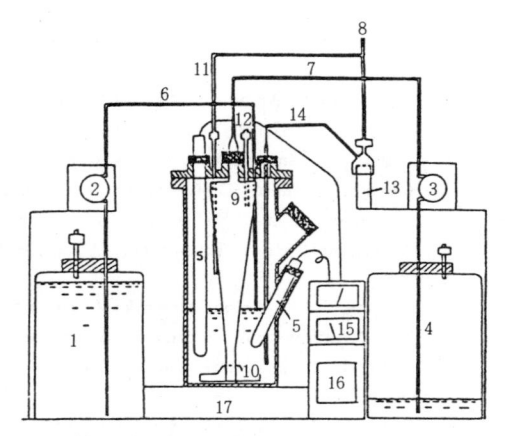

1：新鮮培地容器，2：供給ポンプ，3：流出ポンプ，4：流出培地容器，5：電極，6：供給管，7：流出管，8：通気管，9：沈殿カラム，10：羽根車，11：通気口，12：排気口，13：採取器，14：採取管，15：検出計，16：記録計，17：攪拌器

図3.3.13　細胞沈殿管型灌流培養装置
（S. Sato, et al., 1983）

第3章 動物細胞の大量培養技術

文　献

1) A. L. van Wezel, *Nature*, **216**, 64 (1967)
2) F. Klein, R. T. Richetts, W. I. Jones, I. A. DeArmon, M. J. Temple, K. C. Zoon, P. J. Bridgen, *Antimicrob. Agents, Chemother.*, **15**, 420 (1979)
3) S. Reuveni, T. Bino, H. Rosenberg, A. Tranb, A. Mizrahi, "Interferon : Properties and clinical uses " (Ed. by A. Khan, N. O. Hill, G. L. Dorn), p. 75 (1979)
4) M. W. Glacken, R. J. Fleischaker, A. J. Sinskey, *Trend in Biotech.*, **1**, 102 (1983)
5) J. D. Lynn, R. T. Acton, *Biotechnol, Bioeng.*, **17**, 659 (1975)
6) H. W. D. Katinger, W. Scheirrer. E. Krömer, *Ger. Chem. Eng.*, **2**, 31 (1979)
7) L. K. Nyiri, "Cell Culture and Its Application " (Ed. by R. T. Acton et al.), Academic Press, p. 161 (1977)
8) A. Klausner, *Bio / Technol.*, **1**, 736 (1983)
9) W. R. Bödecker, J. Lehmann, P. F. Mühlradt, *Develop. Biol. Standard*, **50**, 193, (1982)
10) M. Tyo, D. I. C. Wang, *Advance in Biotech.*, **1**, 141 (1981)
11) R. K. Spier, B. Griffiths, *Develop. Biol. Standard*, **55**, 81 (1982)
12) R. K. Zwerner, C. M. Cox, D. Lynn, R. T. Acton, *Biotechnol. Bioeng.*, **23**, 2717 (1981)
13) S. Fazekas, S. Groth, *J. Immunol. Methods*, **57**, 121 (1983)
14) D. M. Gallup, P. Gerhardt, *Applid, Microbiol.*, Ⅱ 506 (1963)
15) P. Himmelfarb, P. S. Thayer, H. E. Martin, *Science*, **164**, 555 (1969)
16) B. Griffiths, T. Atkinson, A. Electricwala, T. Latter, R. Ling, I. M. MeEntee P. M. Riley, P. M. Sutton., *Develop. Biol. Standard*, **55**, 31 (1982)
17) R. A. Knazek, P. M. Gullino, P. O. Kohler, R. L. Dedrick, *Science*, **178**, 65 (1972)
18) 佐藤征二，川村一雄，藤吉宣男，：第一回次世代産業基礎技術シンポジウムバイオテクノロジー予稿集，p.119 (1983)
19) 佐藤征二, *Bio Industry*, **1**, (9), 20 (1984)
20) A. Klausner, *Bio /Technology*, **3**, 673 (1985)
21) K. Nilsson, K. Mosbach, *FEBS lett.*, **118**, 145 (1980)
22) F. Lim, A. M. Sun, *Science*, **210**, 908 (1980)

3 細胞大量培養法

3.2 高密度培養法

佐藤　裕[*]

3.2.1 はじめに

　生物体が，きわめて多様な性質の細胞から構築されることは，分化の過程で，組織に特異的な性質を示す細胞に変化してゆくためである。動物細胞がもっている，このような多様な特性のなかで，工業的な利用の立場から見て最も興味をひかれるものの一つは，細胞に特異的な生理活性物質生産機能であろう。

　生物体は，全体としての生理的恒常性を調節し維持するために，多くの種類の微量な生理活性物質を生産し，放出している。これらの個々の生理活性物質は，それぞれ特定の器官の細胞によって作られ，体液を介して他の細胞に作用し，その細胞機能をコントロールする仕組みになっている。このような細胞機能調節物質のなかには，医薬品として有用性の期待されるものが多数存在する。その代表は，ホルモン類である。また，組織プラスミノーゲンアクチベーター，ウイルス感染などにより作られるインターフェロン，さらに，リンパ球が抗原や種々のマイトジェンの刺激によって作り出す，さまざまなリンホカインなどがある。

　従来，生体，特にヒト由来の生理活性物質を得るためには，血液，尿，胎盤などの生体試料からの抽出に依存しなければならないことから，原料をいかにして大量にかつ安定に確保するかが大きな制約になっていた。この問題を克服するための手段の1つとして，これらの生理活性物質生産機能をもつ細胞を生体から分離し，その機能を in vitro の培養系で発揮させて，目的物質を多量に得る，いわゆる細胞大量培養技術の開発が進められてきた。

　一方，タンパク性の生理活性物質を生産するもう1つの方法として，その物質を発現する遺伝子を動物細胞よりとり出し，適当なベクターに組み込んで微生物に導入し，その物質を微生物に作らせる，いわゆる遺伝子工学的技術による方法も開発されている。この方法は，微生物の旺盛な増殖力とタンパク合成能を利用した，極めて生産効率の良い方法として注目を集めている。しかしながら，確かにペプチド鎖としての生産量は飛躍的に増大させることができるが，糖鎖やリピドを含むような複合タンパク質を，native なものと同じに作らせることはできない。生体のなかで重要な働きをしている生理活性タンパク質の多くは糖鎖をもっており，この糖鎖部分が活性に関与したり生体内での安定性に重要な働きをしているものの，微生物による生産には適さないことが指摘され，動物細胞培養による生産法の重要性が強調されている。

　動物細胞は，培養系から，2つの細胞群に大別される。その1つは，血液系の細胞で代表される浮遊性の細胞であり，他は，繊維芽細胞や上皮性細胞のように，細胞が付着する面を必要とする付着依存性細胞である。浮遊性細胞は，培養液中に懸濁した状態で増殖することから，その大量培

---

[*] Sakae Sato　東洋醸造（株）　生化学研究所

第3章 動物細胞の大量培養技術

養法については，長年にわたって培われた微生物発酵技術の応用として多くの試みがなされ，1,000〜8,000ℓという工業的な規模での培養が行われるに至っている[1]。一方，付着依存性細胞では，増殖のために付着面が必要であり，そのことが障害となって大量培養を困難にしていた。この問題に対して，1967年，van Wezel[2]は，比重の小さい微小球体（マイクロキャリア）上に細胞を増殖させる方法を開発し，浮遊性細胞と同様に撹拌培養が可能となり，付着依存性細胞の大量培養への道が開かれた。

このように大量培養へ向かって進展はみられたものの，培養液中に生産される動物細胞由来の生理活性物質の濃度は，依然として 10^{-9} g/ml のオーダーと極めて低いため，生産方法の更なる改良が望まれている。この問題を克服するために，次のような方法が考えられる。第1に，細胞融合や遺伝子操作の技術を使って細胞育種を行い，細胞の生産性を高める。第2に，コンパクトな培養装置を使って大量の生産物を得るための，高密度培養法の開発。第3に，回収率の高い生産物精製方法の開発と，これを容易にするための使用培地の無血清化などがある。

これらのうちで，細胞の高密度培養法の開発は，利用域の広い技術として意義があるばかりでなく，細胞培養のスケールアップにおいて問題となっている，①装置の大型化に必要な装置価格の増大，②生産物濃度の低い培養液からの精製費用の増大，③装置の大型化に伴う微生物汚染の危険性増大，などに対しての解決手段として重要であると考えられている。

近年，動物細胞の高密度培養を達成するために，いろいろな角度からの検討が加えられ，培養方法や装置の開発が行われてきた。ここでは，動物細胞を高密度培養する上で問題となる点と，これまで開発された培養法および装置についての現状を紹介したい。

3.2.2 動物細胞の高密度生育環境条件

成人1人の体は，おおよそ 10^{14}〜10^{15} 個の細胞で構成されていると言われている。成人の体重を約60 kg とみなし，骨重量（体重の約16%）を差し引いて計算すると，1gの組織（約1cm³）の中に，おおよそ 10^9〜10^{10} 個の細胞が詰まっていることになる。これは，自然界で細胞がとり得る最も高密度な状態であると思われる。このような高密度の条件下でも，細胞は長期間にわたって生育し続け，それぞれの細胞のもつ機能的な役割を果たしている。そして，細胞に必要な栄養源や酸素の供給と，代謝により生じる老廃物の除去は，毛細血管を通じて行われており，これらのことから，生体は最も効率のよい高密度培養を営んでいると見ることができる。

また，生体組織そのものではなく，たとえば，抗体産生ハイブリドーマを同系マウスの腹腔内で増殖させると，細胞密度は 10^8/ml 以上になり，フラスコ内で増殖させて得られる細胞密度の100倍以上になる。さらに，この場合，腹水中への抗体産生量も，フラスコで培養したときと比較して100〜1,000倍になることが報告されている[3]。したがって，細胞を in vitro の培養系で高密度に培養することができれば，細胞生産物の生産効率を大幅に増大させ得るものと期待でき

る。

　生体の組織内で増殖させた細胞とフラスコ内で増殖させた場合の細胞との大きな違いは，細胞をとり巻く環境である。生体の組織内で毛細血管が個々の細胞と接触して栄養物や老廃物の入れ換えが行われる微小循環では，血液の流れは非常に遅い（イヌの腸間膜で 0.05 cm / 秒）が，通常，血液は，全身を一巡するのに要する時間が 18〜20 秒という非常に早いスピードで流れている。つまり，一般に正常値域という言葉で表現される一定の組成から成る新鮮な血液を，早い速度で組織へ送りこむことにより，細胞をとり巻く環境を一定に保っている。このことが，生体内で細胞が高密度に生育できる大きな要因であると考えられる。したがって，*in vitro* の培養系にある細胞も，培養環境を整え一定に保つことができれば，生体の細胞密度に近い培養が可能になるものと思われる。後述するように，動物細胞培養装置の開発でも，生体におけるこのシステムを基本的なモデルにしようという意図がうかがわれる。

3.2.3　高密度培養の阻害要因

　動物細胞の大量高密度培養を困難にする要因としては，動物細胞に特徴的な性質である，血清あるいは増殖因子への依存性，培地のイオン強度や金属イオン等に対する感受性，剪断力等に対する物理的な弱さ，細胞間相互作用などがあげられる。さらに，細胞分裂速度が，微生物の 20〜30 分に比べて 20〜30 時間と非常に遅いことや，環境変化に対する適応性の欠如なども，その要因に加えることができる。

　このような要因を考慮して，すでに浮遊培養系では，培養の最適化を図るために，種々の試みがなされてきた。基本的には，微生物発酵におけると同様に，温度，撹拌速度，pH，圧力，溶存酸素レベル，炭酸ガスレベル，および酸化還元電位の測定と制御を行った最適培養法の設定である。また，培養装置，高圧滅菌装置および培地の給排のためのラインなどにも，細胞毒性のある物質や金属イオンなどの溶出が少ない，ガラス，テフロン，シリコン，SUS 316 L，チタンなどの素材を使う注意が払われてきた。しかし，このようにして最適化を図った培養条件下においても，通常のバッチ式の培養では，$1 \sim 3 \times 10^6$ cells/ml の細胞密度までしか到達し得ないことが多く，培養の条件を変えるだけでは克服し得ない要素があることを示している。

　動物細胞を高密度で培養するためには，培養しようとする細胞のもつ生理学的な性質を十分理解できるデータの集積を行い，その細胞のもつ増殖能を最大限に発揮させることが重要である。物理化学的な要因以外にも，培養系内への細胞自身が作り出す阻害因子の蓄積，必須栄養源の減少，増殖に必要な細胞付着面積の不足なども，高密度の細胞増殖を制限する因子となることを，J. R. Birch[4] らは指摘している。

(1) 老廃物，増殖阻害因子の蓄積

　動物細胞の増殖に伴って最も顕著に培地中に蓄積される代謝物として，乳酸とアンモニアがあ

り，これらが培地のpHを低下させるなどして細胞増殖を阻害することはよく知られている。このような代謝物による生育阻害とは別に，細胞自身がつくり出す増殖調節因子または増殖阻害因子と呼ばれるものが蓄積することがある。

Blazarら[5]は，バーキットリンパ腫の一種であるRaji細胞が，初発細胞濃度を変えて培養を開始しても，ほぼ一定の細胞密度（$1～3×10^6$ cells/ml）になると増殖が止まること，また，これ以上の濃度から培養を開始すると細胞数の減少がおこること，を認めている。また，このときの培養上清を低細胞密度の骨髄性白血病細胞株K-562の培養系に加えると，明らかな ^{3}H-Thymidine の取り込み抑制がおこることから，増殖調節因子または阻害因子が培養上清中に含まれることを認めている。同じようなことは，アフリカミドリザルの腎細胞やヒト繊維芽細胞の培養でもおこることが報告されており[6],[7]，いずれも，Chalone様の細胞増殖阻害因子の蓄積によるものと考えられている。

このような阻害物質の蓄積に対する方策としては，培養系からこれらの物質をとり除くか，これらの物質の生産をできる限り抑えた培養条件を設定するか，あるいは生産しない細胞に切り換える方法が考えられる。このうち最も簡単なのは，頻繁に培地を交換して阻害物の濃度を低く保つ方法であるが，培養液を多量に使うことと，目的生産物の濃度を低くしてしまうという欠点があり，経済性との調和がむずかしい。

阻害物の生産を抑えた培養条件としては，培地中のグルコースをフラクトースかガラクトースにおきかえることにより乳酸の生成を抑えるといった試みがなされている[8]。また，酸素分圧をコントロールすることにより，グルコースから乳酸の生成を抑えることができるという報告もある[9]。

増殖阻害物質を生成しない細胞に切換える方法については，ほとんど例をみることはできないが，今日の遺伝子操作の技術レベルから見て，そう遠くない将来に実現するものと予想される。つまり，有用物質を生産する細胞が同時に増殖阻害物質を生産する場合，目的物質を発現する遺伝子を分離し，増殖性の良い別の細胞に移入して細胞を改良するような，高密度培養を達成するための細胞育種も可能であろう。

(2) 必須栄養成分の枯渇

動物細胞培養に用いられる合成培地は，細胞の種類，目的に応じて，いろいろ開発され，現在では，その多くが市販され容易に入手できる。通常は，これに10%程度の動物血清を添加して，培養用培地として使用されるが，前述のように，微量の生理活性物質生産を目的とした培養では，動物血清の添加をやめ組成の明確な物質を添加した，いわゆる chemically defined medium としても使われる。これらの合成基礎培地は必ずしも高密度培養の目的で開発されたものではなく，培養の過程で，アミノ酸，ビタミン，核酸，糖などの栄養成分の中には，枯渇してし

3 細胞大量培養法

まうものも多い。このような急速に枯渇する成分は個々の細胞の栄養要求性により一定ではないが，アミノ酸の中では，グルタミン，アルギニン，セリンなどが減少する場合が多く，制限アミノ酸となっている。また，エネルギー源としてのグルコースの消費も，細胞増殖が高まってくると著しく増大してくるし，溶存酸素濃度，脂質成分の減少も著しくなる。

このように，増殖に必要な栄養成分は，細胞密度が高まれば高まるほど速い速度で消費されるため，その細胞密度に合わせた供給方法をとらなければならない。しかし，栄養源を補給して細胞増殖を高めることは，アンモニア，乳酸などの老廃物の生産を高めることでもあり，細胞高密度培養を行う上で最も悩むところである。したがって，老廃物の除去と栄養源の供給をいかに効果的に行い，高密度に適した培養環境を作るかに，技術開発の焦点が当てられてきた。

3.2.4 高密度培養の方法および装置

動物細胞の高密度培養を行うためには，いろいろな角度からの検討が必要である。

第1に，細胞を生育させる培地が細胞にとって適切であるか否かを，十分に吟味する必要がある。市販の培地組成をそのままで使える場合もあるが，動物細胞は個々に違った栄養要求性やホルモン要求性を示すので，その細胞の増殖が最大となるような培地を構築しなければならない。

第2に，細胞にとって最も適した物理化学的条件の設定である。これは，最適な培養環境を作るためには，温度，pH，浸透圧，溶存酸素レベルなどの測定と制御をきめ細かく行うことが必要となるためである。

第3に，培養方法および培養装置の工夫と改善である。細胞に与えるストレスを最小限にし，個々の細胞の環境を均一に，しかも一定に保ち得るような装置の開発が重要となる。先にも述べたが，生体では，速い血液の循環によって新鮮な栄養源や酸素を細胞周辺に送り込み，老廃物を除去することにより，$10^9 \sim 10^{10}/cm^3$ という高い細胞濃度を維持させることができる。Zwernerら[10]は，ネズミのリンパ芽球細胞の培養時に，新鮮な培地の比率を変えて培養すると，ある細胞濃度では，新鮮な培地の比率が高ければ高いほど，到達できる細胞密度も高くなることを示している。このことは，*in vitro* の培養系でも，培地交換によって老廃物の蓄積を抑え，栄養源および酸素などの必要成分を補給することにより，高密度に増殖させ得ることを示している。もし，古い培養液と新鮮な培地を，細胞を培養系内に残したまま連続的に交換することができれば，生体の血液循環系による細胞の維持・増殖と同様の効果が期待できるはずである。

このような考え方から，細胞を高密度に培養できる，いくつかの装置が考案されてきた。

(1) マイクロキャリアを用いた高密度培養

①マイクロキャリア培養法

van Wezelによって開発されたマイクロキャリア培養法は，培養空間に最も広い表面積を作ることができることから，付着依存性細胞の大量培養に適した方法と考えられる。マイクロキャリ

アを用いた付着依存性細胞の培養方法については,詳しく説明された成書[11]があるので,それを参照いただきたい。培養に用いられるマイクロキャリアは,細胞が付着する粒子表面の開発の結果,付着依存性細胞の増殖に適したいろいろな種類のマイクロキャリアが製造されており,その特性をまとめて表3.3.8に示した。

マイクロキャリアを用いた培養では,培養槽内のマイクロキャリアの濃度を高めれば槽内表面積が広がるので,いくらでも高密度に増殖させることができるように考えられるが,実際はそうはゆかない。マイクロキャリア濃度を高めると,培養液中でのマイクロキャリアどうしの衝突頻度やインペラーによる剪断力の影響が大きくなり,細胞に対する障害が大きくなる。本来,付着依存性細胞は,組織内にあっては静止した状態で,細胞どうしの衝突もなければ強い液体の流れに曝されることもないため,物理的に非常に弱いことが,高密度にできない大きな理由である。Cytodex 1マイクロキャリアの場合,通常は,3〜5g/ℓの濃度で使用することをメーカーは奨めている。高密度に細胞を増殖させるためにマイクロキャリア濃度を高めることはできるが,撹拌培養を行うかぎり,12〜15g/ℓの濃度が上限のようである。

②マイクロキャリア粒子への細胞の付着

マイクロキャリアを用いた大量培養では,培養の初めのマイクロキャリア粒子に細胞を付着させる操作が,全工程を通じても極めて重要な工程の一つとなる。付着依存性細胞の最大増殖量は,細胞が付着し得る面積,つまりマイクロキャリア粒子の総表面積で規制されるため,細胞が十分に付着した粒子と,全く付着していないか付着していても増殖に必要な数が付着していない粒子が混ざった状態で培養すると,特に血清添加量を抑えた培地を使用する場合,予想した細胞収量が得られないことが多い。したがって,すべてのマイクロキャリアに必要細胞数を均一に付着させることが必要で,このため,小スケールの場合,付着の効率を高めるためにディッシュ内で静置して行うことが多い。静置したとき単層になる量のマイクロキャリアと必要細胞量とを混合して,ディッシュにまき込み,37℃のCO_2インキュベーター内に静置し,細胞が十分付着した後,これを撹拌培養槽に移す方法がとられる。大量培養では,マイクロキャリアの量も細胞の量も大量になるので,このような方法はとり得ない。

マサチューセッツ工科大学のTyo[12]らは,剪断係数 $[2\pi \cdot N \cdot D_i/(D_t-D_i)$, $N=$回転数, $D_i=$インペラーの直径, $D_t=$培養槽の直径$]$を40以下に保ちながら24時間撹拌して付着させることにより,比較的効率よく付着させることができることを示した。付着が完了した後には回転数を変え,剪断係数を80まで上げて培養する。しかし,この低速回転で連続撹拌しながら付着させる方法でも,依然としてディッシュ内静付着法に比べると付着率は低く,種細胞を多量に用意する必要があるという難点が残る。マイクロキャリアに対する細胞の付着性は,細胞によってかなり異なっており,特に血清を含まない培地中ではその違いが顕著であり,付着性の弱い細胞や付着性の低

3 細胞大量培養法

表3.3.8 マイクロキャリアの種類とその性状

マイクロキャリアタイプ	商品名	会社名	マトリックス素材	荷電基	交換容量	比重	形態	大きさ(μm)	表面積/g	有孔性	透明度	滅菌法
表面荷電型	Biocarrier	Bio-Rad (米国)	ポリアクリルアミド	Dimethylamino-propyl	1.4 meq/gm 乾燥品	1.04	粒状	直径 120-180	5,000cm²	+	+	オートクレーブ(HEPES-NaCl, pH 6.4)
	Superbeads	Flow Labs (米国)	デキストラン	Diethylamino-ethyl (DEAE)	2.0 meq/gm 乾燥品	不明	粒状	直径 135-206	5,000-6,000cm²	+	+	滅菌済 (PBS懸濁)
	Cytodex 1	Pharmacia (スウェーデン)	デキストラン	Diethylamino-ethyl (DEAE)	1.5 meq/gm 乾燥品	1.03	粒状	直径 131-220	6,000cm²	+	+	オートクレーブ (PBS, pH 7.2)
	Cytodex 2	Pharmacia (スウェーデン)	デキストラン	Trimethyl-2-hydroxyamino-propyl	0.6 meq/gm 乾燥品	1.04	粒状	直径 114-198	5,500cm²	+	+	オートクレーブ (PBS, pH 7.2)
コラーゲン皮膜型	Cytodex 3	Pharmacia (スウェーデン)	デキストラン	Collagen coated	60μgコラーゲン/cm²	1.04	粒状	直径 133-215	4,600cm²	+	+	オートクレーブ (PSB, pH 7.2)
ゼラチン粒子	Geli-Bead	KC-Biological (米国)	ゼラチン	架橋天然ゼラチン	4×10⁶ beads/g	不明	粒状	直径 175±60	3,800cm²	不明	+	オートクレーブ (PBS, pH 7.2)
	Ventregel	Ventrex Lab. (米国)	ゼラチン				粒状	直径 150-250				
組織培養処理ポリスチレン	Biosilon	Nunc (デンマーク)	ポリスチレン	Negative charge (tissue culture treatment)	表面荷電 2-10×10¹⁴ charges/cm²	1.05	粒状	直径 160-300	225cm²	−	±	滅菌済 (γ線照射乾体)
	Cytosphere	Lux (米国)	ポリスチレン	Negative charge (tissue culture treatment)	表面荷電 2-10×10¹⁴ charges/cm²	1.04	粒状	直径 160-230	250cm²	−	±	滅菌済 (γ線照射乾体)
DEAEミクロ顆粒セルロース	DE-52	Whatman (英国)	ミクロ顆粒セルロース	DEAE	1 meq/gm 乾燥品	不明	円柱状	直径 40-50 長さ 80-400	不明	+	−	オートクレーブ (PBS, pH 7.2)
	DE-53	Whatman (英国)	ミクロ顆粒セルロース	DEAE	2 meq/gm 乾燥品	不明	円柱状	直径 40-50 長さ 80-400	不明	+	−	オートクレーブ (PBS, pH 7.2)
ガラス	Bioglas	SoloHill Engineering (米国)	Hollow glass bead		5×10⁵ beads/g	1.04	粒状	直径 100-150	385cm²	−	+	オートクレーブ (PBS, pH 7.2)

第3章　動物細胞の大量培養技術

下するような条件での細胞付着方法は，今後検討されるべき問題である。

③栄養源の供給システム

培養細胞に栄養源を供給する方法として，Batch法，Fed-batch法，Perfusion法がある。

Batch法では，培地への補給は酸素だけで，栄養源は供給しない。また，コントロール可能なパラメーターはpHと温度と通気量だけである。したがって，細胞のおかれる環境は常に変化しており，栄養源の減少と老廃物濃度の上昇によって，増殖が完全に進まないうちに物質生産も止まってしまう。Batch法で細胞環境を一定に保つ唯一の方法は，頻繁に培地を交換することであるが，これはあまり実用的でない。

Fed-batch法では，栄養成分を必要な量だけ培養液に補給することにより，その濃度を一定に保つことができる。この方法では，培養環境をより一層コントロールできるので，細胞の増殖および物質生産条件を適正化しやすくなる。しかし，栄養成分を供給してゆく分だけ老廃物の蓄積も多くなることから，その生成を最小限に抑えるために栄養成分供給速度を調節する必要がある。

Perfusion法では，栄養成分と老廃物濃度の両方を，新鮮培地による希釈の速度を変えることによりコントロールすることができる。培養環境は非常によくコントロールできる反面，定期的な新鮮培地の供給分だけ培養液を除く必要があり，Batch法の場合と同様，不経済な培養法である。しかし，その点を無視した場合，細胞収量を最も高め得るのはPerfusion法であろう。また，マイ

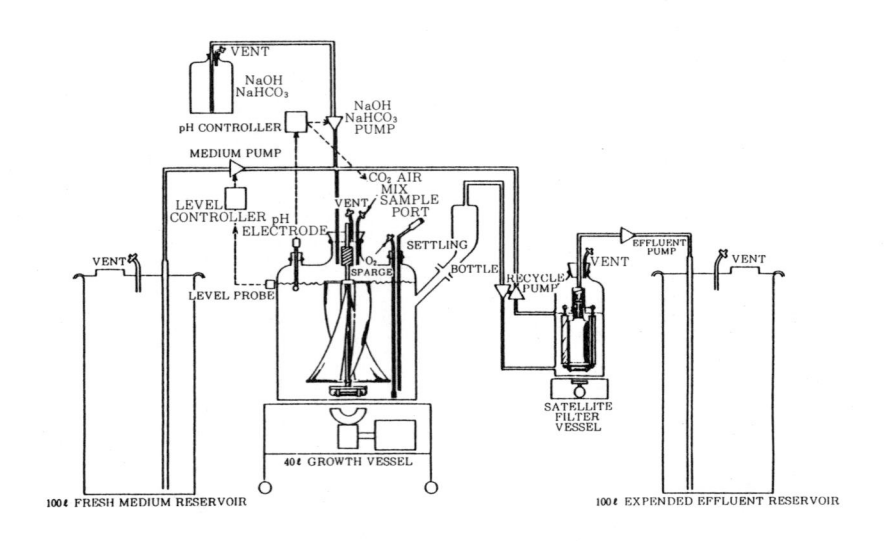

図3.3.14　Tolbertらが開発したマイクロキャリア培養システム[13]

3 細胞大量培養法

クロキャリアを用いた培養系で,細胞をとり巻く環境を一定に保ち,生体における循環系に近い状態を作ることができるのは,Perfusion法による培地供給法であろう。

マイクロキャリアを使った付着依存性細胞の培養での細胞の密度および生存率を高める目的で,米国Monsant社のTolbert[13]らは,培養液を連続的に交換するシステムを開発した。この装置の特徴は,図3.3.14に示すように,主培養槽と濾過槽から成り,新鮮な培地を主培養槽に注ぎつつ,濾過槽で老廃物の蓄積した培養液を濾過して除くと同時に培養液の一部を主培養槽に戻す点である。さらに,撹拌羽根をナイロン布で作った帆に変えることにより,回転数を低下させて,細胞に働く力を軽減させている。また,主培養槽の側面に細胞沈殿用の管をとり付けて,マイクロキャリアの流出を防いでいる。4ℓおよび44ℓスケールのこの装置を用いて,12g/ℓのマイクロキャリア濃度でヒト包皮細胞を培養し,4×10^{10}個の細胞収量を得ており,培養槽内の細胞密度は1×10^7/mlに達していたことになる。このときの細胞増殖および培地使用量,種々のパラメーター

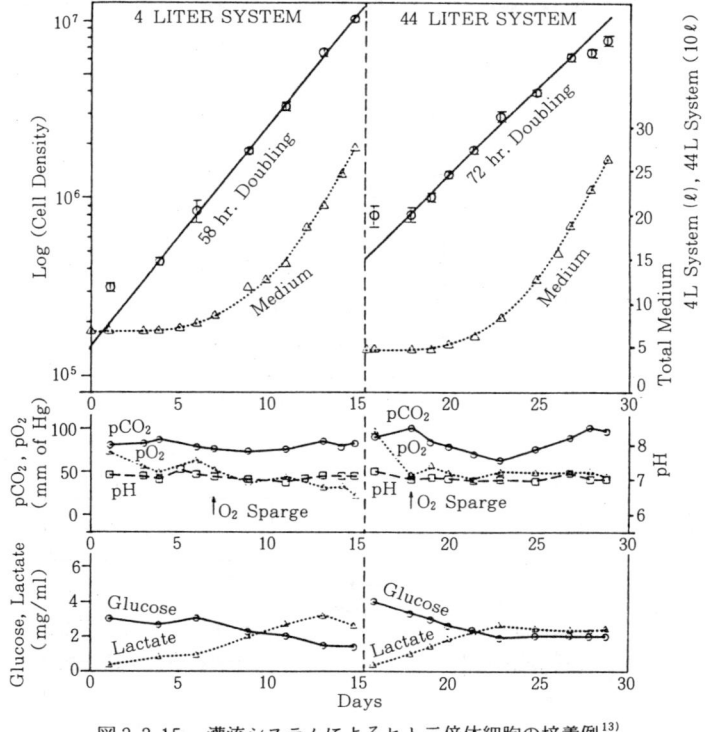

図3.3.15　灌流システムによるヒト二倍体細胞の培養例[13]

第3章 動物細胞の大量培養技術

の経時変化は，図3.3.15のようになる。この培養では，最初の7日間は培地交換を行わずに培養し，その後14日まで交換速度を早めてゆき，4ℓおよび44ℓ培養槽で，それぞれ全量で27ℓおよび270ℓの培地を使用している。したがって，細胞収量に対して使用培地量が少なく，きわめて効率よく増殖させるシステムであると言える。

(2) ホローファイバーを用いた高密度培養

付着依存性細胞培養のために培養槽内の表面積を広くとる方法として，ホローファイバー（中空繊維）の外側表面を利用する試みは，1972年，National Cancer Inst.のKnazek[14),15)]らにより報告された。0.3〜0.5 mmの内径をもつ管の内側に炭酸ガスを含む空気を流すことによって外側に拡散させ，細胞が生育する外側には培地を流すことにより，10^6 cell/cm^2 にまで増殖させている。

米国のEndotronics社では，コンピュータでコントロールするカートリッジ型のホローファイバー培養装置をACUSYST-Pという商品名で販売している。この装置は，あらかじめ培養しようとする細胞についての情報（細胞の倍化時間，栄養要求性，グルコース資化速度など）をコンピュータに入力しておき，図3.3.16に示す原理に基づいて培養を行う。ホローファイバーカートリッジの外にExpansion chamberがあり，それらの間は逆流防止弁の付いた2本のチューブで連結されている。ECS内の圧力を常時100 mmHgに保っておき，サイクル1では，lumen内圧を

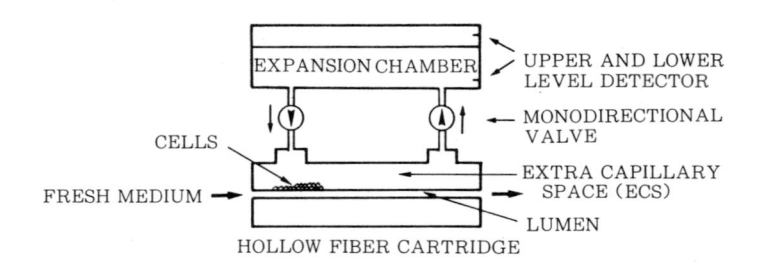

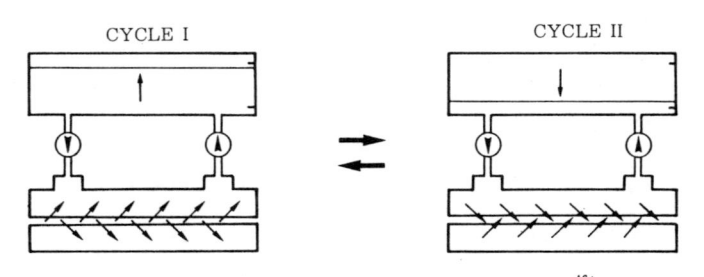

図3.3.16 ホローファイバー培養装置の培地交換法[16)]

3 細胞大量培養法

200mmHgにすることにより新鮮な培地をECS内に透過させExpansion Chamber内に移行させる。Chamber内のセンサにより,培養液が上限に達したとき,lumen内圧が自動的に0に下がってサイクル2の状態に移り,逆の圧力差によってExpansion Chamber内の培養液はlumer内部へ限外濾過的に押し出される。Chamber内のもう一つのセンサにより,培養液レベルが下限に達したとき,再び圧力は200mmHgになり,サイクル1の状態に戻す。以上の作業をくり返しながらECS内に細胞を増殖させる方法をとっている。生産物や細胞の増殖に必要な高分子の成分は,濃縮されてECS内に残る。このシステムでは細胞が増殖するECS内に老廃物,栄養源,pH,酸素などの濃度勾配ができないことが利点であるといわれており,10^8 cells/mlの濃度にまで細胞を増殖させることができるといわれている。また,この装置を用いてモノクローナル抗体産生のマウス-マウス,マウス-ラット,ヒト-ヒトのハイブリドーマクローンを培養し,35〜150mg MoAb/カートリッジ/dayで平均90日間生産させることができるといわれている[16]。

ホローファイバーを用いたカートリッジタイプの培養装置は,Amicon社からもVitafiberという商品名で販売されており,この装置でも10^8/mlの細胞密度に増殖させた例がある[17]。このように,多数のホローファイバーの外側に細胞を生育させ内側に新鮮な培地を通して栄養源や酸素を供給するこれらの方法は,生体の組織内に縦横に走っている血管によって細胞に栄養が運ばれる構造に似ており,生体における細胞の生育形態に最も近づけた培養方法であるといえる。

(3) 細胞沈殿管による高密度培養

浮遊性細胞の大量培養には,微生物発酵用の培養槽を一部改良して用いることが多い。Batch法による培養では,細胞がある程度増殖した段階で遠心分離し,すべての培地を新鮮な培地に交換するだけで,Namalwa細胞の場合,1×10^6 cell/mlの高密度に増殖させることができる。しかし,Batch法の場合は,先にも述べたように,培地交換をするごとに細胞の環境が大きく変ってしまう。細胞を高密度に増殖させるためには,細胞数に比例して培地交換量を変えて培養しなければならない。

協和醱酵の佐藤ら[18]は,Perfusion法で培地交換を行うときに細胞の一部が漏出するのを防ぐ目的で,培養槽内に逆円錐型の細胞沈殿管を設置した培養装置を考慮した。この逆円錐型細胞沈殿管を使うことによって,高密度培養に適した早い速度の培地交換が可能になり,ヒトリンパ芽球Namalwa細胞を7×10^6 cells/mlの高密度に増殖させている。

(4) マイクロカプセル法による高密度培養

新しい細胞大量培養技術として,アメリカのDamon Biotech社のグループが開発した,マイクロカプセルを用いた培養法が注目されている[19),20)]。

従来,生きた動物細胞を生存率を下げずに膜で包むことは困難であった。しかし,水溶性で細胞障害性のない物質,例えば,水透過性のあるゲルを形成するコラーゲンのような高分子を使い,

第3章 動物細胞の大量培養技術

内部に細胞を固定させた"temporary capsule"を作り，その後，半透過性の膜を表面に形成させて，細胞の生存率を高めたまま包埋することが可能になった[19]。コラーゲン以外に，食品添加物としてしばしば用いられるアルギン酸ソーダ（0.6〜1.2％）を用いても，temporary capsuleを作ることができる。次に，表面に−COOH基のあるtemporary capsule に対して，イミノ基やアミノ基をもつ水溶性の高分子を作用させてcrosslinkを作り，表面に膜を形成させる。この方法で作られたマイクロカプセルの状態を，写真3.3.1に示した。

また，抗体産生マウス−マウスハイブリドーマ細胞をアルギン酸ソーダを用いて temporary capsuleにした後，L−リジンポリマーで表面膜を形成させ，さらに，クエン酸溶液に浸して内部のゲルを可溶化した後，20％の熱処理ウシ胎児血清を添加したRPMI- 1640培地で培養を行い，2×10^6 cells/mlの細胞密度に増殖させている（図3.3.17）。

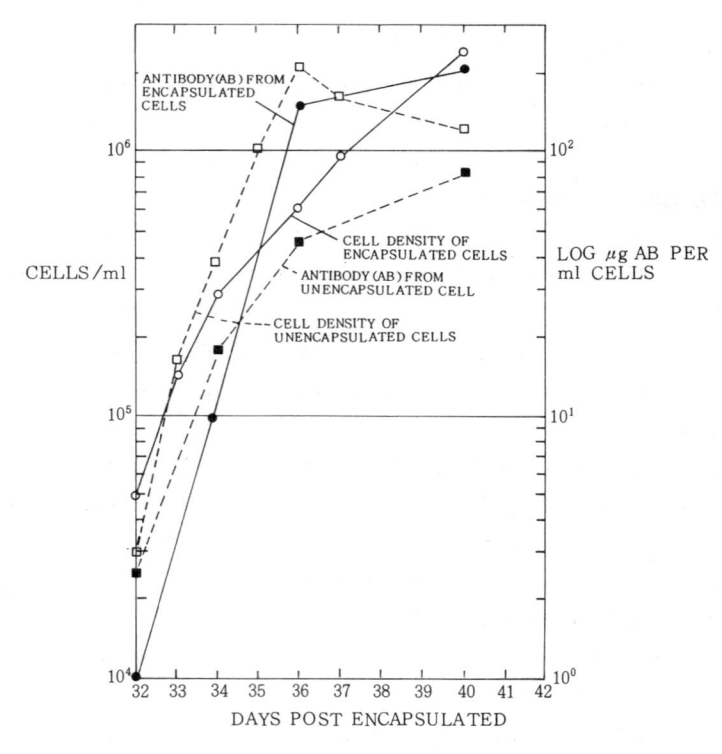

図3.3.17 マイクロカプセル内における細胞増殖とモノクローナル抗体産生[19]

3　細胞大量培養法

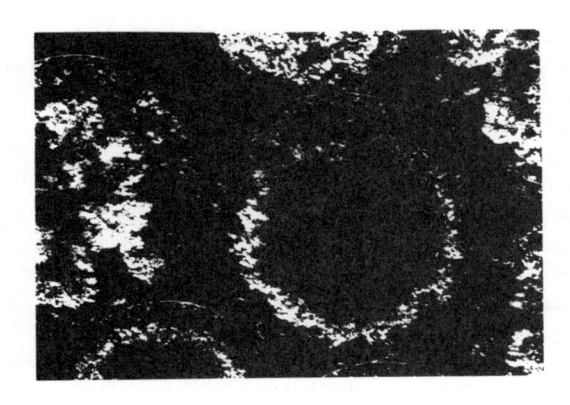

写真 3.3.1　マイクロカプセル内で増殖したハイブリドーマ細胞[20]

　マイクロカプセル培養法の特徴は，細胞や組織を半透膜で包んだ微小環境を作ることにより細胞に直接外部の物理的な力が加わらないようにした点と，半透膜により細胞増殖に必要な高分子因子がマイクロカプセル内に留まるようにした点であると思われる。

3.2.5　おわりに

　動物細胞の大量培養技術は，ここ数年の間に急速に進歩し，バイオテクノロジーの中に大きな地位を占めつつある。動物細胞培養を工業的な生産手段として実用化させるための方法の一つとして，高密度培養法があげられる。ここに高密度培養のいくつかの例を示したが，いずれも生体の血液循環系をモデルとした共通の原理によって達成していることは興味深い。また，ここに示した方法の一つ一つが総ての点で満足できるというものではなく，いくつかの解決すべき問題を残している。今後，動物細胞の利用性が高まる中で，細胞の生理学的な特徴を反映したハード面の開発が一層重要になるものと思われる。

文　　献

1) H. Nougedt, et al., *Develop. Biol. Standard*, **34**, 33 (1977)
2) A. L. van Wezel, *Nature*, **216**, 64 (1976)
3) V. T. Oi, et al., "Selected Methods in Cellular Immunology", B. W. H. Freeman and Company, p. 351 (1980)
4) J. R. Birch, et al., *J. Chem. Tech. Biotechnol.*, **32**, 313 (1982)

5) B. A. Blazar, et al., *Cancer Res.*, **43**, 4562 (1983)
6) R. W. Holley, et al., *Proc. Nat. Acad. Sci., U. S. A.*, **75**, 1864 (1978)
7) J. C. Houck, et al., *Nature*, **240**, 210 (1972)
8) L. J. Reitzer, et al., *J. Biol. Chem.*, **254**, 2669 (1979)
9) W. G. Taylor, et al., *J. Cell Physiol.*, **95**, 33 (1978)
10) R. K. Zwerner, et al., *Biotechnol. Bioeng.*, **17**, 629 (1975)
11) Pharmacia Fine Chemicals ; Trade Publication, (1982)
12) M. Tyo, et al., *Adv. Biotech.*, **1**, 141 (1980)
13) W. R. Tolbert, et al., *Ann. Rep. Ferment. Proc.*, **6**, 35 (1983)
14) R. A. Knazek, et al., *Science*, **178**, 65 (1972)
15) R. A. Knazek, et al., *Fed. Proc.*, **33**, 1978 (1974)
16) Endotronics ; Trade Publication
17) Amicon Technical Data, No. 482 (1983)
18) 佐藤征二,川村一雄,藤吉宣男,組織培養, **9**, 286 (1983)
19) F. Lim, U. S. Patent 4,409,331 (1983)
20) A. Klausner, *Bio/Technol.*, **1**, 736 (1983)

3　細胞大量培養法

3.3　培養装置の改良とコンピュータ制御
3.3.1　培養装置
石川陽一*
(1)　細胞の成育様式と培養方法

　動物細胞は，その生育様式により，二つのタイプに分類する事ができる。すなわち，リンパ芽球細胞に代表される浮遊状態で増殖できる浮遊性細胞と，正常二倍体繊維芽細胞などのように固体表面に付着して単層状に生育する接着依存性細胞である。

　前者は，一般的に，微生物培養と同様な攪拌型培養装置が用いられ，研究段階ではスピンナーフラスコが多く利用されている[1],[2]。スケールアップも早くから行われ，日本でも，東レ[3]やミドリ十字[4]等での，ナマルバ細胞を用いたインターフェロンの大量培養が報告されている。

　後者では，細胞の増殖に付着面が必要で，研究段階ではルー瓶やローラーボトルが使われているが，スケールアップには広い付着面が必要で，接着面を多段に重ねるマルチプレートやマルチトレイ，間隔をあけて配置した多層円板を回転させるマルチディスク，等が工夫されているが，スケールアップ時の省力化，制御のしやすさ，細胞の高密度化等を考慮すると，イオン交換樹脂などのビーズに単層状に細胞を増殖させるマイクロキャリア法や，カプセル内に細胞を封じるマイクロカプセル法が，今後の主流となるように思われる。これらは，浮遊細胞と同様な培養方法で培養でき，スケールアップが比較的容易なので，今後，主流をなす培養方法であろう。また，より生体系に近い培養方法として，ホローファイバーを用いて細胞濃度を上げる培養方法も注目を集めている。

　マイクロキャリアやホローファイバーを用いる培養方法は多くの解説書があるが，日本ではマイクロカプセル法で大量培養している例が報告されていないので，簡単に紹介しておく。この方法は，米国の Damon Biotech 社が特許を有しており，日本にも特許が出願されている。すなわち，動物細胞，その生育に必要な高分子成分，細胞の付着するコラーゲン等のタンパクや血清等を懸濁した液を，アルギン酸カルシウム等のゲルに包括してカプセル化し，この外側に，ポリリジン等，ポリカチオンの低分子成分を透過する半透膜を形成する手法である。このカプセルは，直径 $0.1\sim0.5$ mm 程度で，これを低分子成分の培地内で培養する。この手法の長所を以下に記す。

①生産物がカプセル内に蓄積されるので，分離工程が省力化できる。
②付着壁の面積を大きくとれる。
③培地中の微生物のカプセルへの侵入が防げるので，コンタミしにくい。
④細胞が産生した低分子物質，例えば乳酸やアンモニウムイオンは，カプセル外へ排出される。
⑤細胞がカプセルに保護されているので，機械的な衝撃に耐える。そのため，攪拌や液中への直

---

　*　Yoichi Ishikawa　㈱石川製作所

接通気が可能で，通常の微生物培養装置を小規模に変更すればよい。

⑥pHの調整，培地の供給等，通常の微生物の培養方法が利用できる。

⑦カプセルを沈殿させるのが容易なので，沈殿後，培地を供給する等が容易にでき，連続・半連続工程に結びつけやすく，培養の制御がしやすい。

Damon Biotech 社では，石川製作所と小松川化工機で製造した300ℓファーメンタをはじめ，200ℓ程度の工業スケールでモノクローナル抗体やインターフェロンの製造を行っており，モノクローナル抗体の生産原価を1/7に下げたと述べている。

(2) 計測・制御システム

①基本的な計測・制御システム

動物細胞培養の計測・制御は，基本的には微生物のそれと同様であるが，機械的なせん断力に弱く，微量の金属イオンの存在やイオン強度の影響を受けやすく，また増殖速度が遅い等，動物細胞の特徴を考慮して制御系を作る必要がある。図 3.3.18 に，オンラインサーセンサを利用した計測・制御のシステムを示す。溶存ガス分圧は，重要な制御対象であるが，これを制御するためのガス供給システムを図 3.3.19 に示す。

②センサおよび制御方法

(a) DO

溶存酸素は，細胞の増殖や活性に重要な要素なので，培養の各ステージでの最適条件を求めておくことが望ましい。上面通気ガスのO_2分圧比で制御するのが一般的である。電極材質は，SUS 316Lまたはガラスのものがよく，蒸気滅菌時に電解液が培地中に漏れない構造の電極を選定する必要がある。

(b) pH

pH 電極は，微生物培養と同様，ガラス電極を用いる。内部液の銀イオンが液絡部を通して培養液中に移動しないよう，図 3.3.20 に示すような，比較電極を第2液絡内に封じたダブルジャンクション構造の電極が望ましい。内部液は 0.15N NaCl が望ましいが，筆者の経験では，内部液濃度が低いと，そのCl^-イオン濃度が変化しやすく，比較電極電位が不安定になりやすい。3.3M KCl内部液でも，細胞に影響を与えることはなく，電極電位はより安定である。

pH の制御は，CO_2ガス分圧で制御するが，これによって溶存炭酸ガスが増えて阻害になる時は，薬液の供給による制御を行う場合がある。一般に，アルカリ溶液としては，重曹が用いられる。

(c) 溶存炭酸ガス

溶存酸素と同様に，最適条件を求めておき，pH制御における炭酸ガス分圧との関連を持ちながら制御することが望ましい。殺菌可能な電極が，石川製作所およびインゴールド社で製造されているが，これらについては，正田[5]の解説を御参照願いたい。

3　細胞大量培養法

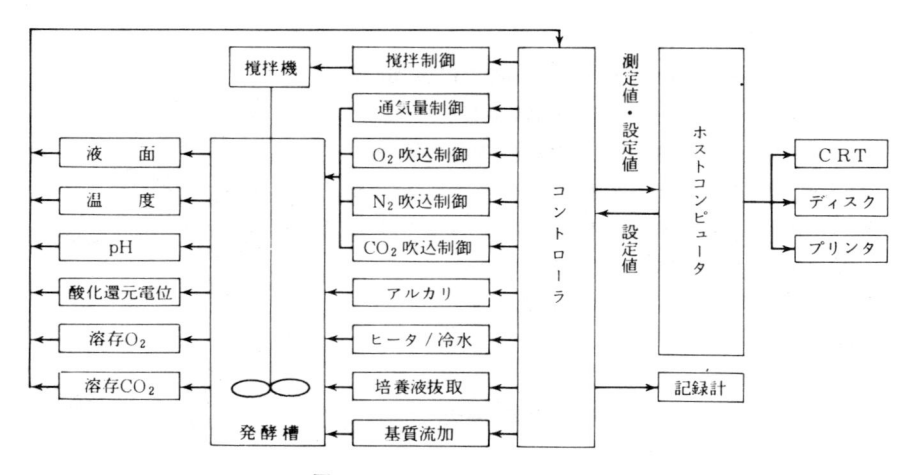

図 3.3.18　計測・制御システム

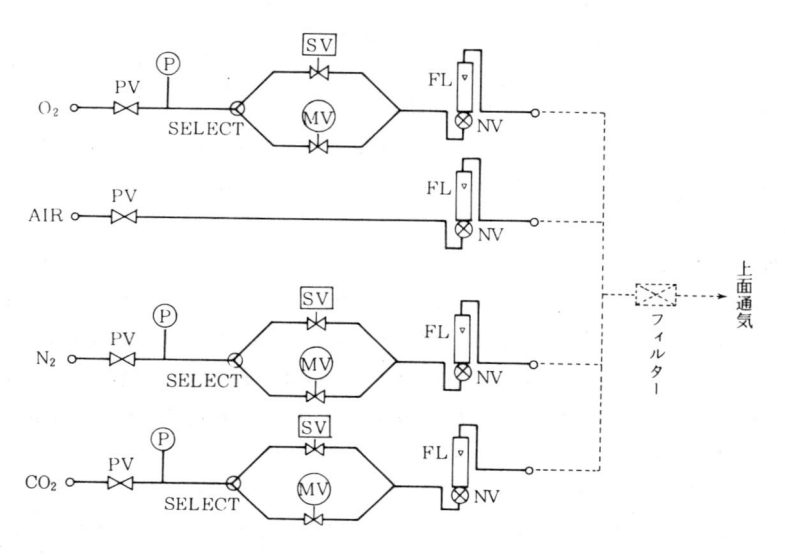

PV：減圧弁　　　　P ：圧力計
SV：電磁弁　　　　MV：モーター弁（流量調節弁）
FL：流量計　　　　NV：ニードル弁

図 3.3.19　ガス供給システム

(d) ORP（酸化還元電位）

ORPは，白金等の貴金属電極により，溶液の電位を測定するもので，センサとしては，耐熱，耐衝撃性があり，インピーダンスも低いので，測定装置としては最も信頼性の高いものであるが，多くの溶存成分の影響を受けるので，他の因子と複合的に解析する必要があり，メルクマールとなりにくい。

ORPで測定される電位Eは(1)式で示される。

$$E = E_0 + \sum \alpha_m (RT/nF) \ln C_m \qquad (1)$$

$E_0 = $ 一定

$\alpha_m < 1$

C_m：成分濃度（水素イオン，酸素，細胞，生理活性物質，乳酸等）

この式から，ある成分濃度が10倍変化すると，電位Eは最大で約60 mV変化するので，他の成分濃度が急激な変化をしない場合，目的の成分濃度の指標となり得る。低濃度の溶存酸素，微量の生成物，コンタミの検出等に有効である。

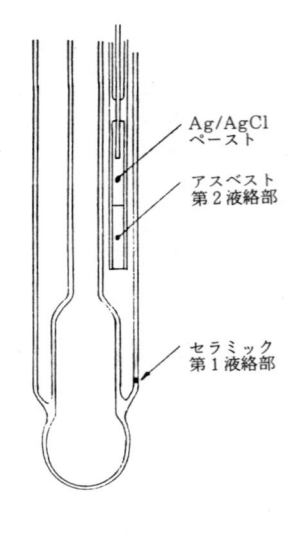

図3.3.20　比較電極構造

(e) 液面

電気伝導型や静電容量型の液面センサまたはサーミスターが用いられる。ガラスの培養槽では，熱容量の小さいサーミスターを槽外壁に貼り付け，培養液と上面気体の温度差から，その境界を測定する方法も実用されている。

③通気システム

動物細胞培養においては，その通気方法は，微生物の場合と異なり，培養液への直接通気は行わず，細胞に直接気体の接触しない通気方法がとられる。一般的には，培養液上面に通気する方法が行われるが，細胞濃度が上がった場合，深部への通気が不足するので，丸底フラスコを用いて，球の直径付近まで培養液を入れ，単位培養液量当たりの気液接触表面積を増す他，以下の種種の通気方法が工夫されている。

(a) チューブ通気システム

培養液中に，撥水性でガス透過性のあるチューブを配置し，チューブ内に気体を送ることによって，チューブ壁から気泡を発生させずに溶解させる方法である。

チューブの長さは必要に応じて増減できる。チューブ材質としては，シリコンゴムまたは多孔性テフロンチューブが用いられる。シリコンゴムの場合，気体はゴム素材に溶解して培養液に移動するので移動速度が小さいが，多孔性テフロンの場合，孔を介して気体と培養液が直接接触す

3　細胞大量培養法

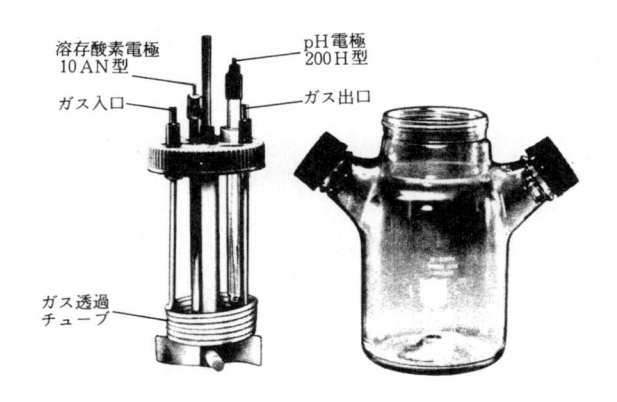

写真3.3.2　チューブ式ガス透過システム

るので，筆者の実験では，1mm厚のシリコンゴムと，微孔径1μm，気孔率75％，膜厚0.5mmの多孔性テフロンでは，Klaは，30倍以上，後者の方が大きい。しかし，後者の場合，チューブの内外圧差が0.2kg/cm² 以上になると，気泡の発生や培養液のチューブ内への浸入がおこるので，チューブ内への通気条件設定に注意を要する。

　写真3.3.2に，市販のフラスコの天蓋にセンサおよびガス透過チューブを取り付けた様子を示す。チューブ内にはステンレス棒を挿入して，チューブの形状を保持させている。このような加工は，石川製作所（電話 03-260-0415）で受注している。本装置を用いて，上面通気法とKlaを比較した結果を，以下に示す。

＜実験＞

I．測定条件

（i）測定機器

　　a．使用したフラスコ………ベルコ 1ℓ 容
　　b．撹拌回転数……………… 60 RPM
　　c．測定法…………………… 電極法　ガルバニ電池式
　　　　酸素電極　外径　10mmφ　型式　10AN（石川製作所製）を使用

（ii）チューブ法通気条件

　　a．チューブ径：内径3φ，外径4φ
　　b．長さ　　　：2 m
　　c．微孔径　　：1 μm

d．気孔率　　：約80％
　　e．ガス流量　：100 mℓ/min
(iii) 上面通気法通気条件
　　窒素置き換え後，天蓋開放
Ⅱ．結果
(i) 上面通気法の Kla：0.10 min^{-1}
(ii) チューブ法と上面通気法を併用した Kla： 0.33 min^{-1}
(iii) 従ってチューブ法の寄与した Kla：0.23 min^{-1}
Ⅲ．考察
　本実験では1ℓのフラスコを用いたが，容量が大きくなるに従って，上面通気の場合の（気液接触面積）/（培養液量）は小さくなるので，Klaは小さくなる。したがって，スケールアップする程，本法が有効になる。

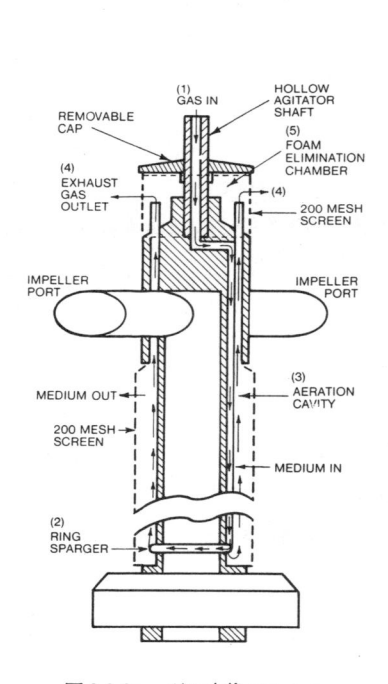

図3.3.21　ガス交換システム 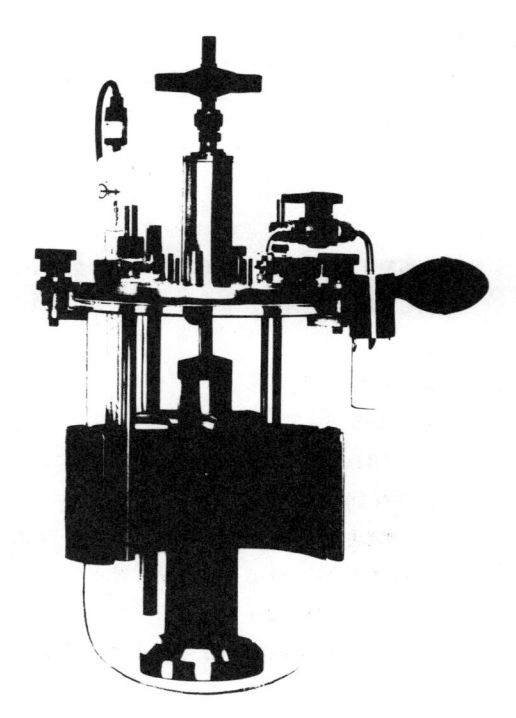　　　　写真3.3.3　セルリフト型ベッセル

3 細胞大量培養法

(b) セルリフト通気システム

培養槽内にメッシュによって仕切られた通気室を設け，このメッシュによって，この通気室への動物細胞の侵入を防いで，培地のみを導入し，これを通気によってガス交換するシステムが，NBS社から販売されている。この原理を図3.3.21に示し，その外形を写真3.3.3に示す。

ガスを入口(1)から導入すると，リングスパージャー(2)から気泡として通気室中を上昇する。通気室の外壁は200メッシュの金属網で仕切られ，内部に細胞は入って来ないが，培地は自由に出入りする。通気によって生じた泡は消泡室で消える。同時に，回転軸中心の中空部から張り出されたインペラーポートが回転することによって，細胞を吐出し，その陰圧によって中空部下端から細胞を吸い上げて循環する，セルリフトシステムを設けている。この通気法によって得られるKlaは，上面通気の5～10倍であると述べている。

(c) その他の通気法

培養槽を通気性膜で作った膜通気システム[7]や，溶存酸素濃度の高い培地を灌流する灌流システム等が工夫されている。

④培養装置例

(a) スピンナーフラスココントローラー

スピンナーフラスコのコントローラーの例を写真3.3.4に示す。主な仕様を以下に記す。

(i) フラスコ容量

　フラスコ固定具は伸縮するので，フラスコ容量は500mℓ～10ℓまで選択できる。

(ii) 計測項目

　撹拌，pH，溶存酸素，溶存炭酸ガス，温度，酸化還元電位

(iii) 制御項目

　撹拌，pH，溶存酸素，温度，A液供給，B液供給，液面

(iv) 制御方法

　間欠タイマーによるON/OFF制御

(v) 制御操作端

　温度：熱板のヒーターおよび冷却ファンによる温調

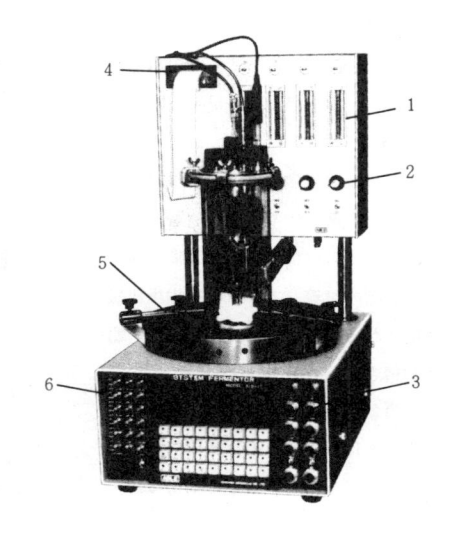

1. 流量計-AIR, O_2, N_2, CO_2
2. モーター弁　3. 電極校正器
4. プリンター　5. フラスコ固定具
6. 手動-自動切替スイッチ

写真3.3.4　スピンナーフラスココントローラ

第3章　動物細胞の大量培養技術

A液供給 B液供給：ペリスタポンプ
　　による

液面：サーミスタによる液面検出

その他は(2)の②参照

(b) **ホローファイバー培養装置**

　ホローファイバー培養法は，より生体系に近い培養方法で，内径200μm程度のホローファイバー（中空繊維）を数百〜数千本束ね，繊維の外壁に細胞を付着させ，繊維内に培地を循環供給する方法である。繊維の外壁は，細胞が着床，増殖しやすい多孔性スポンジ構造となっている。内壁は，分子分画膜を形成し，低分子成分のみが通過する。

　ホローファイバーカートリッジの構造を図3.3.22に，その培養システムを図3.3.23に示す。

　ポンプによって中空繊維内へ供給された培地は，大部分が中空部を通過して循環するが，その一部は分子分画膜を通過して，細胞の付着している中空繊維組織に供給される。さらに，その一部は，組織に蓄積された乳酸等の低分子物質を伴って再び中空繊維内に戻り，老廃物の除去とともに，細胞への新鮮な培地と溶存ガスの供給を行う。培地の制御は，(a)で述べたスピンナーフラスコの制御と同様に行えばよい。

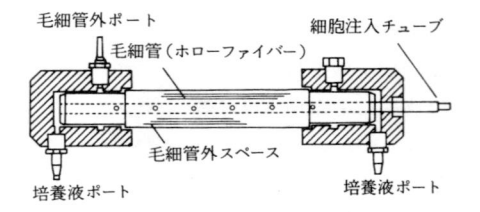

図3.3.22　ホローファイバーカートリッジ
（ヴァイタファイバーⅡ概略図）

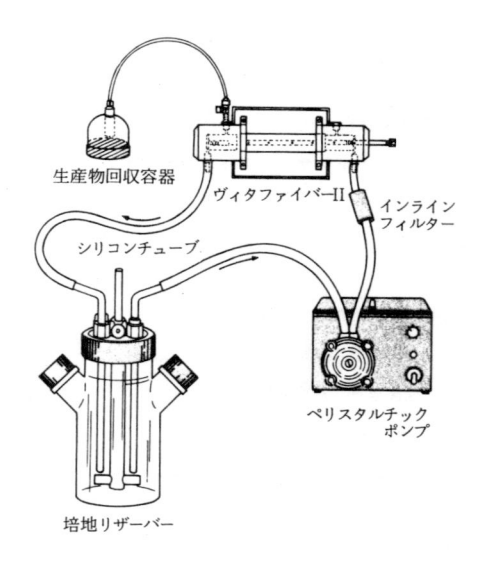

図3.3.23　ホローファイバー培養システム

　このように，in vivoと同様な環境を作り出すことによって，カートリッジの細胞濃度を10^8 cells/cm^2まで高密度化でき，モノクローナル抗体を効率よく生産できると，グレースジャパン（電話03-818-5671）では述べている。

3 細胞大量培養法

3.3.2 動物細胞培養のコンピュータ制御
(1) コンピュータ制御の目的

動物細胞は，微生物に比べて大きく脆弱で，しかも分裂時間が長い。また，栄養要求も複雑であるため，特別な配慮が払われなければならない。そのため，動物細胞の培養法あるいは培養装置は，これら動物細胞に特有な性質を十分に見極めた上で，以下の点に留意して設計することが望ましい。

① 微生物の培養におけるそれよりも，より緩和な制御システムを構築する。
② 微量成分が大きな影響を与えることから，多種類の成分を監視し，それらの成分濃度を最適条件に保つ。
③ 研究段階に応じて，また培養のスケールに応じて，培養手段が異なるので，システム構成や制御の方法がフレキシブルに選択または拡張できるようにしておく。
④ 制御，滅菌，培地濾過等のシーケンス操作を，なるべく人手に頼らないようにして，信頼性を高めるとともに省力化する。
⑤ 過去のデータを，より多く収集し，比較，解析をしやすいようにする。

これらのことから，微生物培養の場合より，最適化制御やプログラム制御等が必要になるので，コンピュータ化が望まれるとともに，コンピュータの果たす役割も大きい。コンピュータの主な機能としては，

① 計測
② 解析や最適化演算
③ シーケンス等の操作
④ 制御
⑤ データの収集や編集

が挙げられるが，コンピュータを導入する目的と，機能のどの部分に重点をおくか，を考慮してシステム構成をすることが望ましい。

(2) コンピュータを利用した細胞培養のシステム構成

図3.3.24に，ホストコンピュータとしてパーソナルコンピュータを利用したBIO MASTER（石川製作所）のシステム構成例を示す。これを構成する培養装置，コントローラーおよびホストコンピュータについて以下に示す。

① 培養装置の計装

図3.3.25に，培養装置の制御ダイアグラムを示す。ここに用いられている計測・制御の機能は，以下のようである。

(a) 培養装置

第3章　動物細胞の大量培養技術

ⅰ）各センサからの信号を電圧に変換し，さらに周波数に変換して，コントローラへ伝送する。周波数に変換するのは，各センサの信号ループをアイソレーションして，ループ間の相互干渉，コンピュータ等への干渉を避けるとともに，ノイズによる誤動作を防止するためである。

ⅱ）コントローラから制御信号を受信し，操作端を間欠的にON/OFFする。

ⅲ）各測定項目の測定値を表示する。

ⅳ）撹拌回転数をコントローラから伝送された制御回転数に調整する。

(b) **コントローラ**

コントローラの主な機能を以下に示す。

ⅰ）12基以内の培養装置から測定値を受信する。

ⅱ）各培養装置へ制御信号を送信する。

ⅲ）記録信号を出力する。

ⅳ）各培養装置の測定値を，ホストコンピュータへ，RS 232Cにより伝送する。

ⅴ）ホストコンピュータから，各ファーメンタの最適化設定値を受信する。

ⅵ）センサの誤動作を検出する。

ⅶ）操作端の作動積算時間を表示，出力する。

(c) **ホストコンピュータ**

ⓐ　ホストコンピュータの機能

ホストコンピュータは，その役割に応じて，その機種や周辺機器を選択する必要がある。その主な機能を次に記す。

（ⅰ）計測機能

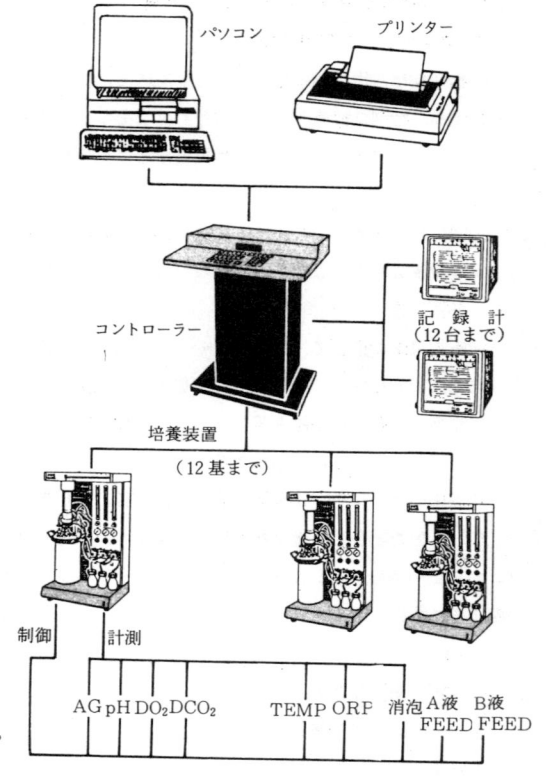

図3.3.24　BIO MASTERのシステム構成

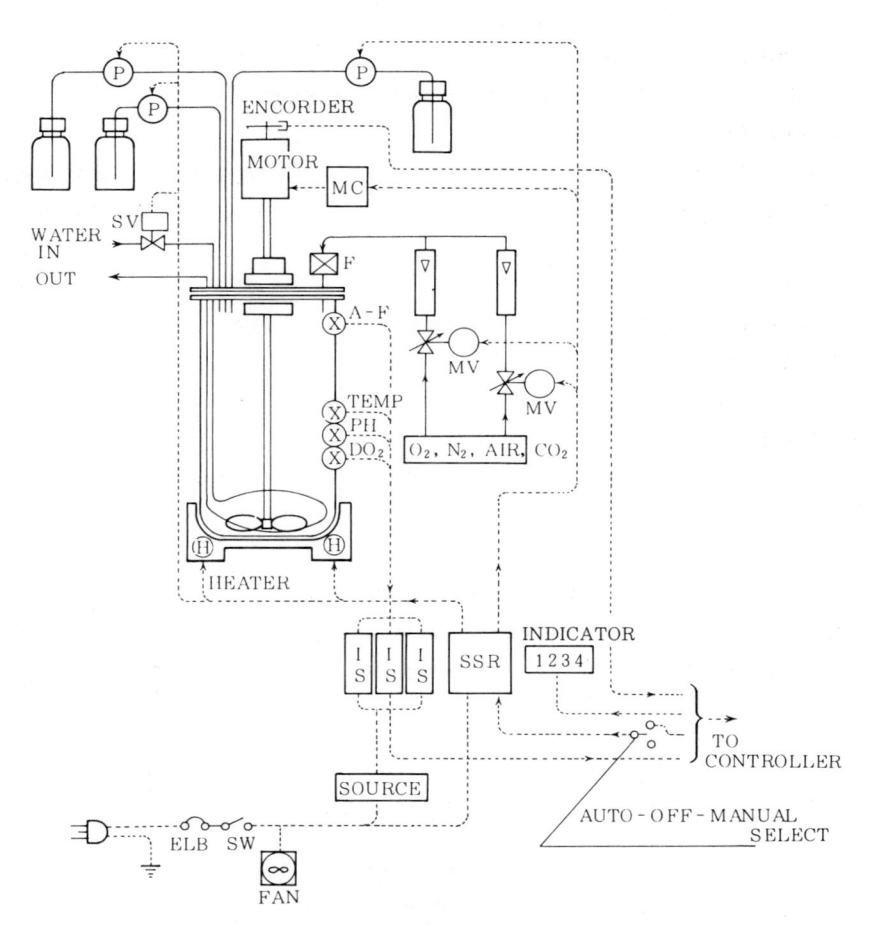

3 細胞大量培養法

F : フィルター
P : ポンプ
MC : モータコントローラ
SV : 電磁弁
MV : モータ弁（流量調節弁）
IS : アイソレーションアンプ
SSR : 無接点リレー

図3.3.25 制御ダイアグラム

第3章　動物細胞の大量培養技術

コントローラから各ファーメンタの測定値を受信する。
(ii) 演算機能
　受信した測定値に基づいて，解析演算，最適化演算や制御演算を行う。
(iii) 操作機能
　あらかじめ登録された手順に従ってシーケンス操作を行う。大量培養装置では，滅菌，接種，培養，輸送，洗浄等が操作の対象となる。ただし，パーソナルコンピュータでは処理速度等の限界があり，この機能は十分でない。
(iv) 編集機能
　演算や操作のプログラムの作成，データの収集，培養目的等の管理，報告書作成等。
(v) 伝送機能
　コントローラや他のコンピュータとのデータの送受信。
(vi) 制御機能
　制御設定値を入力し，各ファーメンタからの測定信号と比較して，制御信号を各ファーメンタへ伝送する。

ⓑ　パーソナルコンピュータを利用したソフトウエア

　近年のパーソナルコンピュータの記憶容量，演算速度や信頼性の向上，さらにソフトウエアの充実等を考慮すると，小規模培養では，ホストコンピュータとしてパーソナルコンピュータを用いるのが実用的な場合が多い。ホストコンピュータは，コンピュータに関する知識がなくても利用

表3.3.9　タスクのメニュー

[MENU]	[SUBMENU]
1. 初期値の設定	a) 現在の時刻　　d) 測定値サンプリング間隔 b) 培養槽の選択　e) データーファイル名 c) 培養開始時刻
2. 測定値の表示と設定値の設定	1. 現在の全培養槽の測定値と設定値の一括表示 2. 培養経過時間に対する設定値の設定 3. 培養経過時間に対する設定値のクリヤー 4. 培養経過時間に対する設定値の培養槽間コピー 5. ユーザーズプログラムによる設定値の設定
3. 現在のデーターファイルの表示	1. 表を画面表示する。 2. 表をプリントアウトする。
4. ディスクデーターファイルの表示	1. 表を画面表示する。 2. 表をプリントアウトする。 3. グラフを画面表示，プリントアウトする。
5. 通信制御のON, OFF設定	
6. その他（終了）	1. 抹消したいデーターファイルはありますか? 2. [MENU]に戻りますか? 3. [メッセージ]に戻りますか? 4. 終わりにしますか?
7. CRキーを押して下さい	

3 細胞大量培養法

表 3.3.10 初期値設定例

---

a) 現在の時刻	85/09/03　11:46:01	
b) 使用する培養槽の番号	1　2　3　4　5　7　9	
c) 培養開始時刻	培養槽 1	85/09/03　12:00
	培養槽 2	85/09/03　12:00
	培養槽 3	85/09/03　12:00
	培養槽 4	85/09/03　12:00
	培養槽 5	85/09/03　12:00
	培養槽 6	85/09/03　13:00
	培養槽 7	85/09/03　13:00
d) 測定値サンプリング間隔	5分	
e) データーファイル名	培養槽 1	DATA1-03
	培養槽 2	DATA2-03
	培養槽 3	DATA3-03
	培養槽 4	DATA4-03
	培養槽 5	DATA5-03
	培養槽 6	DATA6-03
	培養槽 7	DATA7-03

設定し直しますか？（YES=1, NO=0）

できるようソフトウエアを構成する必要がある。PC 9801（NEC)クラスのパーソナルコンピュータをホストコンピュータとして利用した場合のソフトウエアの一例として，表 3.3.9 にタスクのMENUを示す。ユーザーは，画面上でMENU，さらにSUBMENUを選択し，コントローラと対話する。詳細は割愛するが，表 3.3.10 に初期値の設定例のみを示す。

(3) 培養装置の集中管理システム

図 3.3.26 に，ファーメンタ 64 基を集中管理するために開発したシステムを紹介する。ここに示すコントローラ（FCS・写真 3.3.5）およびホストコンピュータについて，以下に説明する。

①ファーメンタコントローラ（FCS)）

ファーメンタコントローラは 1 基のファーメンタ（蒸気殺菌型培養槽）を制御する。主に培養制御の他，空滅菌，培地滅菌，釜出し，洗浄，等のシーケンス制御を行う。

(a) 制御項目

図 3.3.18 の制御項目の他，通気・内圧を測定制御する。

(b) シーケンス制御

第3章　動物細胞の大量培養技術

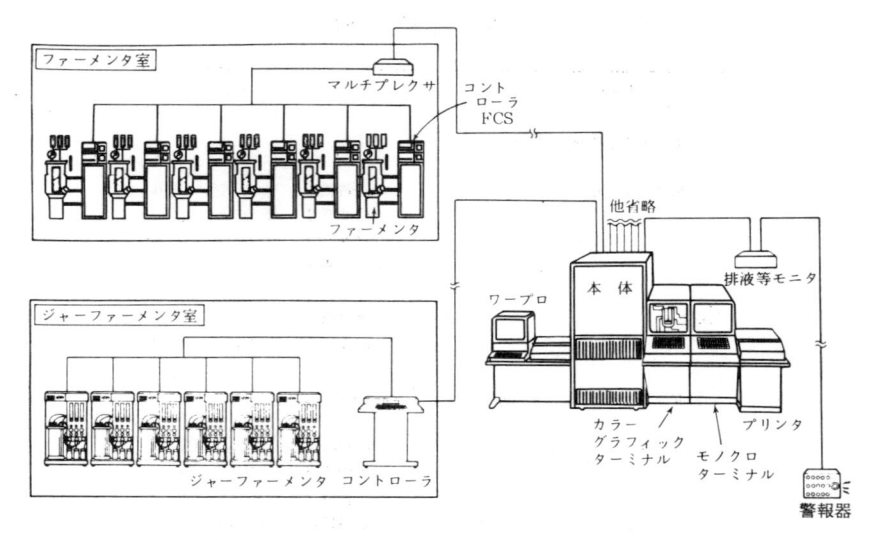

図3.3.26　集中管理システム

操作数：空滅菌・培地滅菌，等9種類の操作を登録できる。

ステップ数：1つの操作につき16ステップ以内。

ステップ送り信号：設定時間または設定温度に達したら，ステップを送る。

(c)　グラフィック表示(図3.3.27)

ファーメンタ，配管等を専用のグラフィック表示器に表示し，その上に，制御操作端の位置をLEDで表示する。作動した操作端は，それに対応するLEDが点灯するので，制御過程の把握，作動が正常か否かの確認が容易である。

②ホストコンピュータ

1. グラフィックパネル
2. 記録計
3. 手動オンオフおよび自動切換スイッチ
4. 表示器
5. キー
6. センサー校正器

写真3.3.5　ファーメンタコントローラ　FCS

3 細胞大量培養法

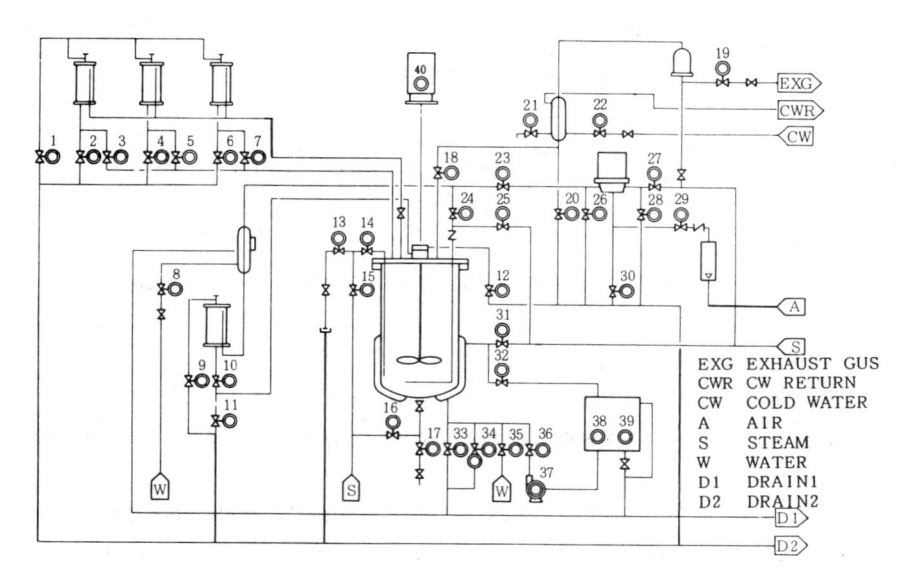

図3.3.27 グラフィック表示器

(a) ハードウエアの概略

CPU：4ビット×4により構成したビットスライス並列処理16ビットCPU

実装メモリ：4Mバイト

ディスク：16.5Mバイトウインチェスタディスク

ターミナル：カラーグラフィックターミナル，モノクロターミナル

プリンタ：ラインプリンタ，ドットプリンタ

他の周辺機器：日本語ワードプロセッサ，排液監視装置，空調監視装置

コントローラとの交信方式：RS 232C

O.S.：リアルタイムエグゼクティブ・オペレーションシステム

プログラム言語：FORTRAN・PASCAL・MACRO アセンブラ，BASIC

最大並列プログラム数：63

(b) ソフトウエアの概略

プログラムは，原則としてアセンブラで組まれる。各々の仕事は並列処理される，いわゆるマルチタスクで，各タスクのソフトウエアを独立に作成，変更することができるので，ソフトウエア構成を単純に，かつ容易にすることができる。主なタスクについて以下に述べる。

第 3 章 動物細胞の大量培養技術

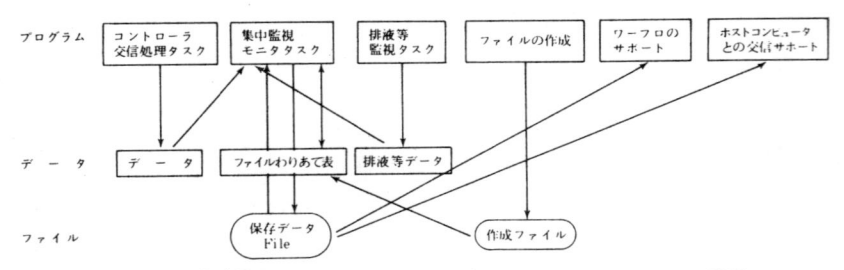

図 3.3.28 集中管理におけるマルチプログラム，データ，ファイルの関係

ⓐ 培養コントローラとの交信と処理タスク

　n 番目の培養コントローラとの交信および処理内容は，次のようである。

ⅰ）培養コントローラから，測定値，設定値，バルブおよび操作端の開閉状況，シーケンス制御の進行状況，等を受信する。

ⅱ）割り当てられたファイルに従って演算およびデータ処理を行い，制御設定値を培養コントローラに送信する（最適化制御）。

ⅲ）シーケンス制御のテーブルを，培養コントローラーに送信する。

ⅳ）シーケンスおよび培養の開始，停止命令を送信する。

ⓑ 排液等の監視タスク

　排水処理設備，空調設備，排ガス処理設備等の稼動状況や異常等をチェックし，必要に応じて警報を発する。

ⓒ 解析およびモニタタスク

ⅰ）設定された時間ごとに，培養や排液処理等のデータをディスクに収集する。

ⅱ）作成されたファイルを参照しながら，さまざまな角度から，そのデータを解析し，監視する。

ⅲ）データをモニタする。

ⓓ サポートタスク

ⅰ）ファイルの作成：演算式ファイルや滅菌のシーケンスファイルを作成し，ディスクに収集する。

ⅱ）ワープロへのサポート：培養指示書，培養報告書，等の作成のために用いるワードプロセッサは，メインコンピュータとGPIBまたはRS 232 Cで接続されるが，ワープロから要求があった時，必要なデータを送信する。

ⅲ）他のコンピュータとの交信サポート：上位のコンピュータや他のコンピュータと接続し，データの交信を行う仕事をサポートする。

3 細胞大量培養法

応答の速い項目（濾過すると変化する項目）
- ○ 圧力
- ○ 攪拌
- ○ pH
- ○ DO_2
- ○ DCO_2
- ○ ORP
- ○ 温度
- × 細胞濃度
- ○ 液面
- ○ ガス流量

操作端：ポンプ、モータ弁、ヒータ、その他
ガス：O_2, CO_2, N_2, AIR

フィルター、濾過装置、測定・制御装置、切替バルブ

コンピュータ
- 計測
- 制御
- 演算
- 操作
- 編集
- 伝送

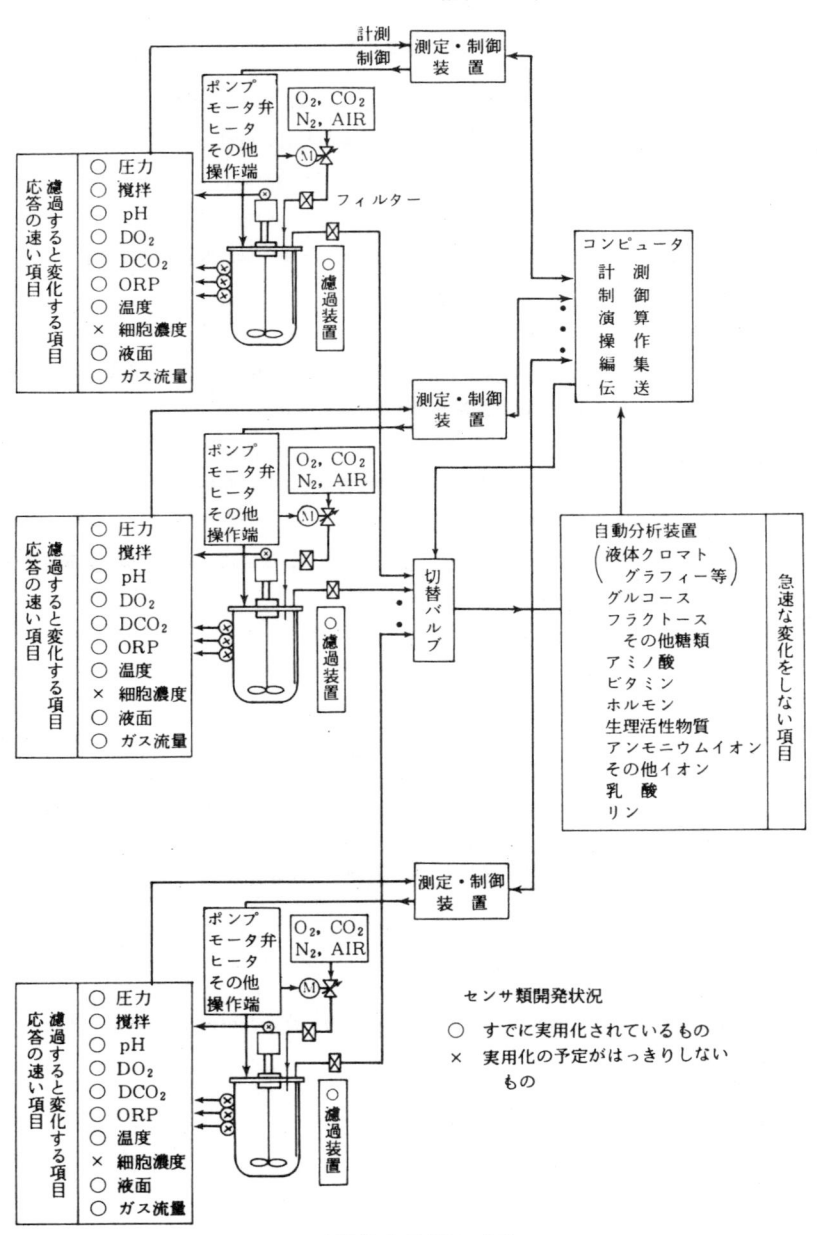

自動分析装置（液体クロマトグラフィー等）
- グルコース
- フラクトース
- その他糖類
- アミノ酸
- ビタミン
- ホルモン
- 生理活性物質
- アンモニウムイオン
- その他イオン
- 乳酸
- リン

急速な変化をしない項目

センサ類開発状況
- ○ すでに実用化されているもの
- × 実用化の予定がはっきりしないもの

図 3.3.29　細胞培養用計測・制御モデル

第3章 動物細胞の大量培養技術

(4) 今後のシステム

最後に，我々が目指している計測・制御モデルを図3.3.29に示す。培養槽内で計測する必要のある項目，すなわち，変化の速いものや，濾過しても変化しない項目については，**複数の培養槽から順次，濾液を採出し，自動サンプリング装置によって高速液体クロマトグラフィー等の自動分析装置に供給する**。ここで，基質や生産物を分析し，これらの結果をコンピュータへ伝送し，そこで解析，演算して最適制御を行う。さらに，コンピュータへは，他の系列で測定したデータも随時インプットできるようにしておく必要がある。

3.3.3 おわりに

動物細胞培養の発展に伴って，今後も，新しい培養方法や計測制御システムが開発されると思われる。これらに対応できるように，計測器・制御器やコンピュータは，フレキシブルに設計しておくことが望ましい。

また，コンピュータは，基本的には拡張性，融通性は備えており，動物細胞のように複雑な因子が交錯した系の処理には最適と思われる。

ソフトウエアについても，頻繁に変更することがあるので，独自に，また，誰でも変更できるようにソフトウエアを構成する事が望ましい。

文　　献

1) F. Klein, et al., *Antimicrob. Agents Chemoter.*, **15** 420 (1979)
2) F. Klein, et al., *Appl. Microbiol.*, **21**, 265 (1971)
3) 山崎　徹，小林茂保，"発酵プロセスの最適制御"，p. 457，サイエンスフォーラム，(1983)
4) 須山忠和，有村博文，組織培養，**9**(8), 291 (1983)
5) 正田　誠，"発酵プロセスの最適計測・制御"，p. 240，サイエンスフォーラム (1983)
6) M. Toyo, et al., *Advan. Biotech.*, **1**, 144 (1981)
7) M. W. Glacken, R. J. Fleischaker, A. J. Sinskey, *Trend in Biotech.*, **1**, 102 (1983)

4 "ハムスター法"による大量培養技術と生理活性物質の生産

横林康之[*], 辻阪好夫[**]

4.1 はじめに

近年,急速な進歩を遂げているバイオテクノロジーの分野において,生体の維持,代謝調節に関与する生理活性物質,あるいは生体防御系,なかでも免疫調節に関係する生理活性物質の基礎的研究ならびに実用化研究については進捗著しいものがある。たとえば,インシュリン,成長ホルモン,あるいはインターフェロン,各種のリンフォカインなど臨床応用が期待されるヒト細胞の産生する生理活性物質については,基礎的研究のみならず生産技術的な研究も,遺伝子操作技術,あるいは無血清培地などによる動物細胞の大量培養法の進歩によって,商業的規模で実施される段階にまで発展してきた。しかしながら,たとえ遺伝子工学技法を用いた微生物による生産法が開発されたとしても,それはタンパク質の一次構造あるいは遺伝子核酸の塩基配列がすでに知られている生理活性物質にしか応用できない。新規有用生理活性物質については,その遺伝子を効率よく取り出し塩基配列を調べるためにも,やはり,細胞の大量培養技術の発展が不可欠である。さらに,遺伝子組換え技術の応用によって産生されたものは,"天然型"の生理活性物質ではない(例えば,糖鎖がつかないので糖タンパクができない)という問題が,現時点では残っている。

こういったことから,ヒト細胞由来の生理活性物質を得ようとすれば,まずヒト細胞の大量培養による取得が必要であるが,それとて,いくつかの問題点を含んでいる。まず第一は,動物細胞の培養には,一般に,ウシ胎児などの血清を大量に含む培養液が必要とされることである。このことは,培地のコストもさることながら,血清中に含まれる増殖因子ならびに未知の因子の多少あるいは有無に起因する血清ロット間のばらつき,つまり培養の再現性の悪さ,さらには細胞による生理活性物質の産生機序の解析に非常なる困難をもたらす要因の一つとなっている。また,一般に,細胞の産生する生理活性物質は,極めて微量であるのが普通である。それを医薬として用いようとする場合,血清由来の異種動物タンパクの混入が大きな問題点となり,効率のよい分離精製技術の開発が必要となってくる。これらの問題解決のために,アルブミン,インシュリン,トランスフェリンあるいはフィブロネクチンなど,素性のわかった血清成分タンパク質を添加した無血清培地が開発されだしたが,まだ高価でもあり,目的によっては不都合も生じ,完全に問題が解決されたわけではない。通常の培養における第二の問題点は,その細胞の単位培養液当りの最大増殖密度が,通常の生体組織あるいは腫瘍組織での増殖の場合とは比べものにならないほ

---

[*] Koji Yokobayashi (株)林原生物化学研究所
[**] Yoshio Tsujisaka (株)林原生物化学研究所

第3章 動物細胞の大量培養技術

ど小さいことにある。それゆえ,大量の細胞を得るためには,大きな培養タンクなど,装置,設備の大型化が必然的に要求される。また一般に,動物細胞は,細菌などの微生物と異なり増殖速度が遅いため,長期間の培養が必要となるが,その間の雑菌による汚染を防止することも当然必要となり,ひいてはイニシャルコストおよびランニングコストに大きく影響してくる。これらの問題解決のために,スピナーフラスコの形状を変えた連続培地交換法,マイクロキャリアーによる方法,あるいはホローファイバーなどを用いる高密度連続培養法などが試みられてはいるが,まだ医薬品生産のための実用的規模での検討はなされていないようである。

筆者らは,この数年来,実験小動物であるハムスターを用いて,いわゆる"ヒト細胞の *in vivo* 大量生産法"を開発してきた。そして,そこで得られた細胞を用いて,インターフェロンをはじめとする各種リンフォカインなど有用な生理活性物質を生産し,精製し研究してきた。この方法は,先に述べた通常の細胞培養における問題点のいくつかを解決したことになる。それは,まず,ウシ胎児血清など高価な培養液が不要になったことである。次に,増殖速度が一定で速く培養期間が短縮でき,細胞の密度が高く濃縮操作が不要になったことである。

4.2 動物による有用生理活性物質の生産

さて,ここで,動物による有用生理活性物質の生産について考えてみると,いわゆる生物学的製剤の範疇に入る医薬品のいくつかに,それがみられる。たとえば,ウマ,ヒツジなどを免疫して作る抗体,抗血清すなわち抗毒素などや,あるいは,ある種の抗原すなわちウイルスワクチンなどの生産,たとえば感染ウシまたはヒツジの表皮痘疱組織を原料とする痘瘡ワクチンや,マウスの脳に感染させて作る日本脳炎ワクチンや狂犬病ワクチン,あるいは孵化鶏卵培養によって作られるインフルエンザワクチンや黄熱ワクチンなどが既に実用化されている。その他,ウサギを用いて腫瘍壊死因子(TNF)を作るという試みもなされている。最近では,各種モノクローナ

表 3.4.1 実験動物の繁殖に関する生物学的統計値[1]

	マウス	ラット	ハムスター	モルモット	ウサギ	ネコ	イヌ
妊娠期間(日)	17~21	19~22	16	62~68	28~31	64~66	62~67
性周期(日)	4~5	4~5	4	14~16	—	14	5~12(月)
交配適齢期(週)	6	8	6~8	12~15	25~40	30~40	60
離乳齢(日)	18	21	21	7~21	42~56	42	42~56
平均出産仔数(匹)	12	12~14	10	3~5	5~12	3~6	4~8
繁殖可能期間(月)	9	9	12	18	24	48~60	<120
生産性/メス							
/週	1.5~2.5	1.5~2	1.2				
/100日	21~35	21~28	17				
/年				16~20	30	8	8

ル抗体の産生のために，ハイブリドーマをマウスあるいはラットの腹腔内に移植，培養して作らせるという方法があるが，これなども動物による有用物質の生産の一つといえよう。

先にも述べたように，筆者らはハムスターの身体を借りて，それを培養タンク代りとし，ハムスターの血液，体液を培地代りとして，ヒトの細胞を増殖させてきた。この方法は，基本的には，あらゆる動物細胞を増殖させることが可能であり，したがって，筆者らは，各種ヒト細胞をこの方法で増殖させ，インターフェロン-α（α型IFN），腫瘍破壊因子（CBF），腫瘍壊死因子（TNF），インターフェロン-γ（γ型IFN），インターロイキン-2（IL-2）などの大量生産法を確立してきた。ここでは，すでに臨床試験を行っているインターフェロン-αならびに腫瘍破壊因子を主としてとりあげ，その生産法について述べることとする。

4.3 ハムスターによるヒト細胞の大量増殖

細胞を増殖させるための培養タンクに相当する動物の種類は，手頃な大きさの実験動物が種々考えられるが，製造コスト等を考慮すれば，やはり，いわゆる"ねずみ算"式に繁殖する，げっ歯類に，その範囲はおのずとしぼられる。我々は，それら，げっ歯類について種々検討した結果，シリアンハムスターに"培養タンク"の役割を果たしてもらうことに決定した。ハムスターの体躯の大きさはマウスとラットの中間である。マウスなど体躯の小さなものは，細胞の植込み，つまり細胞の移植ならびに増殖後の細胞塊の切開剔出に細かな作業を要し，適さない。また，モルモット，ウサギなど，その体躯の大きなものは，得られる細胞塊も大きいと思われがちであるが，一概にそうとはかぎらず，所定の大きさの細胞塊を得るための培養期間，すなわち飼育期間が長期にわたるため，悪影響が出てくる。そのうえ，ハムスターに比べて，その出産する1腹の仔の数も少なく，妊娠期間および性周期も長く，また親となるまでに要する期間も長く，不適である。ハムスターは，生後約3週間で離乳し，1.5～2カ月で妊娠可能な親となり，成長速度も速く，また，性周期はおよそ4日，妊娠期間が約2週間と短く，生産飼育管理上も有利である。さらに，平均リッターサイズ，つまり1腹の出産仔数も10匹前後と，マウス，ラットに匹敵する[1]。表3.4.1に各種実験動物の繁殖に関連する統計値を示した。

ハムスターに移植する細胞の種類は，基本的には，いずれの細胞でもよく，目的によって選ぶことができる。インターフェロンを産生するヒト・リンパ芽球細胞としてNamalwa細胞が古くから知られているが[2),3)]，その他の細胞も効率よくインターフェロンを産生することが見出されている[4)]。BALL-1細胞は，Namalwa細胞と異なり，EBウイルスゲノムの存在は認められない[5)]。我々は，この細胞をハムスターに移植してインターフェロンを生産することとした。

ヒト由来細胞の，抗リンパ球血清（ALS）処置した新生ハムスターへの異種移植については，Adamsら[6)]，三好ら[5)]の報告がある。サイクロスポリンAなど，いわゆる各種免疫抑制剤が検討

表 3.4.2　移植細胞数と生着率, 腫瘍重量との関係[7]

日齢	移植細胞数					
	0.25×10^7 (cells/匹)		0.50×10^7 (cells/匹)		0.75×10^7 (cells/匹)	
	生着率 %	腫瘍重量 g/匹	生着率 %	腫瘍重量 g/匹	生着率 %	腫瘍重量 g/匹
10	0	—	0	—	0	—
14	63	—	75	—	90	—
17	88	4.1	100	6.0	100	7.6
21	100	7.8	100	8.7	100	9.3
24	100	8.5	100	12.4	100	13.6
28	100	14.3	100	25.6	100	29.3

細　胞：BALL-1, 生後24時間以内に移植
ALS　：0.1 ml を2回/週投与

表 3.4.3　移植時期と生着率, 腫瘍重量との関係[7]

日齢	移植時期					
	生後 0 日目		生後 3 日目		生後 6 日目	
	生着率 %	腫瘍重量 g/匹	生着率 %	腫瘍重量 g/匹	生着率 %	腫瘍重量 g/匹
10	0	—	0	—	0	—
14	63	—	48	—	0	—
17	88	4.1	59	2.7	0	—
21	100	7.8	84	4.7	30	痕　跡
24	100	8.5	88	8.2	20	痕　跡
28	100	14.3	91	10.9	20	2.6

細　胞：BALL-1, 0.25×10^7 cells/匹移植
ALS　：0.1 ml を2回/週投与

されたが, 確実に生着するという点で, ハムスター胸腺細胞を抗原としてウサギを免疫して作ったALSにまさるものはなかった。抗体価にもよるが, 通常, ALS投与は毎週2回行う。投与量は 0.01～0.1 ml/匹 が適当であるが, 投与量を増すと, 腫瘍生着率, 腫瘍重量は増加し, 生存率が低下する。移植細胞数についても, このような関係が成立する。その一例を表3.4.2に示した。BALL-1細胞の場合, $0.25 \sim 0.50 \times 10^7$ 個/匹 が適当であったが, 生着率および腫瘍重量は移植細胞数が多くなるにつれて増加し, 生存率はやはり低下する。ALS処置ハムスターの場合でも新生児免疫寛容が存在すると考えられる。表3.4.3に, 同じくBALL-1細胞のハムスターへの移植時期と細胞収量との関係を示した。細胞移植時期を遅らせると, 生存率は高かったが, 生着率, 腫瘍重量は低くなり, 細胞の収量は悪くなる。生後24時間以内に移植するのが望ましい。要するに, 移植細胞数, 移植時期, ALSの質および量, 投与法を組み合わせた総合的な最適条件下

で，新生児の発育にあわせ，バランスを保ちながら細胞の増殖をはかる必要がある。BALL-1細胞の一例をあげると，ハムスターへの生着腫瘍は1日当り約2.5gの割合で増加したが[7]，体重に占める腫瘍重量の割合が40％を超えると生存率が著しく減少した。宿主であるハムスターの成育と腫瘍細胞増殖のバランスが崩れると，宿主の生命維持が困難となり，ハムスターは死に至る。したがって，この比率は30～35％に抑えることが重要で，事実その方が細胞の収量も多かった。写真3.4.1に，BALL-1細胞の生着した21日齢のハムスターを示した。

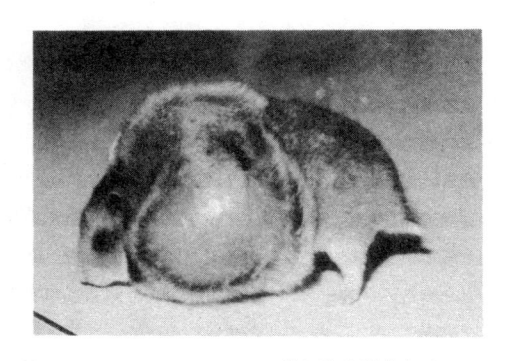

写真3.4.1 ヒト・リンパ芽細胞を増殖させた21日齢のハムスター

4.4 ヒト細胞による有用物質の生産

ハムスターに移植することによって増殖させたBALL-1細胞は，腫瘍塊の状態でハムスターより剔出する。動物の組織を取り除いた後，機械的に細断し分散させるか，あるいはキレート剤のような薬物を組み合わせるか，または酵素を用いて結合組織より遊離させた後，単細胞の状態で培地中に懸濁させるかすれば，後は，*in vitro* で培養した培養細胞となんら変わることなく生理活性物質の誘発に供することができる。

4.4.1 誘発

インターフェロンの誘発剤としては種々試みられているが，産生細胞の種類との組み合わせによって，生成するインターフェロンのタイプ，産生量などが決まってくる。すなわち，繊維芽細胞の場合はポリI：Cでβ-タイプのインターフェロン，末梢血白血球にレクチンなどの組み合わせでγ-タイプのインターフェロンの産生がみられる。ヒト・リンパ芽球細胞であるNamalwa細胞でα-タイプのインターフェロンを生産する場合，センダイウイルス（HVJ）を誘発剤として使うのが最もよいようである[8),9)]。BALL-1細胞の場合も，インターフェロンを誘発させるにはHVJが最もよかった。この場合，α-タイプのインターフェロンが生成されている。後になり見出されたことであるが，このHVJによるBALL-1細胞の誘発で，インターフェロンだけでなく腫瘍破壊因子（CBF）などが同時に生成している。ここで注意しなければならないのは，誘発剤の微妙な違い，すなわち使用するHVJのロットの違いにより，インターフェロン産生量

第3章 動物細胞の大量培養技術

が大きく変わることである[7),10)]。HVJ の誘発能と,その他の活性,すなわち赤血球凝集能(HA),ノイラミニダーゼ活性(NA),融合能,および溶血能との間に相関関係はなかった。HVJ の不完全粒子,あるいは DI (defective interfering) 粒子の存在などによる影響との説もあるが,まだ誘発能力に関しては不明の点が多い。

通常,末梢血リンパ球などを用いて HVJ でインターフェロン-α を産生させる場合,HVJ での誘発に先立って少量のインターフェロンを添加すると,インターフェロンの産生量が著しく増加するという,プライミング効果が知られている。繊維芽細胞にポリⅠ:C を誘発剤として用いインターフェロン-β を生産する場合も,同様の効果を認めている。Namalwa 細胞のプライミング効果については,ごくわずかしか認められないが[9),11)],BALL-1 の場合,数倍以上の増強効果が認められた。プライミングの機序については,単に HVJ の細胞毒性に対する防御作用とか[12)],インターフェロン mRNA の産生を増強する[13)]とか,種々の説がある。

通常,無血清の RPMI1640 培地に 5×10^6 個/ml の密度に細胞を懸濁し,100IU/ml のインターフェロンでプライミングを行い,次いで 500HA/ml の HVJ を添加して 37℃ で撹拌を続けると,およそ3時間後よりインターフェロンが培地中に出始め,10 時間後には最大値に達する。CBF はインターフェロンよりやや先行して出て来るが,この方法で,40,000~50,000 IU/ml の粗インターフェロンと同時に 20,000~25,000 U/ml の粗 CBF 溶液が得られる。4.3 で述べたハムスターによる BALL-1 細胞の増殖からインターフェロンの誘発までを通して行った例を,表 3.4.4 に示した。4週齢のハムスター1匹当り約 10^{10} 個の生細胞が得られ,およそ 9×10^7 単位のインターフェロンが得られたことになる。

4.4.2 分離精製

ハムスターを用いて増殖させたヒト・リンパ芽球 BALL-1 細胞を誘発して得たインターフェロン,CBF も,臨床応用を目的とする以上,分離精製は必要不可欠である。しかも,発熱因子,

表 3.4.4 ハムスターで増殖したヒト・リンパ芽球 BALL-1 細胞のインターフェロン産生[7)]

ハムスター週齢	(週)	3	4
ハムスター匹数	(匹)	7	8
ハムスター平均体重	(g)	49.4	85.7
ハムスター1匹当りの平均腫瘍重量	(g)	16.0	31.0
体重にしめる腫瘍重量の割合	(%)	32.0	36.2
腫瘍1g当りの平均生細胞数	(個)	3.5×10^8	3.2×10^8
ハムスター1匹当りの平均生細胞数	(個)	5.6×10^9	9.9×10^9
生細胞の比率	(%)	66.1	63.2
培地1ml当りの平均インターフェロン力価	(IU)	48,000	45,000
ハムスター1匹当りの培養液量	(ml)	1,120	1,980
ハムスター1匹当りの平均インターフェロン力価	(IU)	5.4×10^7	8.9×10^7

4 "ハムスター法"による大量培養技術と生理活性物質の生産

表 3.4.5　ヒト・リンパ芽球（BALL-1）インターフェロンの精製[7]

精　製　法	液　量 ml	力　価 IU/ml	全力価 IU	回収率 %	比活性 IU/mg タンパク
1. 粗材料（pH 2 処理）	3.27×10^5	2.00×10^4	6.54×10^9	(100)	2.66×10^5
2. SP-セファデックス C-25 クロマト	2,510	1.91×10^6	4.79×10^9	73	1.30×10^6
3. 抗体アフィニティクロマト	40	1.01×10^8	4.04×10^9	65	5.04×10^8
4. セファデックス G-100 ゲル濾過	92	3.60×10^7	3.31×10^9	53	9.50×10^7

異種タンパク質などを効率よく徹底的に除去しなければならない。白血球インターフェロンまたは Namalwa インターフェロンの精製は，通常，まず，粗インターフェロン液を HVJ の不活化のため pH 2 に調整する。その後，硫安塩析，ゲル濾過，イオン交換クロマト，疎水クロマト，あるいは抗体を固定したアフィニティクロマトなど，さらに電気泳動や限外濾過膜などによる濃縮や分別によって分離精製される。

　BALL-1 インターフェロンの量産に採用している一例を，表 3.4.5 に示した。SP-セファデックスのイオン交換クロマトで約 130 倍に濃縮され，比活性は約 5 倍上昇した。次に，モノクローナル抗インターフェロン抗体を固定したゲルでのアフィニティクロマトで約 60 倍濃縮され，比活性も 5.4×10^8 IU/mg と約 2,000 倍に上昇した。その結果，ほぼ純粋のインターフェロンが得られたが，さらに，微量の発熱因子，異種タンパク質を除去する目的で，セファデックス G-100 のゲル濾過を行った。なお，この最後の工程では，インターフェロンの安定化のために，0.03% のヒト血清アルブミン存在下でゲル濾過を行ったが，インターフェロンは分子量 $2 \sim 3 \times 10^4$ ダルトンの画分に溶出され，収率は 53% であった。

　一方，CBF の精製もインターフェロンの精製とよく似ている。ただし，pH 2 では不安定であるゆえ，前処理の方法を少し変更し，次に，インターフェロンの抗体カラムを通して，素通りしてくる画分，すなわちインターフェロンの大部分を抜き取った残りの液を，CBF のコンポーネントの一つに対して作成したモノクローナル抗体の固定化カラムに通して，アフィニティクロマトを行う。ここでも，モノクローナル抗体によるアフィニティクロマトは目的物質の純度向上に威力を発揮する。CBF に関する分離精製の詳細について述べることは，また別の機会にゆずることとして，これらタンパク質，糖タンパクあるいはペプチドを本体とする生理活性物質の精製について言えることは，モノクローナルあるいはポリクローナル抗体を固定化した担体によるアフィニティクロマトがきわめて有効だということである。インターフェロン，インターロイキン-2 などの精製に抗体アフィニティクロマトを使った例はすでにあるが，前述の BALL-1 の CBF も，インターフェロンと同様に，充分，人に投与可能なまで，発熱因子ならびに異種タンパクは除去

できている。ここ数年来，高速液体クロマト（HPLC）の普及もめざましく，ペプチド，タンパク質を高度に分離するには有効であり，インターフェロン，インターロイキン－2の精製にHPLCを用いた例も既にある。我々のBALL－1インターフェロンでも経験したことであるが，モノクローナル抗体のアフィニティクロマトで純粋と思われるものも，HPLCによって，なお数種の分子種に分かれる場合がある。医薬として実用化するうえにおいて，そこまで高度に分離することの是非はともかくとして，工業的スケールでの分離精製にも，HPLCの利用が大いに期待される。いずれにせよ，抗体アフィニティ，HPLCなどの分離の前処理には，従来よりタンパク精製に用いられてきた硫安塩析による分画，限外濾過膜による濃縮あるいは分画，イオン交換クロマト，疎水クロマトなどが有効である。とりわけクロマト担体については，工業的規模での分離操作を行うために，高圧，高流速に耐え得る担体の開発も進んでいて，今後頻繁に使われだすものと考える。

一般に，生理活性物質は不安定なものが多く，精製工程が長びくと失活しやすく，また，微生物の汚染も受けやすい。したがって，こういった分離法を組み合わせて，いかに効率よく速やかに分離精製するか，ということが重要である。

4.5 "ハムスター法"の問題点と課題

以上，BALL－1細胞によるインターフェロンならびにCBFの生産を例にとり，ハムスターでの細胞増殖，誘導生成，分離精製について述べてきた。有用生理活性物質生産において，細胞融合の技術との組み合わせを考えてみると，将来，無限にその可能性は広がるものと予想される。ただ，現時点で工業的規模で最も大量の細胞を得ることができる，この"ハムスター法"も，欠点がないわけではない。

その第一は，動物への細胞移植，ALSの投与，腫瘍塊の切開剔出など細かな手作業が多く，機械化あるいは自動化が困難なことである。しかし，飼育管理も含めた全体の総合的な自動化，コンピュータ化は難しいとしても，筆者らは部分的には自動化に努力してきた。手術ロボットなどが開発されだした今日であり，この分野の自動化が急速に進展することを期待している。

第二は，細胞の動物体内での増殖中に入り込む可能性のある，いわゆる迷入ウイルスなどの問題である。筆者らは，ハムスター継代BALL－1細胞のいくつかについて，ヒト以外の動物では白血病や肉腫の発症と関連の深いC型ウイルス粒子の存在の有無と，ハムスターの内因性の粒子として報告のあるR型粒子の有無について調べてきた。その結果は，いずれの粒子も認められなかった。また，同時にマイコプラズマも調べたが，これも電子顕微鏡で，存在しないことを確認した。しかし，細胞の種類によっては，内因性ウイルス粒子の存在の有無も含めて，今後も，このような粒子についての慎重な検査を継続する必要があろう。さらに，細胞が動物体内で増殖中

に，こういった微生物あるいは何らかの液性因子により感作されている可能性も考えられる。これは，血清添加培地による細胞の培養と同様に，問題を複雑にし，解析を困難にする要因となるが，有用物質の生産性のみを考えると，むしろ逆に，プラスの効果のほうが大きいのではないかと考えられる。

　第三に，目的とする有用物質を誘発によらず自発的に生成するような細胞の場合はどうするか，という点であるが，たしかに動物体内で増殖中に有用物質も生成されていては，その回収は非常に不利である。しかしながら，一般に生理活性物質を自発的に生成するといわれている細胞の場合も，その生成を効果的に増強させる，いわゆる誘発剤が必ず見出されるのが普通である。

　動物による細胞の大量培養と異なり，それに続く，細胞による有用生理活性物質の生産および精製は，比較的工業的規模での自動化がなされやすい部分であるが，製造工程および精製工程管理における目的物質の量の測定，つまり活性測定は，手間ひまのかかる，いわゆるバイオアッセイによるのが普通である。モノクローナル抗体あるいはポリクローナル抗体が作成できれば，ラジオイムノアッセイまたはエンザイムイムノアッセイなどができ，多少時間は短縮されるが，まだ不充分である。もっと短時間に，できればリアルタイムに，それぞれ目的物の活性測定ができる，いわゆるバイオセンサの実用的なものの急速なる開発実現が望まれる。それが実現すれば，後に述べるバイオリアクターとあいまって，完全な自動化も夢ではないと考える。

　動物による細胞培養については，大量に採取できるとはいうものの，有用物質の製造コストを下げるためにも，細胞の再使用，あるいは有用生理活性物質の連続生産が可能となれば非常に有利である。細胞を用いたバイオリアクターの検討も，今後行わなければならない課題の一つと考えられる。

4.6　おわりに

　一般に，生理活性物質は，他の生理活性因子と併用することにより，相乗的な効果を示すことがしばしば認められる。しかし，併用によるマイナスの現象も警戒しなくてはならない。つまり，単独では副作用を示さなかったものが，併用することにより現われることもあり得る。さらに，試験管内で測定した生理活性物質も，生体内での作用については不明な点の多いのが普通である。今後，次々と見出されてくるであろう新しい生理活性因子も，その生体内での作用を知ることや，物質として取り出し，その性質を調べたりするためには，大量に産生させなければならず，したがって，その産生細胞の大量採取は必須の問題である。ともあれ，生理活性物質の大量生産，実用化を目指している者にとっては，一日も早くその効果が明らかとなり，臨床への応用へと急速に進むことを願ってやまない。

第 3 章 動物細胞の大量培養技術

文　献

1) W. Lane-Petter, A. E. G. Pearson, "The Laboratory Animal-Principles and Practice", p. 226, Academic Press (1971)
2) K. C. Zoon, M. E. Smith, P. J. Bridgen, D. Zur Nedden, C. B. Anfinsen, *Proc. Natl. Acad. Sci., U.S.A.*, **76**, 5601 (1979)
3) P. J. Bridgen, C. B. Anfinsen, L. Corley, S. Bose, K. C. Zoon, U. T. Ruegg, *J. Biol. Chem.*, **252**, 6585 (1977)
4) 三好勇夫, 頼 敏裕, 木村郁郎, 谷本忠雄, 益田和夫, 医学のあゆみ, **113**, 15 (1981)
5) I. Miyoshi, S. Hiraki, I. Kubonishi, Y. Matsuda, H. Kishimoto, J. Nakayama, T. Tanaka, H. Masuji, I. Kimura, *Cancer,* **40**, 2999 (1977)
6) R. A. Adams, L. Pothier, E. E. Hellerstein, G. Boileau, *Cancer,* **31**, 1397 (1973)
7) 谷本忠雄, 京府医大誌, **91**, 1321 (1982)
8) H. Strander, K. E. Mogensen, K. Cantell, *J. Clin. Microbiol.,* **1**, 116 (1975)
9) K. C. Zoon, C. E. Buckler, P. J. Bridgen, D. G. Rotam, *J. Clin. Microbiol.,* **7**, 44 (1978)
10) M. D. Johnston, *J. Gen, Virol.,* **56**, 175 (1981)
11) 今西二郎, 谷本忠雄, 坂本みはる, 岸田綱太郎, 京府医大誌, **89**, 641 (1980)
12) D. Tovell, K. Cantell, *J. Gen. Virol.,* **13**, 485 (1971)
13) T. Fujita, S. Saito, S. Kohno, *J. Gen. Virol.,* **45**, 301 (1979)

5 動物細胞培養関連機器

飯島信司[*]，小林猛[**]

5.1 はじめに

本節では，一般に動物細胞の培養に必要な機器および機具，また実験室規模での大量培養に用いられる培養関連機器について述べる。初代培養や器官培養などに必要な機器については，他の成書を参照されたい。

5.2 機器類

5.2.1 クリーンベンチ

細胞を培養するにあたり最も配慮すべき事のひとつは，雑菌の混入の防止であり，可能な限り操作はクリーンベンチ内で行うべきである。特に，保存細胞株やスケールアップ時の種培養は言うまでもない。状況によってはクリーンベンチ内での操作が不可能なこともあるが，その場合でも，操作は殺菌用の紫外線ランプが設備された無菌室で行う事が望ましい。

クリーンベンチは操作性から考えて横幅の広いもの（幅1m以上），また無菌性という観点からは，フィルターで濾過された無菌空気がクリーンベンチ前面から吹き出す型や，しっかりとしたエアーカーテン型のものが望ましい。また，危険物質や組み換え体を用いる時は，ケモハザード用，あるいはバイオハザード用のクリーンベンチを用いるのが当然である。このほかに近年，前後とも開閉が可能で両側から二人で操作が行えるように改良した型のものが市販されており，複数の実験者の協力が必要な操作時には便利である。

5.2.2 ふらん器

動物細胞は，一定の温度，pH，湿度のもとに培養しなければならない。密閉した容器で培養する場合，通常のふらん器の使用も可能であるが，シャーレなど開放系の場合pH制御の面からも炭酸ガスインキュベーターが必要となる。

インキュベーター内は通常，湿度が100％，空気と炭酸ガスの比率が19：1に維持されている。動物細胞の培養温度は37℃前後であるが，温度感受性変異株や下等脊椎動物細胞では30℃前後，また，ガンウイルスでトランスホームされた細胞では40℃〜41℃で培養する事もある。RNAガンウイルスなど感染力の強いウイルスを用いる場合，ウイルスの混入を避けるため，他の細胞は別のインキュベーターで培養するか，あるいは同一のインキュベーター内でも場所をわけるなどの配慮も必要である。

---

[*] Shinji Iijima 名古屋大学 工学部
[**] Takeshi Kobayashi 名古屋大学 工学部

第3章　動物細胞の大量培養技術

各社から多種にわたる炭酸ガスインキュベーターが市販されており，断熱方法などに違いはあるものの，実際の使用に関して大差はない。要は，長期間運転に耐えられる信頼性の高いものであれば良い。ただ，日本の夏が高温である事を考えると冷却機を備えた機器が望ましい。その他，箱型の振とう機で炭酸ガスの導入および濃度維持が可能なように改良された機器や，小型培養槽用に温度維持装置付のプラスチック製小型チャンバーなども市販されている。

5.2.3　乾熱滅菌器と高圧滅菌器

動物細胞培養に使用する器具，および緩衝液やある種の培地の滅菌に必要である。これらの機器は，現在，電気式のものが使用されている。乾熱滅菌器は主としてピペットなどガラス器具の滅菌に用いられるが，180℃前後の温度を維持でき，タイマーの付いたものが便利である。

高圧滅菌器は，乾熱滅菌のできないゴムやシリコン製器具，一部の培地や水，培養液の滅菌に用いる。また，後述する小型培養槽やスピナーフラスコの滅菌にも用いるため，それらを収納できる大きさも必要である。

5.2.4　蒸留水製造装置

動物細胞は金属イオンの混入に敏感であり，時としてそれらのために生育が阻害される事もある。したがって培地や緩衝液に用いる水は高純度で，通常脱イオンと2回以上の蒸留を行ったものを使用する。

5.2.5　遠心機

浮遊細胞やトリプシン処理した細胞を回収する時に用いられる。ガラス製のスクリューキャップ付き遠心管や，合成樹脂製のディスポーザブルの遠心管が使用可能なもので，3000回転程度までの多本架式遠心機が使用しやすい。

5.2.6　その他

シャーレなどで増殖している細胞を直接観察するために，倒立型の顕微鏡を用いる。培地や培養液の保存には冷凍庫付の冷蔵庫が，また，細胞の保存には液体窒素保存容器が必要である。液体窒素保存容器は，通常出口をしぼった型のものが用いられているが，大容量，多種類の細胞を保存する時には，横型の保存容器で液体窒素をボンベから導入する型のものが便利である。この場合，液体窒素レベルは自動的に制御されるが，常に異常がないか注意をはらう必要があり，またどうしても液体窒素の消費量が多く，ボンベ交換の煩雑さは避けられない。

5.3　培養に必要な器具

動物細胞の培養に汎用される器具としては，スクリューキャップ付きの培地びん，培養びん，シャーレ，フラスコ，ピペット，試験管，スピッツ型の遠心管などがある。培地びんを除いては，ガラス製，あるいはあらかじめ滅菌された合成樹脂製のものが市販されている。後者は割高では

5　動物細胞培養関連機器

あるが，洗浄や滅菌の手間がかからないため便利であり，近年多くの研究者に利用されている。特に，DNAのトランスフェクション実験などの場合，ガラス表面への吸着によるDNAの損失を防ぐため，プラスチック製器具を用いるべきである。一方，浮遊細胞の培養などで好んでガラス製シャーレが使われることもある。プラスチック製シャーレや培養フラスコでは，細胞が接着しやすい材料が用いられているが，特殊な細胞を培養する時にはフィブロネクチンやコラーゲンで処理した後に用いる事もある。

　培養には多くの場合シャーレや角型フラスコが使われる（写真3.5.1）。この他にも用途によってカレルフラスコ，レイトン管，平型の試験管などがあるが，一般的には底面積が広く，培地の交換や細胞の回収時の操作性が良く，また顕微鏡観察がしやすいものが便利である。角型フラスコは，細胞の輸送時に培地で満たして移動できるので大変便利である。また近年，グリッド入りのシャーレも市販されており，コロニーの計数などに用いられる。このほかに，マイクロタイタートレイやマルチプレートなども，細胞のクローニングや種々の試験の時に使用されている（写真3.5.2）。前者は96穴，後者は2〜24個の分室から成っているが，近年マイクロタイタートレイ用の分注器や遠心機バケットなども市販され始めたため，多数の試料の操作が容易となってきた。

写真3.5.1　培養用シャーレおよび角形フラスコ（左上）

写真3.5.2　マイクロタイタートレイ（上）とマルチプレート（下）

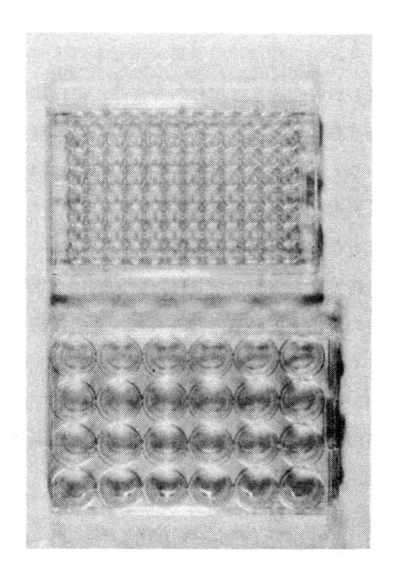

第3章 動物細胞の大量培養技術

ピペットは，通常の実験に用いられているメスピペットや駒込ピペットでも充分であるが，クリーンベンチ内での操作性を考えると短めのものが使いやすい。また，逆に培地の分注などには，容量50 ml 程度の大きめのものが便利な事もあり，両者を用意しておくとよい。

これらの器具以外にも，ラバーポリスマン，アルミキャップ，注射器，ゴム栓などもよく使われる。特に容量 1 ml のディスポーザブルの注射器は，軟寒天中で生育させたコロニーの回収や，抗生物質の分注に便利である。

5.4 大量培養装置

数 100 ml から 10 ℓ 程度の実験室規模での大量培養には，古くからガス置換後密栓した培養びんや，簡単なガス交換，培地交換機構を装備したスピナーフラスコ（写真3.5.3）が用いられてきた。しかし，細胞を至適条件で培養し，あるいは物質生産を行わせるという観点からは通気や撹拌に注意をはらって培養を行うべきであり，近年これらを考慮したスピナーフラスコや小型撹拌培養槽が開発されている。ただこれらの多くは現在のところ，試作試用の段階であり，今後さらに改良する余地が残されている。本項では，実験室規模の浮遊細胞の培養に焦点をしぼって述べる。

5.4.1 浮遊性細胞の培養

浮遊性動物細胞の培養は，原則的に微生物の培養の延長上にあると考えられ，その技術を応用する事ができる。培養にあたって考慮すべき要因として，①通気，②撹拌，③栄養，などがあるが，動物細胞は微生物と比較して脆弱であるため，特別の配慮が必要である。また，培養槽の構造の面からは，材質や長期間培養する場合の雑菌汚染の防止にも注意がはらわれるべきである。以下これらの点について先べる。

写真3.5.3　スピナーフラスコ

(1) 通　気

細胞の成長には適度な量の酸素，また培地のpHを維持するためには炭酸ガスが必要であり，これらのガスを空気や窒素ガスとともに湿らせた状態で通気する必要がある。通気の方法としては培地の上にガスを吹き込む上面通気があるが，ガス交換効率から考えて，スパージャーを

用い培地内にガスを導入して，"バブリング"する必要があると考えられる。また"バブリング"時のアワによる細胞の破壊を防ぐために，スパージャー部分を細かい目の網や膜でおおい細胞が直接アワに触れないようにしたり，あるいはガス透過性の良いテフロン管を培養槽中に装着し，ガス交換を行わせる方法なども開発されている。

(2) 攪　拌

一般に動物細胞は攪拌による剪断力で損傷を受けるため，通常 20 ～ 100 rpm の低速で攪拌される。スピナーフラスコや小型培養槽では，スターラーで攪拌する型のものがほとんどであるが，攪拌子は剪断応力を最小にし，かつ効果的攪拌を得るために種々の型のものが開発されており，たとえば，平羽を角度を持たせて配置したもの，円筒型で中空の回転子で回転力により下から吸い込んだ培養液を上部から排出するものなどがある（図 3.5.1）。

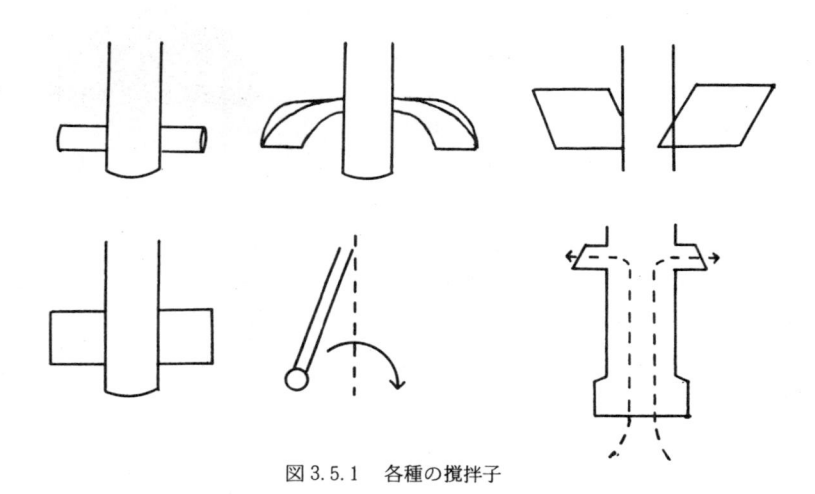

図 3.5.1　各種の攪拌子

マグネティックスターラーは動物細胞培養用に，10 ～ 200 rpm 程度の低速で長時間安定に運転可能なものが市販されている。さらに，マイクロキャリアーによる培養のためには間欠タイマーの付いたもの，炭酸ガスインキュベーター内で使用可能な防湿型のもの，パイロット試験用に多連のものなども市販されている。

(3) 材　質

スピナーフラスコはもちろん，動物細胞培養用の小型培養槽のほとんどがガラス製である。動物細胞が金属イオンに敏感である事を考えるとガラス製品が望ましいが，高価な機器でもあり，操作には注意が必要である。また溶存酸素計や pH 計のプローブも，電極の金属の溶解や電極

液の漏れ出しを最小とするよう改良されたものが開発され始めている。

(4) 実験室規模での実際

通常実験室規模での浮遊細胞やマイクロキャリアーを用いた付着性細胞の大量培養には，目的に応じて上記の通気や撹拌装置を装備した小型培養槽を購入するか，スピナーフラスコにそれらを装着して用いる事になる。また，培養経過を監視し制御するために溶存酸素計やpH計を組込み，ガス流量を制御したり培地の導入を行うことも必要である。しかしながら動物細胞の大量培養装置は完成されたものではないため，研究者が目的にあった機器を選択，改良する事となる。

5.4.2 高濃度培養

これらの他に高濃度培養などに用いる，コーン型や円筒型の遠沈管が付いたスピナーフラスコがある（写真3.5.4）。この装置では培地を連続的に供給するとともに，細胞を含まない古い培地を抜きとる事ができるので，老廃物による細胞増殖阻害の解除や，培地中に放出された生理活性物質の効果的採取が可能である。

前記のように基本的には動物細胞の培養も微生物の培養も同じであるので，微生物の高濃度培養の結果は大変参考となる。筆者らは，これまで，各種の微生物の高濃度培養について研究してきたが，これらをまとめると次のようになる。

写真3.5.4 高濃度培養用スピナーフラスコ

a) 炭素源はあまり高濃度にせず，また枯渇しないように連続的または間欠的に供給する。

b) 溶存酸素濃度は0.2～2ppmに保つ。このためには酸素富化空気の使用も効果的であり，大腸菌を乾燥菌体として120mg/mlまで培養できた。

c) 代謝産物などを含む培地を，セラミックフィルターやホローファイバーでクロスフロー濾過することによって，乳酸菌のように，高濃度まで培養しにくい微生物も，4×10^{11}/mlまで培養できた。

また，筆者らは，ヒト前骨髄性白血病細胞HL-60の比増殖速度μを次式で表わしうる事を示した。

$$\mu = \mu_m S / \left\{ (K_s + S)(1 + P_1/k_1 + P_2/k_2) + S^2/k_2 \right\}$$

ここで，S はグルコース濃度，P_1 は乳酸濃度，P_2 はアンモニア濃度，μ_m は最大比増殖速度，K_s は飽和定数，k_1, k_2, k_3 はそれぞれ，乳酸，アンモニア，グルコースに対する阻害定数である。以上の結果などを参考にしながら，動物細胞を高濃度まで培養するためには，何が最も増殖を抑制するかを予測し，その物質を効果的に除去できるような培養装置と培養方式を確立する必要があろう。

5.4.3 付着性細胞の培養

以上，主として浮遊細胞の培養について述べたが，壁付着性の細胞の培養には古くからローラーボトルが用いられている。これは，円筒形のプラスチック製ボトルを低速度で回転しながら培養するもので，あまり広い底面積を得る事ができない。現在，炭酸ガスインキュベーターに収納できる小型のものから，極めて大きなものまで各種の機器が市販されている。近年，大きな面積を利用できるように $100 \sim 200 \mu m$ の径を持つマイクロキャリアービーズに細胞を付着させ，浮遊培養と同様に付着性細胞を培養する方法が開発された。この方法を用いる時には，細胞がビーズから剥離しないよう撹拌などに配慮が必要であり，改良されたスピナーフラスコやマグネティックスターラー，振とう培養機などが市販されている。

第4章 動物細胞生産有用物質の分離精製における問題点

山崎晶次郎* 小林茂保**

1 はじめに

　動物細胞により生産される有用物質（本章ではタンパク質に限定する）は，その多くは特殊な生理活性を有することから，医薬品などへの応用が期待されている。ところが，数万種類にも及ぶ物質の中から目的とする有用物質を単離することは容易なことではない。まして，医薬品のような人体への使用を目的とする場合には，有害な不純物は完全に除去しなければならない。また，有用物質の生産性向上をめざして，微生物あるいは他の動物細胞への遺伝子組換えを行う場合とて，その構造遺伝子を得るために，有用タンパク質をそのアミノ酸配列解析が可能なまで高度に精製することが要求される。こうした状況下で重要となるのは，分離精製手段で，現在その技術的改良により，多くの有用物質が単離されつつある。

　ここでは，物質の分離精製技術に焦点を合わせ，改善された諸問題，あるいは今後，新規有用物質の分離精製にあたって問題となるところを明示し，対策なども含めてまとめる。

2 分離精製技術

　動物細胞生産有用物質の多くは細胞分泌物であり，その分離精製工程は，図4.2.1に示す工程で代表される。すなわち，培養上清の分離（細胞除去）の後，培養上清の濃縮，そしてカラムクロマト操作である。このうち，カラムクロマト法が精製工程の中心技術で，目的物質により適当な方法を選択しなければならないが，現在最も広く活用されているのがアフィニティークロマト法およびHPLC（高速液体クロマト法）であろう。

2.1 アフィニティークロマト法

　アフィニティークロマト法は，大規模なスケールでの精製をも可能にし，工業的にも広く利用

---

　*　Shyojiro　Yamazaki　東レ（株）基礎研究所
　**　Sigeyasu　Kobayashi　東レ（株）基礎研究所

2 分離精製技術

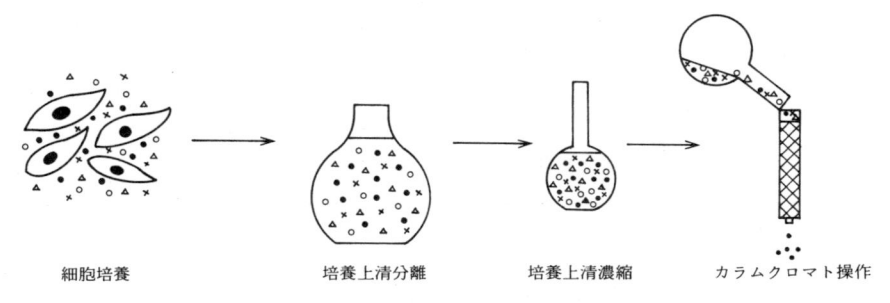

図4.2.1 動物細胞生産分泌型有用物質の分離精製工程
（細胞培養 → 培養上清分離 → 培養上清濃縮 → カラムクロマト操作）

されている。アフィニティーは，イオン結合や疎水結合など，いくつかの相互作用からなる目的物質とリガンド間の親和性を意味しているので，イオン交換クロマト法やシリカ吸着クロマト法も広義的にはこれに含めて考えても良いであろう。担体にも，アガロース系，デキストラン系，セルロース系，ポリアクリルアミド系，ガラス系担体と数多く，またリガンドと担体との結合様式[1]も数多く見出されている。リガンドの種類も，市販品だけで百種類を超えるに至った。このリガンドの種類によりアフィニティークロマト法を分類したのが表4.2.1であり，タンパク質のもつ特異性によるものと，タンパク質のもつ一般的な性質によるもの（群特異性）との2種に大別される。前者に属するものに，抗原抗体反応，レセプターへの結合反応，酵素・基質結合反応を利用したものがあげられ，なかでも抗原抗体反応による抗体カラムあるいは抗原カラムの応用はめざましいものがある。これらは非常に特異性が高いため，一段で，$10^3 \sim 10^4$倍もの精製度が得られることもある。一方，群特異性を示すものでは，前者に比べると精製度はやや落ちるが，二段あるいは三段の組み合わせで高純度の精製品を得ることは可能となった。この場合，目的物との結合様式の異なるアフィニティーカラムの組み合わせが必要であろう。この典型的な例として，ブルーアガロース，亜鉛キレートカラム二段によるβ型インターフェロンの精製[2]があげられる。

2.2 HPLC（高速液体クロマト法）

アフィニティークロマト法とならんで，最近めざましい発展をとげたのがHPLCである。HPLC用のカラムも数多く開発され，その分離モードにより，表4.2.2のように分類される。なかでも，逆相カラムの応用が多く，炭素数の異なるアルキル基，フェニル基，シアノプロピル基，アミノプロピル基などを有する数種類のカラムが開発され，タンパク質の分離精製に良い成果を収めている[3]。

第4章 動物細胞生産有用物質の分離精製における問題点

　HPLCに使われるゲル濾過カラムやイオン交換カラムでは、シリカ担体と親水性合成ポリマー担体の2種類があり、タンパク質の性質に応じ、非特異的吸着の少ない方が望まれる。この他、最近、ハイドロキシアパタイト充填カラムの開発も進み、タンパク質の分離精製に応用されつつ

表4.2.1　タンパク質の精製に用いられるアフィニティークロマト法

タ　イ　プ	リ　ガ　ン　ド　の　種　類	目　的　精　製　物
1) 特異性 　アフィニティー 　クロマト法	抗原または抗体(タンパク質) レセプターまたは結合物(タンパク質) 基質または基質アナログ(アミノ酸、ペプチド、タンパク質、糖質、脂質、補酵素、ヌクレオチド、ポリヌクレオチド、核酸など)	抗体または抗原 レセプター結合またはレセプター 酵素
2) 群特異性 　アフィニティー 　クロマト法	a) 生物学的化合物 　　Con A (タンパク質) 　　Protein A (タンパク質) 　　糖質 　　補酵素、ポリヌクレオチド、核酸 b) その他の化合物 　　チオール化合物 　　色　素 　　疎水性化合物(フェニル基、オクチル基、アミノ酸ペプチド、ヌクレオチドなど) 　　金属キレート化合物	 糖タンパク質 免疫グロブリン 結合タンパク質、レクチン NADP特異性酵素 SH基含有タンパク質 結合タンパク質 疎水性の高いタンパク質 結合タンパク質

表4.2.2　タンパク質の精製に用いられるHPLCの種類

種　　類	分離パラメーター	カ　ラ　ム　例
1. 逆相HPLC	タンパク質の疎水性	アルキル基(C_1, C_4, C_8, C_{18}) フェニル基、シアノプロピル基(CN) アミノプロピル基(NH_2)などを結合させたシリカ担体カラム
2. ゲルクロマトグラフィー	タンパク質分子の大きさ	シリカ担体カラム 親水性ポリマー担体カラム
3. イオン交換HPLC	タンパク質の電荷	陽イオン交換基(SP, CM)、陰イオン交換基(DEAE)を結合させたシリカ担体カラムまたは親水性ポリマー担体カラム
4. ハイドロキシアパタイトHPLC	タンパク質の負電荷、疎水性など	板状または球状ハイドロキシアパタイトカラム
5. アフィニティーHPLC	タンパク質の特異性	抗体結合シリカ担体カラム

ある[4),5)]。また抗α型インターフェロン抗体をシリカ担体に共有結合でつけ，HPLC型アフィニティークロマトカラムとして応用した例[6)]もある。

以上のように，今後，タンパク質精製におけるHPLCの応用はますます進み，分離モードの異なるHPLCカラムの組み合わせのみによるタンパク質精製もなされるであろう。

3 有用物質の分離精製における問題点と対策

有用物質の分離精製における問題点として，(1)分離精製工程上の問題点，(2)分離精製される物質の性状に基づく問題点，(3)分離精製される物質の使用目的上の問題点，の3つに整理して表4.3.1にまとめたが，これらは相互に関連している。

表4.3.1 動物細胞生産有用物質の分離精製における諸問題および対策

1. 分離精製工程上の問題点	
(1) 細胞培養条件の及ぼす影響	細胞培養条件の検討（無血清培地，他）
(2) 大量処理技術	塩析法，限外濾過法，吸着クロマト法等による濃縮および部分精製
(3) カラムクロマト操作	最適溶媒条件の検討，目的物質の変性・凝結の防止（適切な安定化剤の検討），汚染の防止
2. 物質の性状に基づく問題点	
(1) 物質の追跡	活性測定法または免疫化学的定量法の確立
(2) 物質の不均一性（糖鎖の不均一性，サブタイプの存在）	酵素処理による不均一性の除去，物理化学的測定による情報収集
(3) 高い疎水性のおよぼす影響	非特異的な吸着の防止（容器の選択，シリコンコーティング）
3. 使用目的上の問題点（医薬品としての使用に限定して）	
(1) 培地・培養細胞などの構成成分の混入	完全除去および免疫化学的手法による否定
(2) 人体に影響をおよぼす汚染物の混入（微生物，内毒素，核酸等の混入）	混入の防止，否定試験による混入否定

3.1 分離精製工程上の問題点

3.1.1 細胞培養条件がおよぼす分離精製への影響

有用物質の多くが細胞分泌物であり，細胞培養条件により，その産生量は大きく異なってくる。この産生物質を増加させるために種々の培養条件検討がなされているが，なかには，産生物質の分離精製を困難にするケースも考えられる。たとえば，ウシ血清の添加はタンパク質含量を増加

第4章 動物細胞生産有用物質の分離精製における問題点

させ，必要な有用物質の相対的な含量を極端に下げることとなる。したがって，純品を得るには高い精製倍率をもって分離精製する必要がある。また，有用物質のなかには，この血清タンパク質との分離が悪いものもあろう。

この問題の解決のため，無血清培地あるいは低濃度血清培地による細胞培養があげられる。必要最少限の栄養素で効率のよい物質生産が得られれば，なによりも，その分離精製が楽である。こうした無血清培地での動物細胞培養により，その産生物質の分離精製がスムーズにいった例にβ型インターフェロンの例[7]があり，この場合，カラム操作は溶出条件の異なるブルー・セファロース二段で行われ，純品が得られている。

3.1.2 大量処理技術

(1) 分泌型有用物質

動物細胞産生分泌型有用物質では，適当な方法により細胞を除いた後，その物質を含む培養上清を得るわけであるが，この培養上清たるや大量細胞培養の際には数百〜数千リットルにものぼる。したがってカラムクロマト操作へ移るには，この培養上清の濃縮工程は避けられない。このために種々の方法が考えられており，なかでも，塩析法，限外濾過法，吸着クロマト法などが有効な手段としてあげられる。

①塩析法

塩析法は，部分精製という意味合いからも有効で，モノクローナル抗体をはじめ，多くの有用物質の濃縮，部分精製の両効果を狙って，行われている。この場合，高塩濃度により著しく活性低下をひき起こす物質もあり，その安定性には注意を要する。

この他，有機溶媒や重金属による沈殿法も考えられるが，塩析法同様，タンパク質の変性を充分考慮しなければならない。

②限外濾過法

限外濾過法は，濾過膜のポアサイズを目的物質の分子量に合わせて選択し，その物質を失うことなく培養上清を濃縮する方法であるが，部分精製という意味合いからは，その効果は極めて低い。また，濃縮の面でも注意を払わなければならない点は，物質の膜への吸着である。膜の素材にもよるが，比較的疎水性の高いアミノ酸残基を多く含む物質は，非特異的な吸着を起こしやすく，極端に収率を下げる原因にもなる。現在，限外濾過膜および限外濾過装置は数種類市販されており，大量処理の面からも多くの改善がなされている。

③吸着クロマト法

この他，前処理なしに直接培養上清を担体に接触させて精製を始めることもある。吸着クロマト法がそれで，これには，吸着担体をカラムにつめ，低速で培養上清を通液するカラム式と，培養上清に吸着担体を加えて撹拌するバッチ方式とがあり，大量処理にはバッチ式が適している。

3　有用物質の分離精製における問題点と対策

吸着担体としては，アフィニティークロマト担体が多く，担体からの物質遊離法を工夫することにより，培養上清の濃縮のみならず部分精製の面からも良い結果が得られる。しかし，培養上清中の目的物質含量が極端に低い時，効率よく有用物質が担体に吸着されないこともあり，前処理としてあらかじめ濃縮しなければならないケースもある。また，吸着担体の選択も重要であり，大量処理の面からも安価な担体が要求される。

(2) 膜結合有用物質

細胞の膜上あるいは膜内に存在する有用物質，ウイルスの表面抗原などを精製する場合には，目的タンパク質を膜に結合させたまま膜断片の形に分離しなければならない。細胞を破壊することにより，多くのタンパク質が新たに現われ，目的物の精製をむずかしくするため，得られた膜断片の洗浄を充分する必要がある。この際，目的物質の膜への結合力が弱いと，それを洗浄液へ失うこととなり，注意を要する。

(3) まとめ

以上，培養上清の濃縮，部分精製，あるいは膜結合有用物質の部分精製などでは，あくまでも大量処理を考慮のうえ，これに適した方法の選択をしなければならない。

3.1.3　カラムクロマト操作上の問題点

(1) アフィニティークロマト法

現在，生理活性物質の精製に広く用いられているのが，表2.2.2にあげたアフィニティークロマト法であろう。目的物質をカラム中のリガンドに結合させた後，カラムの洗浄，そして物質の溶出など充分に検討し，それぞれ最適溶媒条件を見いだすことが基本である。この最適溶媒条件は，物質の変性・凝結などの変化を防ぐ見地からも考えなければならない。カラム担体の選択では，特異性が高いものほど，高い精製度が得られるため有効であり，この意味から，抗体カラムの使用はかなり多い。

抗体カラムの使用で問題となるのが，リガンドとして用いる抗体の純度および性質で，これは，抗体作製に用いた抗原の純度および性状により大きく左右される。ウサギなどへの感作による旧来の抗体作製法では，抗原の低純度により目的物質以外の抗体も作られ，抗体カラムの特異性を下げることとなる。抗体を作製する場合には，細胞融合法によるモノクローナル抗体作製が望ましく，10％程度の純度の抗原でも単一抗体作製が可能である[8]。

一方，抗体作製時の抗原添加物（共存物）の影響が現われることもある。エリスロポイエチンの例[9]をあげると，SDS-PAGEゲルより目的タンパク質バンドを抽出し，これを抗原としてモノクローナル抗体を得ると，もはや，この抗体はSDS処理した抗原にのみ結合するように変化しており，抗体カラム上ではSDS未処理の試料は吸着しないことが明らかとなった。すなわち，抗体作製の際，抗原の性状も充分考慮しなければならず，できた抗体の性質をしっかりとつかむこ

第4章　動物細胞生産有用物質の分離精製における問題点

とが重要である。

以上，アフィニティークロマト法では抗体カラムを例に，そのリガンドの性質をつかむことを述べてきたが，この他，リガンドの遊離も大きな問題となる。リガンドがタンパク質あるいは毒性の強い物質の場合には，特に注意を要する。

(2) 逆相HPLC

分離能のよい精製技術に逆相HPLCがあげられ，TNF[10]，インターフェロン[11],[12]，IL-2[13]，CSF[14]などの精製によい成果を収めている。これらは，いずれも精製最終工程あるいはそれに近い工程で特に有効で，微量存在する不純物の除去に適している。しかし，問題はHPLC操作中の物質の安定性で，特に，逆相HPLCカラム溶出条件であるpH 2～7の酸性溶媒およびアセトニトリルなどの有機溶媒中での高い安定性が必要となる。この他，疎水性の高い物質では，逆相カラム中で強く吸着されたままで回収されないこともあり，カラムの選択などに注意を要する。

(3) その他

カラムクロマト操作上の問題点ではこの他，物質のガラス表面への吸着[15]，汚染防止などがあげられるが，これらは以下の項で述べる。

3.2 分離精製される物質の性状に基づく問題点

3.2.1 物質の追跡

有用物質分離精製段階において，その物質の追跡に活性測定法の確立は必須である。しかも高感度の，そして迅速な活性測定法が望まれる。もし活性測定に1週間も要するようでは，物質によっては，その溶出フラクション確認以前に失活してしまうおそれもあり，できるかぎり早く物質の存在を確認し，より安定な溶媒条件へ移さなければならない。このような活性測定法の確立が望めない場合には，抗体を作製し，EIA，RIAなどの免疫化学的方法を用いて物質の定量をするほかはない。

3.2.2 物質の不均一性

動物細胞生産有用物質は，糖タンパク質も多く，その糖鎖に基づく等電点の不均一性あるいは分子量の不均一性を示すことがしばしばあり，このような糖鎖構造の不均一性が，その物質の分離精製に支障をきたす例は少なくない。そこで，糖鎖が直接，物質の生理活性に関与してないことを確かめた後，ノイラミニダーゼあるいはグリコシダーゼにより，等電点の不均一性あるいは分子量の不均一性をとり除くと，物質の分離精製に思わぬ好結果をもたらすこともある。しかし，用いる酵素の中にプロテアーゼが混入しているおそれもあり，純度の高い酵素を使用しなければならない。

糖鎖に基づく不均一性の他に，アミノ酸残基がごくわずか置換したサブクラスの存在による不

均一性もみられる[16]。大部分の化学的性状は類似していても，等電点や疎水性の相違など，置換したアミノ酸残基によって，その不均一性の現われ方が異なる。物理化学的解析などにより目的物質の性質をつかみ，不均一性が影響しない精製手段を選択すべきである。

3.2.3 高い疎水性のおよぼす影響

先にも述べたが，有用物質のなかには，ロイシン，イソロイシン，バリンなど疎水性アミノ酸残基に富むものがあり，当然，そのタンパク質表面も疎水性の高い構造を保持していることが多い。こうした物質は，ガラス製の容器，カラムあるいはカラム担体などに非特異的に吸着されやすい[15]。このため，非特異的な吸着を起こしにくい合成ポリマーからなる容器の使用，あるいはガラス容器のシリコンコーティングなどが，その防止に有効である。

3.3 分離精製される物質の使用目的上の問題点

ここでは主に，人体に使用する医薬品としての物質精製に限って問題点をしぼってみた。

3.3.1 培地および培養細胞などの構成成分の混入

医薬品として有用物質の分離精製を行う場合，その物質の純度は必ずしも100％である必要はなく，抗原性のない，毒性のないものであれば，ヒト細胞由来の物質の混入はかまわない。しかし，生理活性物質の阻害剤のようなものが混入すると，医薬品としての効力が薄れることにもなり，好ましくない。

培地などの成分の混入，たとえばウシ血清タンパク質など，ヒト以外のタンパク質の混入は，絶対避けなければならない。このために，EIA，RIA などによるヒト以外の異種タンパク質の定量測定を行い，その混入を完全に否定しておかねばならない。この他，先に述べた抗体カラムの使用などでは，そのリガンドの遊離によるマウスモノクローナル抗体などの混入のおそれがあり，これも，物理化学的方法・免疫化学的方法を用いて否定しておく必要がある。

3.3.2 分離精製中の汚染物混入防止

ここでいう汚染物質とは，細菌，真菌，マイコプラズマなどの微生物，LPSなどの内毒素（エンドトキシン），そして細胞由来の核酸などを指す。通常，生物製剤に実施している無菌試験，真菌否定試験，マイコプラズマ否定試験で，微生物汚染は否定することができる。また，内毒素の否定も，発熱試験，リムラステストなどが行われている。最近，比色法エンドトキシン定量試薬[17]も市販されており，これによって 0.1 ng/ml 以下の微量測定も可能となった。しかし，いったん微生物，内毒素が混入すると，除去するのが容易でないため，物質の精製段階では充分注意を払わなければならない。

この他，ウイルス，核酸の混入問題であるが，物質により，その可能性は大きく異なる。たとえば，モノクローナル抗体では，人体への適用の面から，その精製過程で，ウイルスおよび核酸

第4章 動物細胞生産有用物質の分離精製における問題点

汚染に充分注意が払われており, 各種否定試験が試みられてはいるが, その汚染の確率は極めて低いと考えられている。対策としては, 否定試験のほか, 精製途中でのDNase, RNase処理があげられる。なお, 詳しくは松橋の報告[18]を参照されたい。

3.4 遺伝子組換えを目的とした有用物質の精製

有用物質の生産性向上をめざし, 大腸菌, 酵母などの微生物, あるいは他の動物細胞への遺伝子組換えを目的として, 有用物質の分離精製が行われるケースも多い。この場合, 精製されたタンパク質のN末端アミノ酸配列数十残基を決定し, それを手がかりに構造遺伝子探索が行われるわけであるが, 最近のアミノ酸配列解析の進歩により, 微量の試料で解析可能となった。すなわち, 気相式プロテインシーケンサーでは, 数百ピコモルの試料で, 40〜50残基のN末端アミノ酸配列が決定されている[19]。したがって, 目的タンパク質の分子量にもよるが, 10 μg程度の試料で充分ということになり, 目的物質の分離精製にかかる負担が軽くなりつつある。しかし, 90％以上の純度は必要であろう。

4 おわりに

以上, 有用物質の分離精製における問題点を述べてきたが, 筆者らの狭い見地からのものにすぎず, まだまだ多くの問題点がひそんでいるものと思われる。物質により問題点のとらえ方も異なり, また問題点への比重のかかり方も違ってくる。

分離精製技術に関しては, その物質を扱っている研究者が一番よく知っており, ゆだねるより他はないが, 今後, 多くの医薬品として世に送り出されるタンパク質製剤の品質管理に関しては, 安全性という面からまだまだ問題点を深く考える余地があろう。良識をもって問題解決に立ち向かって行かねばなるまい。

文　献

1) 千畑一郎, ほか, "実験と応用 アフィニティクロマトグラフィー", 講談社サイエンティフィク, p.19 (1976)
2) 小林茂保 編, "インターフェロンの科学", 講談社サイエンティフィク, p.156 (1985)
3) 宇井信生, ほか, "タンパク質・ペプチドの高速液体クロマトグラフィー", 化学同人, p.127 (1984)

4) 三井東圧化学㈱, BIO INDUSTRY, **2**(9), 760 (1985)
5) 池田幸悦, ほか, 生化学, **57**(8), 847 (1985)
6) S. K. Roy, et al., *J. Chromatography,* **303**, 225 (1984)
7) E. Knight, Jr, D. Fahey, *J. Biol. Chem*., **256**, 3609 (1981)
8) 杉 正人, 藤本正雄, "遺伝子組換え実用化技術3集", サイエンスフォーラム, p. 402 (1983)
9) S. Yanagawa, et al., *J. Biol. Chem.,* **259**, 2707 (1984)
10) B. B. Aggarwal, et al., *J. Biol. Chem.,* **260**, 2345 (1985)
11) D. S. Hobbs and S. Pestka, *J. Biol. Chem.,* **257**, 4071 (1982)
12) H. Friesen, et al., "Methods in Enzymology", vol. 78, Academic Press, p. 430 (1981)
13) K. Kato, et al., *Biochem. Biophys. Res. Commun.,* **130**, 692 (1985)
14) R. L. Cutler, et al., *J. Biol. Chem.,* **260**, 6579 (1985)
15) 浅川直樹, ほか, 薬学雑誌, **103**, 518 (1983)
16) G. Bodo, G. R. Adolf, "The Biology of the Interferon System", Elservier, p. 113 (1983)
17) M. Ohki, et al., *FEBS Letters,* **120**, 217 (1980)
18) 松橋 直, トキシコロジーフォーラム, **8**, 455 (1985)
19) M. W. Hunkapiller, et al., "Methods in Enzymology", vol. 91, Academic Press, p. 399 (1983)

第5章　動物細胞大量培養による有用物質生産の現状

1　ウロキナーゼ

有村博文*

1.1　はじめに

　プラスミノーゲン・アクチベータ（PA）は，不活性なプロエンザイムであるプラスミノーゲンを活性型酵素であるプラスミンに変換させ，これによりフィブリンを溶解させる[1]。PAは免疫学的に2つのグループ，すなわちウロキナーゼ（UK）と組織PA（t-PA）とに分類することができる[2]。

　UKの産生細胞としては，腎細胞[3],[4]やある種の癌細胞などが知られており，t-PAの場合には，血管内皮細胞[5],[6]やメラノーマ細胞[7]などによる産生が良く知られている。ヒトにおいてはUKは，腎で産生され尿中に排泄される[8],[9]。

　現在臨床で血栓溶解剤として使用されているUKの大部分は，人尿より精製されたものであるが，近年，腎細胞の培養液より精製されたものも使用されるようになった。

　人尿より得られるUKには高分子量型（分子量　約53,000ダルトン）と低分子量型（分子量約33,000ダルトン）の2つのタイプが存在する[10],[11]。高分子量型は還元処理を施すと分子量約20,000と約33,000の2つのフラグメントに開裂する[12],[13]。UKは活性部位にセリンを有するセリンプロテアーゼであり，その活性部位は低分子量型のB鎖にあるが，高分子量型の方がフィブリンに対する親和性が高い[14]。

　人尿をUK製造の原料とする場合，人尿中に含まれるUKは微量であるために，大量の人尿を必要とする。そのため，ヒト腎細胞を培養しUKを製造しようとする試みが多数なされている。筆者らも，ヒト腎細胞の培養によりUKを産生しようとする試みを10年以上前から続けているが，最近，この腎細胞を無血清培養した場合，その培養液中にUKの前駆物質である不活性型UKが産生されることを明らかにした[15]~[17]。

　以下，ヒト腎細胞を用いてのUK産生，ならびに遺伝子組換え技術を用いてのUK産生について紹介したい。

---

*　Hirofumi　Arimura　（株）ミドリ十字　中央研究所

1　ウロキナーゼ

1.2　ヒト腎細胞を用いてのウロキナーゼ産生
1.2.1　培養方法

　動物細胞を培養する場合，一般に，血液細胞以外の細胞は何らかの担体の表面に付着して増殖する。付着して増殖する場合，増殖が進み隣接する細胞どうしが接触するようになると，細胞増殖は単層を形成したままで停止する。そのために，単層培養法により大量の産生物を得ようとする場合，細胞増殖のために広大な表面積を必要とする。このような表面積の制限から逃れる方法として，三次元的な増殖が得られる浮遊培養法がある。しかしながら，元来，単層培養に適している細胞を，浮遊培養にadaptさせることはかなり困難なことであり，細胞の増殖度もあまり良くない。

　近年，単層培養法にadaptしている細胞を大量に培養する方法として，多段式の培養装置を用いたり，円筒式の培養瓶を回転させて表面積の増加を図るか，あるいはマイクロキャリヤー・ビーズの表面に細胞を単層に増殖させ，このビーズを浮遊培養系で培養する方法などがとられている。マイクロキャリヤー・ビーズ用の培養装置も市販されている。

　ヒト腎細胞を大量培養してUKを得る場合にも，これらの培養方法が使われている。筆者らもこれら3方式による培養を試みたが，マイクロキャリヤー・ビーズを用いた場合には，1 ml 当たり人尿に含まれるUKの約100〜200倍量の産生を認めた。

1.2.2　細胞

　細胞培養で得た物質を医薬品として商品化するためには，目的物質をいかに長期的に安定して産生するか，いかに効率よく多量に産生するか，が最も重要な問題点である。これらの問題点は培養装置・培養条件を検討することにより，ある程度は解決できるが，使用する産生細胞が大きな鍵を握っていると言えよう。

　大量培養を実施する場合，目的物質の産生量，増殖速度等の面からの細胞のスクリーニングは必須である。株化されている細胞の場合でも，再クローニングを試みると性状の異なったクローンが多数得られる。筆者らも，以前にクローニングした腎細胞を数年後に再クローニングしたところ，UK産生量で10倍以上も差のあるクローンを得たことがある。最近では，CO_2ふ卵器や器材の発達，普及で，細胞のクローニングは簡単に実施できる作業となっている。

1.2.3　ヒト腎細胞の培養で得られたPAの性状

　ヒト腎細胞を無血清培養し，培地中に産生されたPAを，抗UK抗体をカップリングしたSepharose担体を用いて高度精製した。

　精製したPAの分子量は，SDS-PAGEおよびSephadex G-100によるゲル濾過分析によると，約53,000ダルトンであった。またこの分子量は還元処理を施しても変化しなかったし，その酵素活性は抗UK抗体で完全に中和された。尿由来のUKの分子量は，非還元条件下のSDS-PAGE

で約53,000であったが、還元条件下では分子量約33,000と約20,000の2本のポリペプチド鎖に開裂した。これらの知見から、腎細胞の培養液から得たPAと尿由来UKとは、同等もしくは類似の抗原決定基を有しているが、UKは2本のポリペプチド鎖がS-S結合により連結しているのに対し、腎細胞より得たPAは1本のポリペプチドからなる構造を有し、UKの不活性型前駆物質であることが示唆された。この物質をPlasminogen Pro - Activator (PPA) と呼ぶことにした[15]〜[17],[27]。

PPAのアミノ酸配列を調べたところ、411個のアミノ酸は、ヒトUKのcDNAから予想されるUK前駆体のアミノ酸配列[18]と完全に一致した。PPAの活性中心部位 (His- 204, Asp- 255, Ser- 356) は不活性であるが、Lys - 158 - Ile - 159の結合がプラスミンにより限定分解されるとUKに変換し、酵素活性を発現する。PPAは、その構造中のkringle domain (Cys - 50 - Cys - 131の領域) に存在するlysine - binding siteを介してフィブリンに結合する (図5.1.1)。

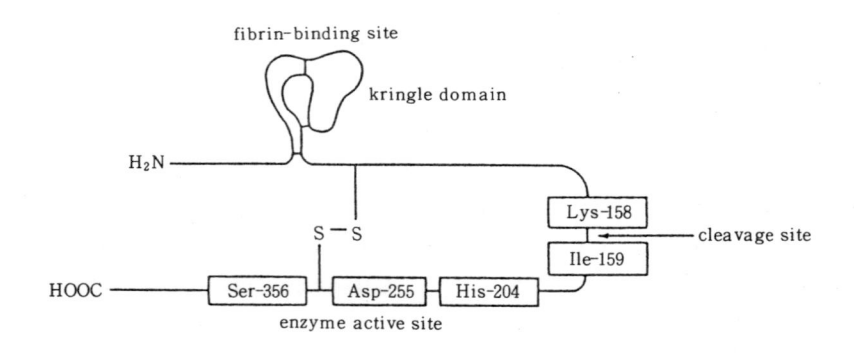

図5.1.1 PPAの構造と機能

1.3 遺伝子組換えによるウロキナーゼ産生

大腸菌を宿主とし、クローン化された有用タンパク質の遺伝子を用い、遺伝子産物の大量生産を行う系は、技術的にほぼ完成し、高い生産性に達した報告が多数なされている。しかし、その反面、大腸菌では、合成された異種タンパク質の細胞外への分泌が行われず、菌体内でしばしば不溶化し (写真5.1.1)、抽出・精製に多大の困難が伴うこと、また、菌体内ではアミノ酸残基の修飾や糖鎖の付加、タンパク分子内でのS-S結合などが不完全であったり、不能であったりすることなど、現状では容易に解決できそうにない問題点も多い[19]。このような事情から、培養動物

細胞を宿主とし，これに外来遺伝子を導入して遺伝子産物の分泌・量産を行う"組換え動物細胞"の系の開発が，近年急速に進められる様になった。

組換え動物細胞の系では，最適な宿主一ベクター系がまだ限定されておらず，目的とするタンパク質の種類，性状によって，それぞれ好適な宿主一ベクター系を検索する必要がある。このように，技術的にはまだ未熟な点もあるが，

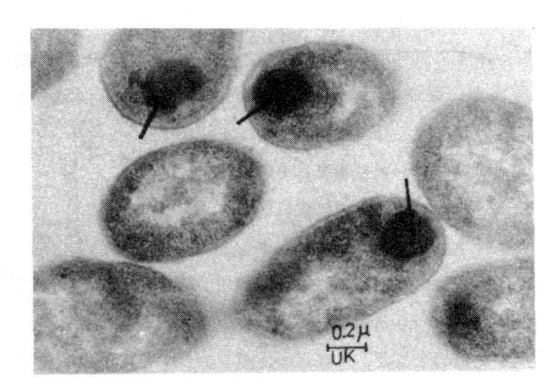

写真5.1.1　大腸菌の菌体内で合成されたUK

産生された産物は，天然型とほぼ同等の性状および生理活性を示すことが考えられることから，今後飛躍的な発展が期待される系であろう。

1.3.1　大腸菌を用いてのウロキナーゼ産生

UKは，t-PAとともに，凝固線溶系のkey-enzymeの1つである。UKのmRNAについては，cDNAの解析が筆者らの研究[18]を含め，既に報告されており[20]，t-PAとともに，その遺伝子レベルおよびタンパクレベルでの解析が最も進んだ酵素の1つである。

UKの遺伝子組換え法による発現は，大腸菌を用いた報告がすでに行われ，産生されたUKの生物活性についても，いくつかの報告がある[21),22)]。

UKは，まず411個のアミノ酸からなる分子量約53,000の1本鎖のプロエンザイム(Pro-UK)として分泌され，活性化に伴って人尿中にみられる2本鎖の高分子量型UKに転換する[15),23),24)]。Collenら[25]は，大腸菌で産生されたPro-UKがt-PA類似の性状を示すことから，その血栓溶解能に注目したが，精製工程での低分子化を防ぐことが困難であり，Pro-UKの大量生産法確立には成功していない。

1.3.2　組換え動物細胞を用いてのウロキナーゼ産生

筆者らは，現在，ヒト腎細胞の培養でPPA(Pro-UK)を産生しているが[15]，正常細胞で発現している遺伝子自体を操作することは現在の技術では不可能であり，培地組成や培養条件の検討を行ったとしても生産性向上には限界がある。したがって，組換え動物細胞によるPPAの産生が期待されるが，その生産例はまだ報告されていない。これらの事情から，組換え動物細胞によるPPA産生を検討した[26]。

(1) **形質導入**

第5章 動物細胞大量培養による有用物質生産の現状

UKのcDNAは,全長約2,500 bpで,このうちタンパクをコードする部分は約1,250 bpである[18]。UKのシグナルペプチドを含む約1,700 bpをSV-40の初期プロモーターの下流に接続し(図5.1.2),Neo耐性遺伝子を含む選択ベクターとともにCHO-K1細胞に共形質導入(Co-transfection)した。

(2) ウロキナーゼの産生とその性状

G-418による選択の結果,得られた耐性コロニーをクローニングし,UK産生を調べたところ,G-418耐性コロニーのうち約30％でUKの産生が確認された。これらの形質転換細胞からクローニングを繰り返して得られたUK産生細胞株では,100〜200 IU/ml/日のUKの分泌が認められた。

写真5.1.2は,これらの細胞によって産生されたUKを,抗UK抗体を用いたWestern Blotting法で調べた結果である。写真5.1.2に示すように,選出した3株では,メルカプトエタノールによる還元処理で分子量約53,000,33,000,20,000の3つのバンドが検出される。これらの3つのバンドは,対照として泳動した,分子量約53,000のヒト腎細胞由来PPAおよび人尿由来2本鎖高分子量型UKの分子量約33,000および20,000の2本のバンドと分子量的に一致する。

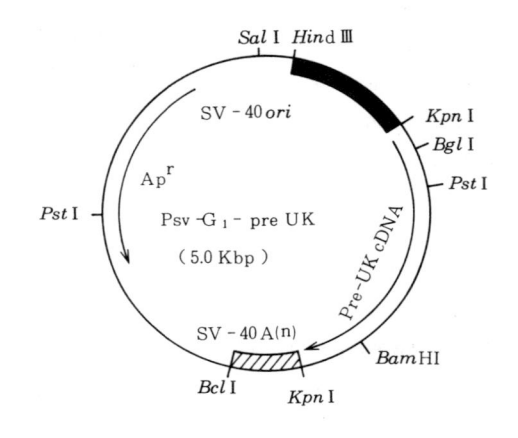

図5.1.2 UK産生に用いる発現プラスミド・ベクター

大腸菌で産生された糖鎖のないPro-UKは,分子量約46,000〜50,000とされているが[21],CHO細胞より得られるUKの分子量は明らかにこれより大きい(写真5.1.2)ことから,CHO細胞では,天然型と同様に糖鎖が付加されたPro-UKの産生が行われているものと考えられる。

(3) 現状と課題

Pro-UK産生CHO細胞は,クローニング後1年以上にわたってPro-UK産生能の変動が調べられている。その結果,得られた細胞株は平均150〜300 IU/ml/日のUK産生を示し,この値は正常細胞での産生量に匹敵するものであった。このことはまた,導入したUKのcDNAの遺伝子発現が極めて安定であることを示唆している。ただ,写真5.1.2にも示されるように,CHO細胞の培養上清中では,分泌されたPro-UKの2本鎖への解裂が比較的容易に起こりやすく,1本

鎖UKの存在比は約30%であった。この点については，宿主細胞の選択，培養方法の改良等によって解決できるものと考えられるので，今後，より好適な宿主ーベクター系の開発と相まって，重視すべき課題である。

（本稿を準備するにあたりご協力いただいた金田照夫博士ならびに笠井俊二博士に深謝します。）

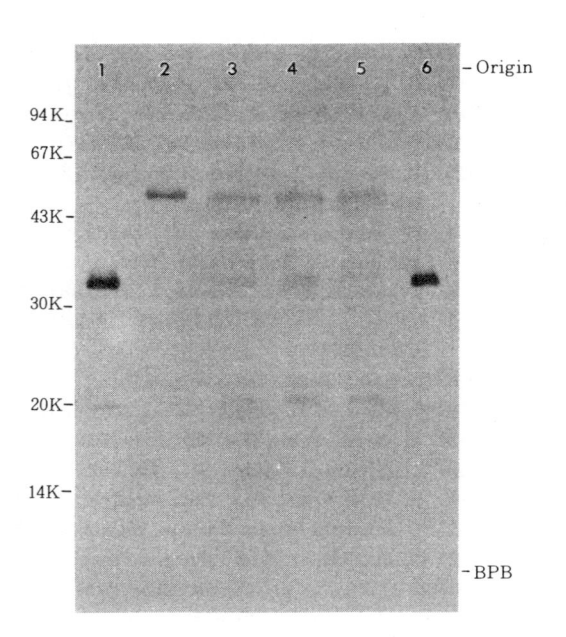

写真5.1.2　組換えCHO-K1細胞によって産生されるヒトウロキナーゼ
1，6……人尿由来高分子UK
2　　……ヒト腎細胞由来PPA
3，4，5…組換えCHO-K1細胞由来UK
（還元条件でSDS-PAGEにかけ，Western Blottingを行い，抗UK抗体を用いた酵素抗体法で染色）

文　　献

1) K. C. Robbins, et al., *J. Biol. Chem.*, **242**, 2333 (1967)
2) D. C. Rijken, et al., *J. Lab. Clin. Med.*, **97**, 477 (1981)
3) R. H. Painter, A. F. Charles, *Am. J. Physiol.*, **202**, 1125 (1962)
4) G. H. Barlow, L. V. Lazer, *Thromb. Res.*, **1**, 201 (1972)
5) A. S. Todd, *J. Pathol. Bacteriol.*, **78**, 281 (1959)
6) D. J. Loskutoff, T. S. Edgjngton, *Proc. Natl. Acad. Sci. U. S. A.*, **74**, 3903 (1976)
7) D. C. Rijken, D. Collen, *J. Biol. Chem.*, **256**, 7035 (1981)

8) T. Astrup, I. Sterndorf, *Proc. Soc. Exp. Biol. Med.,* **81**, 675 (1952)
9) G. W. Sobel, et al., *Am. J. Physiol.,* **171**, 768 (1952)
10) M. E. Soberano, et al., *Biochim. Biophys. Acta.,* **445**, 763 (1976)
11) A. Lesuk, et al., *Science.* **147**, 880 (1965)
12) H. Sumi, K. C. Robbins, "Progress in Fibrinolysis", Vol. 5, Churchill Livingstone, Edinburgh, p. 36 (1981)
13) H. Sumi, et al.,:Abstract of 3th congress of Japanese Society on Thrombosis and Haemostasis, Tokyo, p. 91 (1980)
14) T. Suyama, et al., *Thrombos. Haemostas.,* **38**, 48 (1977)
15) 笠井俊二，有村博文，"組織培養応用研究法"(山根績，遠藤浩良 編)ソフトサイエンス社，p.381 (1985)
16) S. Kasai, et al., *Cell Structure Funct.,* **10**, 151 (1985)
17) S. Kasai, et al., *J. Biol. Chem.,* **260**, 12377 (1985)
18) M. Nagai, et al., *Gene,* **36**, 183 (1985)
19) J. S. Emtage, *Nature,* **317**, 185 (1985)
20) P. Verde, et al., *Proc. Natl. Acad. Sci. U.S.A.,* **81**, 4727 (1984)
21) C. Zamarron, et al., *Thromp. Haemostas,* **52**, 19 (1984)
22) W. A. Günzler, et al., *Arzneim-Forsch.,* **34**, 652 (1985)
23) T. C. Wun, et al., *J. Biol. Chem.,* **257**, 7262 (1982)
24) G. Salerno, et al., *Proc. Natl. Acad. Sci. U.S.A.,* **81**, 110 (1984)
25) D. Collen, et al., *Thromb. Haemostas,* **52**, 24 (1984)
26) T. Kaneda, et al., (未発表)
27) S. Kasai, et al., *J. Biol. Chem.,* **260**, 12382 (1985)

2 モノクローナル抗体

J. R. BIRCH*

2.1 はじめに

1975年にKOHLERとMILSTEINが開発したハイブリドーマ技術[4]は,一定の規格のモノクローナル抗体をほぼ無制限に製造することを,初めて可能にした。モノクローナル抗体は,重要な研究手段としての価値を認められ,広く商業的な関心を集めるようになった。このように,モノクローナル抗体の応用範囲が広がるにつれて,これを適性な価格で,大量に(ということはgまたはkg単位で)製造する必要が出てきた。そこで,我々を含めたいくつかのグループが,その新しい製造方法の開発を進めている。

2.2 モノクローナル抗体の製造方法

製造方法には,ハイブリドーマ細胞をラットおよびマウスの腹水腫瘍として in vivo で培養する方法と,組織培養法を用いて in vitro で培養する方法がある。腹水法は,これまで主として少量(g単位)の製造に使用されてきた。この方法では,高濃度の抗体製造が可能である反面,動物1匹当たりの収率が悪く(マウス1匹当たり50 mg前後),製造能力を上げるためには極めて多数の動物が必要であり,抗体1 kgの製造に必要なマウスの数は,20,000匹と言われている。これに代わる方法として,我々が好んで用いているのは, in vitro の細胞培養法である。 in vitro 法は下記の点で有利である。

①培養槽を大きくすることによりスケールアップが可能で,スケールメリットが追及できる。
②製造工程は,極めて再生能の高い設計が可能である。
③各種試薬類や動物による汚染の心配が少ない。
④外来抗体の存在率をゼロまたは極めて低値にすることができる。
⑤齧歯類を使用した場合,ヒトの抗体製造は困難であるが,この方法ではそれが可能である。

2.3 均一懸濁培養システム

ハイブリドーマ細胞はフリーの懸濁液で培養できるので,微生物に用いられるような深底発酵槽での培養が原則的に可能である。

製造能力増強を考える際の要件として,次記を考慮する必要があるが,これらは均一懸濁培養システムの使用により,最も容易に満たし得るものである。

---

* J.R. Birch Celltech Limited Director of Fermentation and Downstream Processing

第5章　動物細胞大量培養による有用物質生産の現状

(1) 培養の環境条件

システムは，培養液の温度，pH，溶存酸素濃度が適性に維持できるような，混合・加熱能，物質移動特性を有するものとしなければならない。しかし，我々が取り扱う細胞は比較的こわれやすいので，混合能はそれに合わせたものとする。

(2) 無菌操作

動物細胞培養の関係者であれば，無菌の維持がいかに困難かは身をもって体験しているはずである。我々に必要なのは，細胞導入前に滅菌し，適当なバリアーによって操作期間中（バッチ培養の場合で1～2週間，連続培養の場合は数カ月に及ぶことがある）微生物を排除できるようなシステムである。小型のタンクであればオートクレーブでの滅菌も可能であるが，大型のタンクはそのままの位置で滅菌するほかない。その最も効果的な方法は，高圧高温でスチームをかけ，工程設計に工夫をこらすことであるが，この場合，たとえば，衛生圧力釜，シールレスポンプとバルブ等の使用が要求され，また，できれば，総て溶接したパイプを使用することが望ましい。亀裂，Dead-legs等は極力排除しなければならない。

(3) 工程の自動化

手動式の工程は，スケールが大きくなるに従って操作が困難になり，ますます労働集約的になる。したがって，大規模製造では自動化が不可欠の要件であり，デジタル式のバルブ・ポンプ自動管理装置，アナログ式コントロール，警報装置，異常事態発生時の緊急措置体勢等を装備したコンピュータによる管理システムを応用する必要がある。このような自動化は，コストの低下，安全体制の確立に極めて有効である。

(4) 製品の易回収性

モノクローナル抗体は，ハイブリドーマ細胞が分泌するものであることから，できるだけ直接に抗体を回収する方法が要求される。

(5) スケール・メリット

スケールアップの文字通りの意味は，単に製造工程における生産量を増やすことであり，その方法はいろいろあるが，スケールアップをすれば最終製品のコストを低下できるとは限らない。スケールアップが，製造単位の大きさを変えずに，単に製造単位の数（マウスまたは発酵槽）を増やすことであれば，資本および労働コストはスケールに比例して増加するにすぎない。それではコスト削減のメリットはない。しかし，製造単位の数よりも，その大きさの増加をねらってスケールアップをはかれば，能力に応じて設備の資本コストが増加する一方，労働コストはほとんど変わらないので，大幅にコストを下げることが可能である。スケールが大きくなると，培地等の消耗品コストの比率が上がるので，今度は，これらのコストを重点的に下げる努力が必要となる。

2　モノクローナル抗体

2.4　エアーリフトリアクター
2.4.1　エアーリフトリアクター

我々が均一懸濁培養に使用したのは，エアーリフトリアクターという特殊な発酵槽である。エアーリフトの原理を図 5.2.1 に示す。

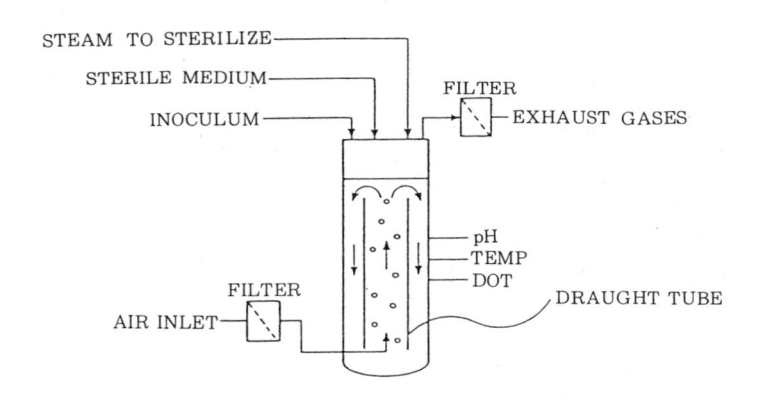

図 5.2.1　エアーリフトリアクター（AIRLIFT　REACTOR）の原理

タンクは，実験室規模のもの（5ℓ）はガラス製であるが，工業規模（100〜1000ℓ）ではステンレス製である。ドラフトチューブの基部の内部にある散布リングから，混合ガスが培養液中に導入される。これにより，ドラフトチューブの内容物とその外側に密度の差が生じるので，培養液が循環する。また，流速と混合ガスの組成を変えることによって，培養液の溶存酸素圧とpHの調整が可能となる。

この種の発酵槽はいくつかの長所があるが，そのひとつは構造がいたって簡単なことである。エアーリフト反応槽には，タービン撹拌方式のタンクにあるようなモーターや撹拌シャフトのような可動部品はない。したがって，シャフトの封入部もないので，そこから汚染物が侵入する心配はない。

また，このエアーリフト反応槽は優れた酸素移動特性を持っており，ハイブリドーマ細胞の酸素要求量の計算値を満たすことが可能である[3]。

多くの小規模培養システムでは，細胞はタービン撹拌方式を採用した "Spinner" 培養液中で成長し，酸素は単純拡散法により空気中から発酵槽の上部に供給しているに過ぎず，このようなシステムでは，酸素不足がしばしば問題となる[2]。その点エアーリフト発酵槽は極めて効率的な酸

第5章 動物細胞大量培養による有用物質生産の現状

素移動システムである。図5.2.2は，100 ℓ と1000 ℓ のエアーリフト発酵槽について，酸素移動特性と空気取り込み量の関係を示したものである。矢印は，バッチ培養で静止相に接近しつつあるハイブリドーマ細胞の典型的な集落密度である 3×10^6 個/ml における酸素要求速度を示す。この図からも，発酵槽の酸素移動能力で十分操作可能であることが明白である。これらエアーリフト槽内の培養液再循環速度は通常，0.1～0.2 m/s である。

我々は，これまでに，5,10,30,100,1000 ℓ （Working volume）の発酵槽を運転し，マウス，ラット，ヒトのセルライン46種類（いずれもモノクローナル抗体産生）を培養した。

1000 ℓ の発酵槽を用いると年間の抗体製造能力は3～5 kg であるが，将来の需要増加にそなえるため，現在，10,000 ℓ の発酵槽を設計中である。

2.4.2 エアーリフト培養法による抗体産生

以上，概略を述べたような工程エンジニアリング的な側面に加えて，我々は，抗体産生の細胞生理についても詳細に検討した。その結果，我々は，工程全体を至適条件に近づけ，培養培地を工夫することによって，多数のハイブリド

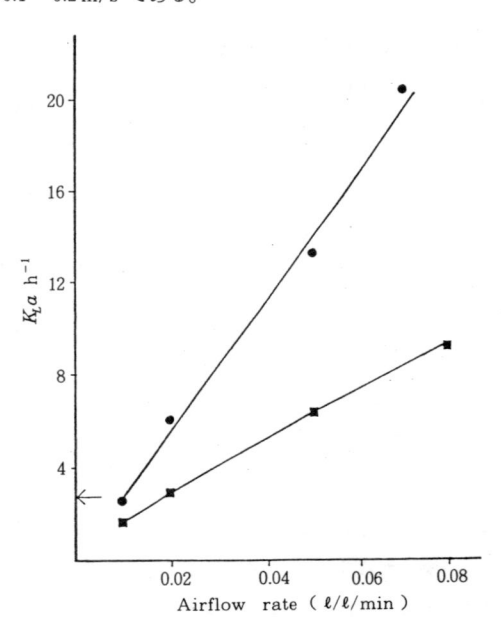

100 ℓ のエアーリフト発酵槽 ━■━
1000 ℓ のエアーリフト発酵槽 ━●━

図5.2.2　酸素移動率 $K_L a$ で測定したエアーリフト発酵槽におけるエアーフローの効果

ーマについて，その抗体収率を従来の静止フラスコ法またはローラーフラスコ法に比較して4～5倍に高めることができた。我々の検討結果では，静止フラスコ法の場合，齧歯類細胞系統による抗体産生は，通常，培養液1 ℓ 当たり10～100 mg で，我々の発酵槽を使用すると，抗体産生は1 ℓ 当たり40～500 mg，平均で102 mg に増加した。

図5.2.3は，1000 ℓ のエアーリフト槽内でIgG 抗体を産生するマウスのハイブリドーマによる抗体産生と成長曲線で，そのエアリフト槽の写真を写真5.2.1として示した。この発酵槽は極めて高度に自動化されており，溶存酸素圧，pH，温度等主要指標に関する監視，管理，警報装置

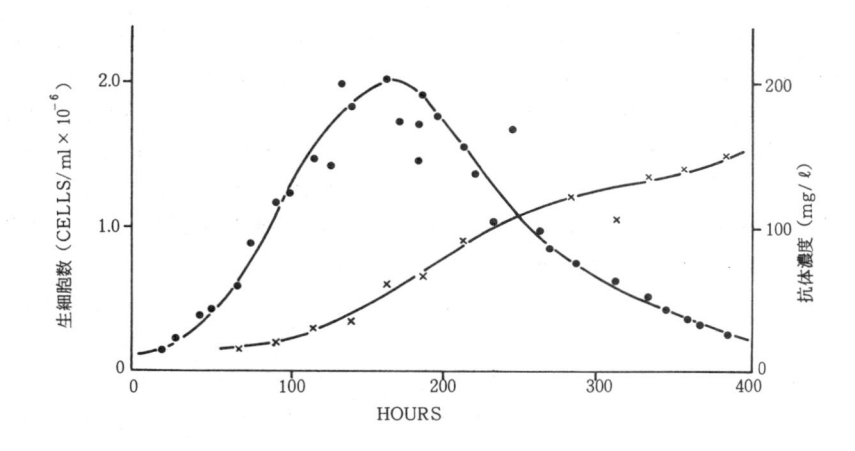

2 モノクローナル抗体

図 5.2.3　1000 ℓ エアーリフト槽内でのマウスハイブリドーマのバッチ培養

のほか，たとえば，滅菌工程のほとんどのバルブはコンピューターで管理されている。図 5.2.3 に示した実験では，ハイブリドーマ細胞は集落倍増時間 20 時間で，最大集落密度 2×10^6 個/ml まで指数関数的に増加した。抗体の産生は増殖期に起こったが，興味深いことに，衰退期でも継続して認められ，全体の 60％ が最大集落密度に到達した後に産生された抗体であった。

これまで，我々は，主として齧歯類の細胞系統を使用して研究を進めてきたが，エアーリフト培養法を用いたヒト抗体産生セルラインの培養にも成功している。この点は，ヒトのモノクローナル抗体が治療分野への応用で将来需要が伸びると予想されるだけに重要である。

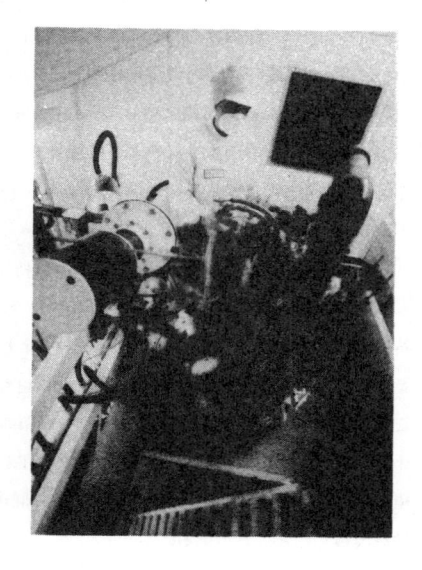

写真 5.2.1　1000 ℓ エアーリフト槽
(Photograph by courtesy of Celltech Ltd.)

2.5 連続培養

図 5.2.3 は微生物をバッチ方式で培養した場合の典型例と同様で，まず短い誘導期があって指数的成長が始まり，静止期，衰退期と続く。バッチ方式では，栄養は代謝物と目的の生産物が蓄積する一方で枯渇し，培養環境は常に変化していく。このようなシステムでは，細胞代謝と生産物合成を支配している各種指標（パラメーター）を研究することは困難で，特異的に収率を改善する上での妨げとなる。これに代わる方法で，より詳細な分析研究に適している方法は連続培養法である。連続培養法がバッチ方式と異なる点は，新鮮な培地が連続的に培養液に供給され，細胞と細胞生産物を含む培養液が同じ速度で取り出される点である。

Chemostat[5]では，希釈速度（培養液単位容積当たりの流速）が細胞の最大比成長率を越えないような一定の速度に，培地供給速度を予め設定する。細胞の最大比成長率は希釈速度で決定し，細胞集落密度は何らかの不可欠栄養素を枯渇させるか，代謝物を毒性濃度まで蓄積させて制限する。したがって，この方式では，希釈速度の変換と培地の設計により，成長速度と細胞集落密度を，ともに自由かつ別々にコントロールすることが可能で，たとえば細胞集落密度や生存能，代謝物と生産物の濃度等の測定指標が時間に対して一定となる生理学的，環境的定常状態を作り出すことができる。

我々は，NB 1 細胞による抗体産生と細胞成長の研究に Chemostat を使用してきた。このマウスハイブリドーマ細胞は IgM 抗体を産生する。酸素を制限した Chemostat 培養において成育している NB 1 細胞の典型的な定常状態を，図 5.2.4 に示した。測定指標は全て一定になっている。

我々は Chemostat 培養液における抗体産生が，各種の栄養制限状態において長期間安定であることに驚いた[1]。このようなタイプの培養システムでは，必要不可欠のものではなく，新しいバイオマスの産出に貢献しないと推定される，抗体の産生細胞に対して，選択的に圧力がかかると予想されたからである。

この Chemostat 方式は，一定の環境の維持が可能で，成長速度と制限栄養素の性質をコントロールできるという上述のメリットに加えて，製造技術的にも応用可能であるという利点がある。特に，Chemostat 培養法では，バッチ方式よりも発酵槽能力の効率的使用が可能である。連続培養方式は，いったん確立してしまえば，細胞密度と生産物産出量を高レベルに何カ月も維持することが可能である。さらに，コントロール可能な指標が増えるので（成長率と栄養素制限)，バイオマスと生産物生成の至適条件を整える範囲が，バッチ方式よりも広くなる。我々は，実験室規模（1～5ℓ）の Chemostat を最高 6 カ月間運転して，現在，連続運転用に 30ℓ のエアーリフト槽を改良したところである。

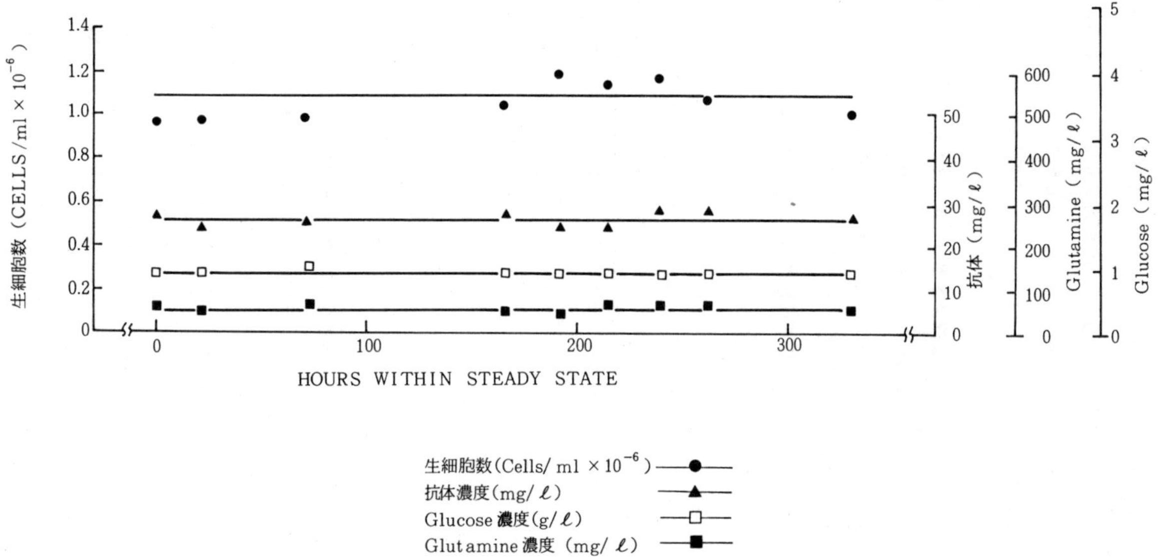

2 モノクローナル抗体

図 5.2.4 Chemostat 培養において成育しているマウスハイブリドーマ細胞 NB 1 の典型的定常状態
(Reproduced from Birch et al., 1984 Academic Press, in Press)

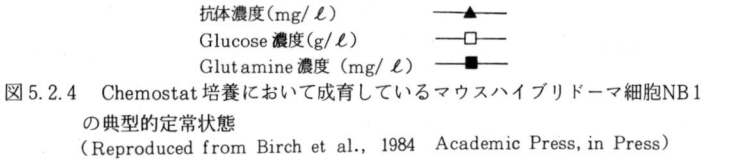

生細胞数(Cells/ml ×10⁻⁶) ●
抗体濃度(mg/ℓ) ▲
Glucose 濃度(g/ℓ) □
Glutamine 濃度 (mg/ℓ) ■

2.6 細胞フィードバックによる連続培養

Chemostatの生産性は，細胞を流出液とともに流出させてしまわないで，タンク中に止め置くことによって改善が可能である。我々は生存細胞を完全に保持できるように5ℓのエアーリフト槽を改良した。その結果，集落密度を高め，より大きな希釈速度を使用することが可能であった。したがって，生産物産出速度は通常のChemostatよりも速い。このことは表5.2.1に示した。

すなわち，NB1細胞を在来型のChemostat（D = 0.02）とフィードバック方式を採用したChemostat（D = 0.04）により培養し，成長制限栄養素をグルタミンとした。その結果，細胞フィードバック方式では，流出液に死んだ細胞や細胞の破片が含まれていたが，生存細胞はほとんど流出しなかった。定常状態における比成長率は，（代謝指数を測定し，在来型のChemostatと比較することにより）間接的に推定した結果，$0.019h^{-1}$であった。この表に見るように，細胞集落は大幅に増大しており，単位時間当たりの槽の生産性は5.4倍に増加した。我々は，現在，この方式をパイロット規模（30ℓ）で実施する研究を行っている。

表5.2.1　NB1ハイブリドーマ細胞の連続（Chemostat）培養
——発酵槽の生産性における細胞フィードバックの効果

	希釈率 H^{-1} (D)	培養液中生細胞数 $\times 10^{-6}$/ml	流出液中生細胞数 $\times 10^{-6}$/ml	IgM (mg/ℓ) (P)	Fermenter productivity mg IgM/ℓ working volume /day (Dp × 24)
Chemostat without cell feedback	0.020	1.2	1.2	30	14
Chemostat with cell feedback	0.042	5.8	0.06	75	76

2.7 抗体の回収と精製

培養上澄液から抗体を回収するには，まず，抗体を細胞から分離する。この清澄化工程は濾過または遠心分離により実施する。次の問題は，生成物を比較的稀薄な溶液として含む大量の培養液（最高1000ℓ）から抗体を回収する操作である。この工程で，これまで使用されてきた方法は，Targential flow 限外濾過装置により急速に濃縮する方法である。

抗体は現在，1ℓ当たり1～5gに濃縮し，いろいろな方法で精製している。その方法は析出法，イオン交換クロマトグラフィー法，ゲル濾過法，アフィニティクロマトグラフィー法等で，我々はそれぞれの抗体の特性により，これらを適宜組み合わせて使用し，95％以上の純度を得ている。

2　モノクローナル抗体

2.8　血清無添加の培養培地

（最も繁用される血清添加物である）牛胎児血清を使わないということは，培養培地から最もコスト高の成分を排除することであり，しかもそれにより，血清を介して外来性の微生物が混入する危険性もなくなるので一石二鳥である。また，組成が明確かつ一定の培地を使用することは，工程の諸条件を至適化する上で極めて有用である。

我々も血清無添加の培地を作り，それを使用して静止培養液と撹拌培養液の両方で，各種のハイブリドーマを培養している。図5.2.5は，血清無添加の培養培地を使用した5 ℓ のエアーリフト発酵槽中でマウスのIgM産生ハイブリドーマを培養した場合の，細胞成長と抗体産生曲線である。抗体収率と産生速度は，血清添加培地を使用した場合と差がなかった。

この血清無添加培地は，若干のタンパクを含有する（1 g/ℓ）。これに対し，10 % v/v 牛胎児血清を使用すると，そのタンパク含有率は培養培地1 ℓ 当たり約5 g である。我々は，タンパク添加率を1 ℓ 当たり10 mg にした低タンパク培地を開発した。これは，すでに小規模培養に試用済みで，現在パイロット規模で試験中である。

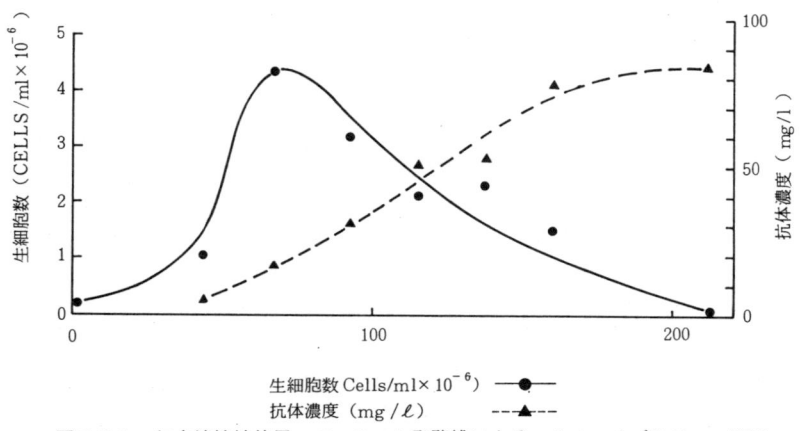

図5.2.5　無血清培地使用エアーリフト発酵槽によるマウスハイブリドーマNB1細胞のバッチ培養

2.9　おわりに

我々は，エアーリフト・リアクターを使用して，kg単位でモノクローナル抗体を製造できる工程を開発した。効率的な回収，精製工程を工夫した結果，生成物の純度は95 %以上にまで高めることができた。高価な動物血清を培養培地に使用する必要性は，血清無添加培地の開発により急

第5章 動物細胞大量培養による有用物質生産の現状

速に低下している。抗体製造のための細胞培養工程は，細胞生理の体系的な研究と産生細胞の遺伝子工学により，さらに大幅に改良の余地があると思われる。

(翻訳：住友商事(株) 精密化学品第一部)

文　　献

1) J. R. Birch, P. W. Thompson, K. Lambert, R. Boraston, Presented at the 88th American Chemical Society National Meeting. (1984) In press. Academic Press.
2) R. Boraston, P. W. Thompson, S. Garland, J. R. Birch, *Develop. Biol. Stand.,* **55**, 103 - 111 (1983)
3) R. Boraston, S. Garland, J. R. Birch, *J. Chem. Tech. Biotec.,* **33b**, 200(1983)
4) G. Kohler, C. Milstein, *Nature,* **256,** 495 (1975)
5) S. J. Pirt, "Principles of Microbe and Cell Cultivation". Blackwell Scientific Publications. (1975)

3 α型インターフェロン

3.1 インターフェロンの分類

小出 恬*

ヒトインターフェロン（Hu-IFN）は，現在では，その抗原性によって，α，βおよびγ型に分類されている。IFNを生産する細胞の名称を冠したり，使用するインデューサーによってIFNの名称をつける従来の命名は，同一の細胞が2種類のIFNを生産する事実が判明し（リンパ芽球が，主としてα型IFNを生産する一方でβ型IFNも生産したり，逆に繊維芽細胞が，主成分のβ型IFN以外にα型IFNを生産する[1),2)]），混乱を避けるための命名法の統一化が提案され，前述の抗原性による分類法が採用された[3)]。各IFNに対する特異的な抗体標品も揃えられており，現在では，その型別は容易に決定できるので，IFNの大分類については問題は解消した[4)]。

3.2 α型インターフェロン

α型IFNについては，命名に問題が残っている。α型IFNに亜型が多数存在することは良く知られる事実であるが，遺伝子組換え技術の手法で精力的に遺伝子解析をすすめてきた2つのグループの命名が異なっているために，混乱が生じている[5),6)]。両者が扱っている細胞は異なっており，遺伝子構造から推定されるアミノ酸配列が総て一致するわけではなく，また，一部の純化された天然型IFNと完全に一致するわけでもない。したがって，本稿では，α型IFNの亜型については，多数あるということにとどめ，話をすすめたい。

天然のα型IFNが，β，γ型と異なり，多数の亜型IFNより成る混合物として生産される理由は明らかではないが，おそらく，ウイルス感染時の動物等でも，同様に多種類の亜型が誘発されると考えられる。一部のα型IFNの亜型には糖がついていることとあわせ，その多様さはおどろくほどで，生物学的な意義づけと化学的な完全構造の解明が期待される[7)]。

3.3 医薬品としてIFN製剤が満たすべき条件

IFNは，医薬品としては，生物学製剤として分類されるので，一定の基準（生物学的製剤基準）に適合するものでなければならない[8),9)]。主な基準の項目として(1)比活性の規定，(2)混入の予想される異種タンパク質の含量の規定，(3)発熱物質の否定，(4)IFNの型別規定（同一性試験），(5)分子量分布の特定，等があげられる。これらの基準設定の精神は，精製の度合いが高いこと，途中に雑菌の混入がないこと（無菌性の保証）および，製品が一定であることの裏付けを期待しており，これにより，安全性の高い製品を要求することとなる。以上の条件を満足させていくこ

---

* Ten Koide　住友製薬（株）研究所

第5章 動物細胞大量培養による有用物質生産の現状

とが，IFN生産上のポイントであって，大量培養生産技術を単独で切り離して考えることはできず，これらを考慮した全体の設計が必要となる。このことは，当然，培養に引き続く精製技術および品質管理試験と組み合わされて，IFN製造技術が全体として確立されることを意味すると考えられる。

3.4 α型インターフェロンの培養生産

天然型のα型IFNの生産に用いる細胞は，現在まで，白血球[10]，リンパ芽球[11]，急性骨髄性白血病細胞[12]等が報告されている。本項では，このうち，10ℓ～数千ℓの培養規模の報告についてまとめてみる。

3.4.1 白血球インターフェロン (Hu-IFN-α(Le))[13]

白血球IFNは，培養という表現からは若干問題があるが，IFN生産の突破口を開いた先駆的な研究として紹介したい。

フィンランドのカンテル等が確立した方法で，健康人供血者より得た血液の，赤血球を除いたBuffy Coatを細胞原とし，混入する赤血球を塩安処理で除き，白血球を集め，培地中に懸濁し，100～200 IU/mlのIFNをPrimerとして添加した後，IFN誘発剤であるセンダイウイルスで誘発し，10数時間後に粗IFN液を得る。このウイルスによる誘発は，5～15ℓのガラスボトルを使用し，種々の条件検討を行っている。また，容器の形状，通気の重要性，細胞の至適濃度等を検討し，至適条件でのIFN生産曲線を求めている。誘発用ウイルスは，以後各所で使用されることとなるCantell株が，最高の誘発能を示すことが示され，ウイルス調製法・保存法の原型が示されている。

このようにして粗IFNを出発として，彼らは，比活性 $0.8\sim7.0\times10^6$ IU/mg タンパクの臨床用IFNを得ている。

3.4.2 リンパ芽球インターフェロン (Hu-IFN-α(Ly))

イスラエルのMizrahiら，米国のKlein, Zoonら，および英国のFinterらが，リンパ芽球Namalwa細胞を用いて，α型IFNの生産と精製を行っている。Namalwa細胞のIFN生産能が高いことがCantellらによって報告されてから，追試が行われ，この株の優秀性が確認されるとともに，同細胞株を用いてスケールアップの試みが，いくつかのグループでなされてきた。

この他の細胞では，林原グループのBALL-1株のユニークな使用例がある[14]。また，EBウイルスによる *in vitro* transformed 細胞株が誘発剤を使用せずに構成的にIFNを生産する系，等も報告されている。

(1) 最適条件の検討

Mizrahiらは，Namalwa細胞を用いて，実験室レベルから500ℓスケールまでの検討を行って

3　α型インターフェロン

いる[15]。培地の調製法・保存法については，使用する試薬，水の規定，浸透圧の測定および濃縮培地の保存法等にわたって，詳細な検討が行われている。発酵槽の設計については，以下の提案を行っている。20ℓ以上の場合は，ステンレススチールSS-316L (Low Carbon) が材質として適していること，撹拌は，タービンまたはmarine blade型とし，バッフルの有無により培養およびIFN生産は左右されないとしている。また，雑菌の混入防止が肝要で，シールについては，特に重要であるとし，寿命の長いメカニカルシールやマグネット式を推奨している。上部と下部から通気ができるよう設計する必要があり，温度制御も必須であるが，pH, PO_2および酸化還元電位は，オプションとしている。

彼らは，IFN誘発用の細胞供給方式について，回分式の供給方式と半連続培養方式の優劣を論じ，回分式培養では，数ラインの細胞供給システムが必要で効率が悪いが，半連続培養方式では問題がないとしている。すなわち，いったん，最終段階の最大の発酵槽まで培養のスケールアップができれば，この発酵槽の培養を連続的に行い，48～72時間ごとに，培養物の1/2～1/4をとり出し，誘導用の培養液とする一方，発酵槽には新鮮培地を加え，引き続き培養を行う。これを繰り返すことで，細胞の安定供給ができるとしている。

(2) 回分培養

Kleinらは，Namalwa細胞とニューカッスル病ウイルス (NDV) の系でのIFN生産を，50ℓ発酵槽8基で2年間，回分培養した実績を報告している[16],[17]。RPMI-1640/10％FCS/グルタミン補強培地/25mM HEPESでの細胞培養を，数mlから2, 3日ごとに培養容器を大きくし，14～20日で50ℓの発酵槽にseedできる。PO_2制御を，80％飽和で実施する。2週間に1ロット，平均215ℓ，月平均500ℓで，2年間IFN製造を行い，生産量は約2,000 IU/mlであった。

Bridgenらは，Namalwa細胞とNDVの系で800ℓの培養を行い，約3,000 IU/mlの生産量であったこと，ひきつづく精製では，抗IFN抗体カラムが有効であることを報告している[18]。

(3) 半連続培養

Bodoは，100ℓ発酵槽でのNamalwa/センダイウイルス系を報告している[19]。培地由来の異種タンパク質の最終精製品への混入を防ぐため，培養にヒト血清を使用する。培地組成は，RPMI-1640，トリプトース，ポリエチレングリコール，ヒト血清で，下部通気し，半連続培養を行う。培養開始時の細胞濃度は約100万/ml，3～4日で3～4倍となる。誘発後の精製で，最終精製品として3.6×10^6 IU/mgの比活性を得ている。また，誘発時には，5-bromo deoxy uridine，n-Butyrateおよびglucocorticoid hormon等を添加すると，数倍，生産量が上昇するとしている。

Finterらは，Namalwa細胞と，誘発剤としてセンダイウイルスを用いて，600ℓ～1,000ℓのパイロット段階までのスケールアップと，1,000～4,000ℓまでの本格製造用プラントのスケールアップに引き続き，8,000ℓまでを報告している[20],[21]。RPMI-1640培地に，7％のγ線照射

第5章 動物細胞大量培養による有用物質生産の現状

牛血清を加え，1,000 ℓ 発酵槽で半連続培養を行う。300～600 ℓ の培養液を，数日ごとに 600 ℓ の誘発用発酵槽に移し，センダイウイルスで誘発し，IFN 生産を行う。1,000 ℓ 発酵槽は，新鮮培地を加え，培養を継続する。センダイウイルス誘発前に，酪酸ナトリウムを添加することにより，生産量を高めることができる（20,000～30,000 IU/ml）。濾過と遠心分離で細胞を除き，以後の精製で，約 10^8 単位/mg タンパク質の高比活性の IFN を得ている。α型 IFN の製造設備では，おそらく最大規模の細胞培養設備であり，最終精製品の純度も極めて高い IFN 製品が得られている。彼らは，最終精製品に混入の予測される種々の物質についても検討している。特に，ウイルス核酸と Namalwa 細胞由来の核酸の混入の有無を詳細に検討し，最終製品中への混入を否定している。

3.5 リンパ芽球インターフェロン製造の実際

我々が，現在，実施している，リンパ芽球 IFN の製法について，以下詳細に記述する。

(1) IFN 生産用細胞

リンパ芽球を主とするヒト由来細胞を約 200 株検討し，Namalwa 細胞が最適であることを確認し，IFN 生産用株として，マスターセルバンクを樹立した。このバンクを用いて，多面的な検討を行い（迷入因子否定試験，染色体試験，抗原性試験，無菌試験 等），ヒト臨床用 IFN の生産細胞として適合することを確認している。

(2) 培養・誘発

RPMI-1640 を主成分とする牛血清添加培地で，培養を徐々にスケールアップし，最終発酵槽までもっていく（8,000 ℓ）。温度，pH を制御し，酸化還元電位をモニターし，半連続培養を継続して行う。細胞濃度が充分得られた培養液の一部を，IFN 誘発用の発酵槽に移す。細胞培養用発酵槽は，抜き取り分を新鮮培地で補い，培養を継続する。これによって希釈された細胞は，再び増殖を開始する。

IFN 誘発用の細胞は，0.5～3 mM の酪酸ナトリウムを加えた後，センダイウイルスによる誘発を行う。IFN 産生時には，IFN の Priming 効果が期待されるので，少量添加する例が報告されているが，我々の系では Priming 効果はほとんど認められないため，IFN 添加は実施していない。使用するセンダイウイルスは，いわゆるカンテル株が最適であって，試験した他のセンダイウイルス株より数倍高い IFN 生産性を示した。現在，センダイウイルスは，発育鶏卵の漿尿液中で増殖させて得ている。誘発能の高いウイルスの確保や，雑菌混入の防止等，日常の品質管理が重要であることはいうまでもないが，センダイウイルスの生産性・誘導能の検討も，細胞の大量培養に劣らぬ重要な研究対象である。

細胞培養は 37℃ で，また，誘発時はやや低い温度とするのが，収量的には好結果を生むよう

である。培養に用いる培地成分，水質，血清および蒸気，等は，培養の成否を決める重要な因子である。使用する材料の規格を設定することは勿論であるが，小スケールでの実試験を行うことは欠かせない。特に，血清は，天然物であるため，未知の要因が多く，その選択には，実試験以外では明確な判定基準が示せないので重要である。大量培養では，消費する血清も大量となるので，ロットサイズを大きくするための検討や，コストとも関連するので，将来は，無血清培地の本格的な開発が，重要な研究課題と考えられる。

このような半連続培養の系では，継続的に安定した培養ができるか否かが，製造コストと密接につながり，ひいては，動物細胞培養技術の経済性と結びつく。その意味で，培養の継続には，全力をあげて多面的なバックアップシステムが必要であるが，とりわけ，雑菌による培養系へのコンタミネーションを防ぐことは重要であり，培養システムの設計思想は，微生物培養システム以上に，この点に考慮が払われたものとなっている。コンタミネーション防止については，培養・誘発システムのみならず，ひきつづく精製・混合・充塡の総ての段階の全操作においても万全を期している。

(3) **精製**

誘発後の培養液は，濾過および遠心分離により細胞を除き，以後，酸沈殿・抽出・抗体カラム等の組み合わせにより精製される。安定剤添加前の精製品は，1×10^8 IU/mgタンパク質以上の比活性であり，純度の高い製品が得られ，かつ，発熱性試験・異常毒性否定試験，等に合格する製品である。細胞培養で混入が危惧される異種タンパク質は，培養と精製時に使用する異種タンパク材料総てについて（牛血清アルブミン・同グロブリン・羊グロブリン・オボアルブミン・センダイウイルスコートタンパク），RIAにより定量し，総異種タンパク質量として，100万単位のIFNについて $0.1 \mu g$ 以下となっている。α型インターフェロンは，SDS-PAGEによる分子量の検討で，分子量約18Kから約28Kの間に，3〜4本のバンドとして検出される。

Namalwa細胞は，α型IFNと数〜十数%のβ型IFNを同時に生産するといわれるが，最終製品中の全IFN活性は，α型IFNに対する抗体で完全に中和され，抗βIFNでは中和されないことから，最終製品はα型IFNと同定された。

3.6 おわりに

天然型のα型IFNは，Cantellらの，約10ℓのガラス容器での生産にはじまり，現在では，数千ℓの規模で生産されている。また，ヒトα型遺伝子を組み込んだ *E. coli* の培養によるIFNも生産され，遺伝子組み換え技術によって提供されるα型IFNと，天然型のα型IFNが，医薬品としての評価をうけている。両者の最大の違いは，天然型が10種以上の亜型IFNの混合物であるのに対し，組み換え型はα型の一種類の亜型から成る製剤である点にある。また，α型IFN亜型

第5章 動物細胞大量培養による有用物質生産の現状

の一部は糖タンパク質であるが，E. coli で生産されるタンパク質は糖の付加がないこと，および，天然型の高次構造と組み換え型のそれとの異同，等が臨床的にどう反映するかが，今後の研究課題である。

動物細胞は，細菌と比べると増殖速度が遅く，達成される細胞密度も低いため，生産手段として工業化には不利であるとされてきたが，目的とする生理活性物質が，多数の亜型より成る場合，糖タンパク質である場合，および天然型と細菌による組み換え型で高次構造が異なる場合，等には，欠かせぬ生産法である。今後は，組み換え体として動物細胞を使うことが多くなると予測されるため，細胞培養のニーズが高まると考えられるが，生化学的・工学的な細胞培養法の研究がますます重要となると考えられる。

文　献

1) E. A. Havell, et al., *J. Gen. Virol.*, **38**, 51 (1977)
2) E. A. Havell, et al., *Virology*, **89**, 330 (1978)
3) *Nature*, **286**, 110 (1980)
4) S. E. Grossberg, et al., " The Biology of The Interferon System ", (E. D. Maeyer ed.) p. 19 (1982)
5) S. Nagata, et al., *Nature*, **287**, 401 (1980)
6) D. V. Goeddel, et al., *Nature*, **290**, 20 (1981)
7) G. Allen, et al., *Nature*, **287**, 408 (1980)
8) 甲野禮作，蛋白質・核酸・酵素，別冊 No. 25, 336 (1981)
9) 小長谷昌功 等, *ibid*, 353 (1981)
10) K. Cantell, "Interferon 1 1979 ", (I. Gresser ed.), p.1 (1979)
11) H. Strander, et al., *J. Clinical Microbiology*, **1**, 116 (1975)
    N. B. Finter, et al., *Develop. Biol. Standard*, **38**, 343 (1978)
12) P. C. Familleti, et al., *Method Enzymol*, **78**, 83 (1981)
13) K. Cantell, et al., *ibid*, **78**, 29 (1981)
14) 辻阪好夫等，*BIO INDUSTRY*, **2**, 57 (1985)
15) Mizrahi, *Method Enzymol*, **78**, 54 (1981)
16) F. Klein, et al., *Antimicrobiol Agents and Chemotherapy*, **15**, 420 (1979)
17) F. Klein, et al., *Method Enzymol.*, **78**, 75 (1981)
18) P. J. Bridgen, et al., *J. Biol. Chem.*, **252**, 6285 (1977)
19) G. Bodo, *Method Enzymol.*, **78**, 69 (1981)
20) N. B. Finter, et al., " Interferon 2 1980" (I. Gresser ed.) p. 65 (1980)
21) N. B. Finter, et al., : Proc. Biotech ' 83, p. 389 (1983)

4 β型インターフェロン

佐野恵海子[*], 小林茂保[**]

4.1 はじめに

ヒト細胞の大量培養技術が確立され, 既にヒトα型およびβ型インターフェロン (IFN) の量産が, 細胞培養法で成功している。1980年代に入り, これらIFNを用いた多くの臨床治験成績が公表され, ヒトIFNの本格的な臨床応用化が実現しだした。

本節では, ヒトβ型IFNについて, 細胞培養法による量産方法と量産の現状, および問題点などをまとめた。

ヒトβ型IFNは, 繊維芽細胞や上皮細胞などが産生するIFNで, 新生児包皮や胎児肺などの正常組織由来の繊維芽細胞 (正常2倍体細胞) や, 骨肉腫由来MG-63細胞[1], SV_{40}感染繊維芽細胞のC-10細胞[2]などが, 産生細胞として知られている。最も安全性が高いという理由から, 臨床応用を前提とした量産には, 主として正常2倍体細胞が用いられているので, ここでは, ヒト2倍体細胞を用いたIFN産生に焦点を合わせまとめてみた。

4.2 β型IFNの性質

現在, ヒトおよびマウスIFNは, その抗原性の差異から, それぞれ, α, β, およびγ型に類別されている。各タイプのIFNは, 抗ウイルス活性には大差ないが, 産生細胞や誘発条件, 酸安定性, また, 遺伝子や構造特性などが異なっている。表5.4.1に, 各タイプのヒトIFNの物理化学的性状および遺伝子の特徴をまとめた。

IFN分子の解析は, 遺伝子組換え技術の手法により, 各タイプのヒトIFN遺伝子の塩基配列が決定され, その配列からIFN分子の全アミノ酸配列が推定された[9),27)]。現在までのところ, ヒトα型IFNには, 11種類以上の遺伝子が見つけられており, その多型性が認められている[3)]。β型IFNについては, 1種類と報告されているが[4)], 異なる2つ以上のサイズのmRNAも報告されており[5)], 2種類以上存在する可能性も残されてはいる。γ型には, まだ異なる分子種は見つけられていない。

表5.4.2に, 各タイプのヒトIFNのアミノ酸組成を示した。α型, β型は, 166個のアミノ酸より成り, 両者の間には, 29%の類似性が見られるが, γ型には, α型, β型との相同性は見られない。β型には, ロイシン (Leu), イソロイシン (Ile), フェニルアラニン (Phe) などの疎

---

[*] Emiko Sano 東レ(株) 基礎研究所
[**] Sigeyasu Kobayasi 東レ(株) 基礎研究所

第5章 動物細胞大量培養による有用物質生産の現状

表5.4.1 ヒトIFNの物理化学的性状と遺伝子の特徴

型	α	β	γ
旧名称	白血球(Le) リンパ芽球(Ly) I型	繊維芽細胞(F) I型	免疫(T) II型
産生系	白血球/センダイウイルス Bリンパ球/センダイウイルス	2倍体繊維芽細胞 /ポリI：ポリC	Tリンパ球 /マイトジェン
分子量　天然型	$16200 \sim 26000^{28)}$	$22000 \sim 23000^{24)}$	$20000 \sim 25000^{29)}$
組換え型	$19219 \sim 19683^{3)}$	$20025^{30)}$	$17000, 34000^{31)}$
比活性(国際単位(IU)/mgタンパク質)			
天然型	$1 \sim 3 \times 10^{8\ 32)}$	$4 \times 10^{8\ 33)}$	$0.6 \sim 2 \times 10^{7\ 34)}$
組換え型			$6.8 \times 10^{7\ 31)}$
等電点　天然型	$5.0 \sim 7.0^{35),36)}$	$6.5 \sim 8.0^{37)}$	$6.8 \sim 9.2^{38)}$
安定性　酸(pH2)	安定	安定	不安定
熱(56℃)	安定	不安定	やや不安定
SDS(0.1%)	安定	やや不安定	不安定
抗ウイルス効果所要時間	小	小	大
種特異性	小	大	大
レセプター	βと共通、γと異なる	αと共通、γと異なる	α、βと異なる
遺伝子数	11種以上	1種	1種
構成アミノ酸数	166	166	143
アミノ酸配列	異なった分子種で 5～2%異なる $α_1$とβは29%一致	$α_1$と29%一致	α、βと全く異なる
イントロンの存在	無	無	有(3カ所)
糖鎖のつく信号	無	1カ所	2カ所
染色体上の位置	No.9	No.9	No.12

水性アミノ酸含量がα型に比べて多く、β型の疎水性の強さが裏づけられた。

図5.4.1には、ヒトIFNのアミノ酸配列を示した。β型IFNでは、17, 31, 141番目に、システイン(Cys)残基があり、31番と141番がS-S結合を形成しているといわれている。一方、α型では、アミノ酸配列の1, 29, 99, 139番にCys残基があり、1と99番、29と139番がS-S結合を形成しており[6),7)]、β型のアミノ酸配列を2残基前にずらすとα型の29-139のS-S結合と一致することから、α型、β型では、高い構造的類似性を持つことが示されている[8)]。γ型では、Cys残基は存在せず、α、β型と大きく異なる。

また、アミノ酸配列の解析から、β型IFNには、糖鎖が結合する部位、アスパラギン(Asp)-X-セリン(Ser)またはスレオニン(Thr)(Xはどのアミノ酸でも良い)の構造が1カ所あり、糖タンパク質であることが示されている。糖鎖が結合する部位は、α型では、どの分子内にも見つ

4 β型インターフェロン

表5.4.2 ヒトIFNのアミノ酸組成

アミノ酸	α型IFN								β型IFN	γ型IFN
	A	B	C	D	F	H	K	L		
Asn	4	4	6	6	6	9	5	6	12	10
Asp	8	12	8	11	7	7	7	8	5	10
Thr	10	6	7	9	8	8	8	8	7	5
Ser	14	15	14	13	14	13	13	13	9	11
Gln	12	13	14	10	14	13	13	14	11	9
Glu	14	15	15	15	15	15	17	15	13	9
Pro	5	4	5	6	5	4	5	5	1	2
Gly	5	2	5	3	5	2	3	4	6	5
Ala	8	9	9	9	9	9	9	9	6	8
Cys	4	4	4	5	4	4	4	4	3	0
Val	7	7	7	7	8	7	7	7	5	8
Met	5	4	4	6	5	9	5	4	4	4
Ile	8	10	10	7	9	7	8	11	11	7
Leu	21	22	20	22	18	17	19	19	24	10
Tyr	5	5	4	4	3	4	4	4	10	4
Phe	10	10	9	8	11	12	12	9	9	10
His	3	3	3	3	3	3	4	3	5	2
Lys	11	10	7	8	10	10	8	7	11	20
Arg	9	10	13	12	10	11	13	14	11	8
Trp	2	0	2	2	2	2	2	2	3	1
計	165	166	166	166	166	166	166	166	166	143
文献	3) 4) 39)								30) 40) 41)	13) 42) 9)

けられていないが，γ型では，2カ所見出されており，β型と同様，糖タンパク質であることが報告されている。βおよびγ型には，等電点が数点存在するが，これは，糖鎖を構成している構成糖の違いを反映していると思われる。

真核生物の遺伝子構造は，アミノ酸配列の情報を直接コードしている領域が，介在配列（イントロン）により分断されているという特徴をもつが，こういった介在配列は，αおよびβ型IFNには存在せず，γ型では3カ所認められている[13),14)]。

また，cDNA構造の比較から，αおよびβ型遺伝子には，塩基配列で49%の共通性があり，これらとγ型遺伝子とでは染色体上の位置も異なっていることなどから，α型とβ型は遺伝子構造的に極めて類似性が高く，同じ祖先から進化したものと考えられている。

4.3 β型IFNの一般的産生方法

2倍体細胞を用いるβ型IFNの効率の良い（誘発）産生系として，合成2本鎖RNA（ポリI：ポ

第5章 動物細胞大量培養による有用物質生産の現状

図5.4.1 ヒトIFNのアミノ酸配列[9],[27]

A：アラニン，C：システイン，D：アスパラギン酸，E：グルタミン酸，F：フェニルアラニン，G：グリシン，H：ヒスチジン，I：イソロイシン，K：リジン，L：ロイシン，M：メチオニン，N：アスパラギン，P：プロリン，Q：グルタミン，R：アルギニン，S：セリン，T：スレオニン，V：バリン，W：トリプトファン，Y：チロシン
IFN-αAでは44番目は欠損，＊は停止コドン

4 β型インターフェロン

リC)をインデューサーに用いる超誘発法(Super induction)[10]と，細胞を紫外線(UV)照射する方法[11]が知られている。これらの方法は，少量のIFNをプライミング処理することにより，さらに産生効率を上げることができる。以下に，各産生方法を概説する。

4.3.1 プライミング処理

細胞をIFN誘発剤で処理する前に，比較的低濃度(10～100単位/ml)のIFNで処理すると，産生されるIFN量が増加したり，産生時期が早まる現象が知られているが，これをIFNのプライミング効果と呼んでいる。プライミング用に用いるIFNのタイプは，α型，β型いずれでも良く，IFN誘発剤を処理する前12～24時間，細胞に処理する。プライミング効果は，超誘発法[10]，UV照射法[11]のいずれにも有効で，これらの方法と組合わせて用いられている。

4.3.2 超誘発法(Super induction)[10]

ヒト正常2倍体細胞は，タンパク質合成阻害剤シクロヘキシミド(CH)とRNA合成阻害剤アクチノマイシンD(AMD)を組合わせた，ポリI：ポリCによる超誘発法により，効率良くヒトβ型IFNを産出する。超誘発法の機構を図5.4.2に示した。方法の概略は，図5.4.3に示すように，ポリI：ポリCを添加してから1時間後までにCHを加え，3～4時間，37℃で培養してからAMDを加える。1時間後にこれら代謝阻害剤を除去して，新鮮培地を加え，24～48時間後にβ型IFN原液をハーベストするという方法である。

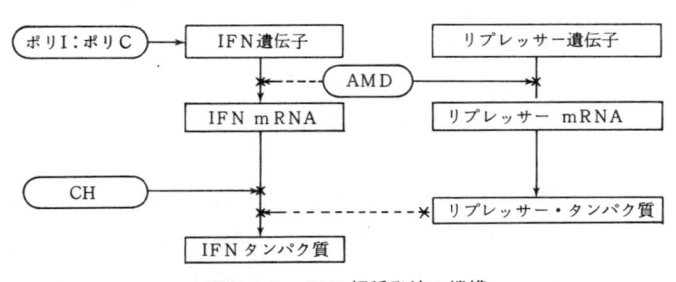

図5.4.2 IFN超誘発法の機構

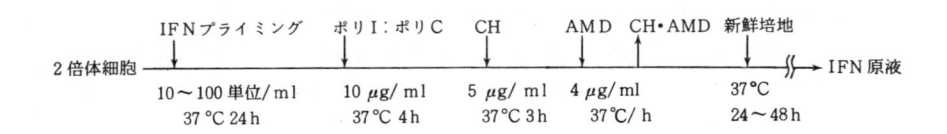

図5.4.3 IFN超誘発法の概略

第5章 動物細胞大量培養による有用物質生産の現状

　その産生機構を簡述すると，CHでタンパク質合成を抑えながらIFNmRNAの合成を行い，十分にIFNmRNAが合成蓄積されたところで，IFNの翻訳を抑制するリプレッサー・タンパク質（IFN合成から遅れて合成されると思われる）のmRNA合成をAMD添加で不可逆的に阻害しておく。その結果，蓄積されたIFNmRNAが効率よくIFNタンパク質に翻訳されると考えられている[10]。
　この方法では，ポリI：ポリCのみによるIFN産生の100倍程度高い効率でIFNが産生される。ポリI：ポリCのみで誘発した場合，IFN合成は3時間目でピークに達し，以後，合成量が急速に低下するのに対し，超誘発法では，長時間にわたってIFN合成が持続し，その結果，IFN収量が増加する。現在，2倍体細胞を用いたヒトβ型IFNの量産には，ほとんどこの方法が用いられている。

4.3.3　紫外線照射法（UV法）[11]

　Lindner-Frimmelは，ヒト正常2倍体細胞をポリI：ポリCで刺激する際に，細胞層をUV照射するとIFN産生量が増加することを見出した[11]。この現象はウサギの細胞でも見つけられている[12]。超誘発法に比べ，この方法を用いれば，IFN標品中への代謝阻害剤の混入などの心配はなくなる。UV照射は，ポリI：ポリC添加の前でも後でも良く，100〜500 erg/mm^{2}の線量を照射するのが最も効率が良いと言われている。この方法を量産に用いるには，無菌性を保持しながら細胞をUV照射する装置の工夫が必須となり，かなり困難である。

4.4　臨床用β型IFNの量産法
4.4.1　使用細胞

　正常性，安全性の観点から，臨床用β型IFNの産生には，主として，ヒト2倍体細胞が用いられている。ヒト新生児包皮や，胎児肺由来などの線維芽細胞は，ポリI：ポリCを用いた超誘発法により，高力価のβ型IFNを産生する。2倍体細胞を用いたβ型IFNの量産では，培養の各世代の細胞の染色体分析を行い，その2倍体性（Diploidy）や異常性を確認したり，ヌードマウスあるいは免疫抑制したハムスターなどに細胞を移植して，腫瘍塊を形成するかどうかを判定する造腫瘍テストなどを行い，正常性と安全性の指標としている[15]。
　2倍体細胞は，寿命が有限（約55 Population Doubling Level, PDL：世代の意）であったり，培養びん壁などの基質に接着しないと生存増殖できない接着依存性であるために，つい最近までは，その大量培養化も困難であった。しかし現在では，高産生能のクローン細胞が得られ，種細胞として凍結保存しながら計画的に増殖させれば，長期にわたりIFN生産に使用できるようになっている。

4.4.2　培養装置

　細胞の増殖量は，接着面積に比例することから，培養面積を上げるための装置の工夫がいろい

ろと検討され、ヒトβ型IFNの量産も、タンク培養が可能なα型IFNの量産と肩を並べるに至った。

今日まで、接着依存性細胞の大量培養用に、多くの装置が開発されてきた。容器内に細胞接着板を多数平行に並べたり、たてに並べたりした液封方式の培養器や、ポリスチレンフィルムをうず巻状に巻いて円筒に納め、フィルム表面に細胞を増殖させて培養液を循環させる培養装置、などが開発されてきたが、これらは実用性に乏しく、実際に大量培養に用いられているものは少ない。

ヒト2倍体細胞によるβ型IFNの量産に用いられている代表的な装置を、以下に示した。

(1) **ローラーボトル**

円筒形のびんを用い、この中に培養液と細胞を入れ、びんを横にして回転させながら培養する方法である。この方法では、培養液が流動するため、ルーびんのような静置培養に比べ、容積当りの培養面積が大きくなる。Carterら[16]やDammeら[17]は、ローラーボトルを用い、ヒト正常2倍体細胞の大量培養を行い、β型IFNのある程度の量産を可能にした。

(2) **多段式トレー培養装置**

静置培養の大量培養システムとして、多段式トレー培養装置が開発された[18]。この装置は、筆者らの研究室で開発されたもので、1台あたり約11,000 cm^2 の表面積を持つトレーを積み重ねた多段式単層細胞培養装置で、この装置で、ヒト2倍体繊維芽細胞を大量培養し、β型IFNの量産も可能にした[19]。この装置では、1台当り 5×10^8 の細胞が得られ、$2 \sim 4 \times 10^7$ 単位のIFNを得ることができ、ローラーボトルの比ではない。Skodaら[20]も同様な構造の培養装置を開発し、ヒト2倍体細胞によるIFN産生を行っていた。多段式細胞培養装置を図5.4.4に示した。

(3) **マイクロキャリアー培養法**

多段式大量培養装置やローラーボトルは、ある程度の大量培養は可能であるが、タンク培養のようなスケールアップは無理である。最近になって、接着依存性の細胞を直径150μm程の微小ビーズの上に接着増殖させ、浮遊培養する、マイクロキャリアー培養法が注目されている。この方法は、Van Wezel[21]により開発され、その後いろいろな改良が加えられ、目下、接着依存性細胞の大量培養に最も適した方法として、各方面で活用されるようになった。

マイクロキャリアー培養法は、細胞表層が一般に負に荷電している性質を利用して、正に荷電した微小担体に接着させるものである。Van Wezelが用いたのは、平均荷電密度が5.5meq/g程度のDEAE-Sephadex A 50であったが、これは細胞接着のためには荷電密度が高すぎて、細胞がうまく増殖できない場合があった。その後、細胞増殖に適した表面荷電や担体素材が検討されて、理想的なマイクロキャリアーが得られている。主として用いられているのは、架橋デキストランビーズで、ほとんどの細胞を増殖させることができる。また、コラーゲンビーズや、変性コラーゲンをコートしたデキストランビーズなど、いずれも細胞増殖のために優れた担体である。

Giardら[22]はマイクロキャリアー培養法で増殖した細胞で、ヒトβ型IFNの産生を報告してい

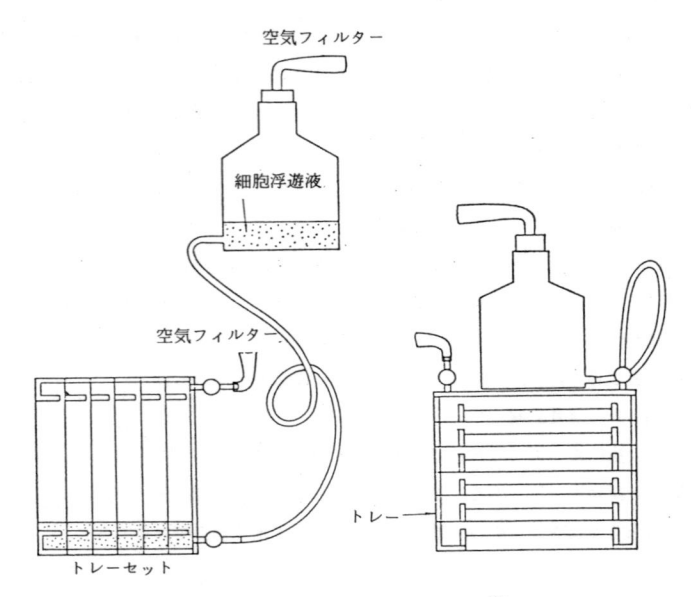

第5章 動物細胞大量培養による有用物質生産の現状

図5.4.4 多段式トレー培養装置[19]

る。筆者らの研究室でも，この方式によるヒト2倍体細胞の大量培養化を試み，β型IFNの量産を実現している[23]。この方法を用いれば，マイクロキャリアー培養 1 ℓ (3 mg/ml, 6 cm^2/mg) で，単層培養用小ルーびん (150 cm^2) 120本分に相当する培養が可能である。

　マイクロキャリアー培養法は，タンク培養に適しており，スケールアップも容易に行えるので，今後の接着依存性細胞の大量培養の中心的存在になり得るものと思われる。マイクロキャリアー上に増殖したヒト2倍体細胞の写真を写真5.4.1に示し，その培養法の概略を図5.4.5に示した。

4.5　β型IFN生産の現状と問題点
4.5.1　動物細胞培養による生産の現状と問題点
　多段式単層培養装置の開発や，マイクロキャリアー培養法の開発などにより，2倍体繊維芽細胞からのヒトβ型IFNの量産化も，やっとα型IFNと肩を並べるに至った。
　筆者らの所属する東レは，マイクロキャリアー培養法を用いた2倍体細胞による臨床用ヒトβ型IFNの量産を実現させ，1978年から，各種ウイルス性疾患やがんへの臨床治験を開始し，その治験例数も，既に800例を超えている。1982年末には，それらの治験成績から，脳腫瘍や悪

4 β型インターフェロン

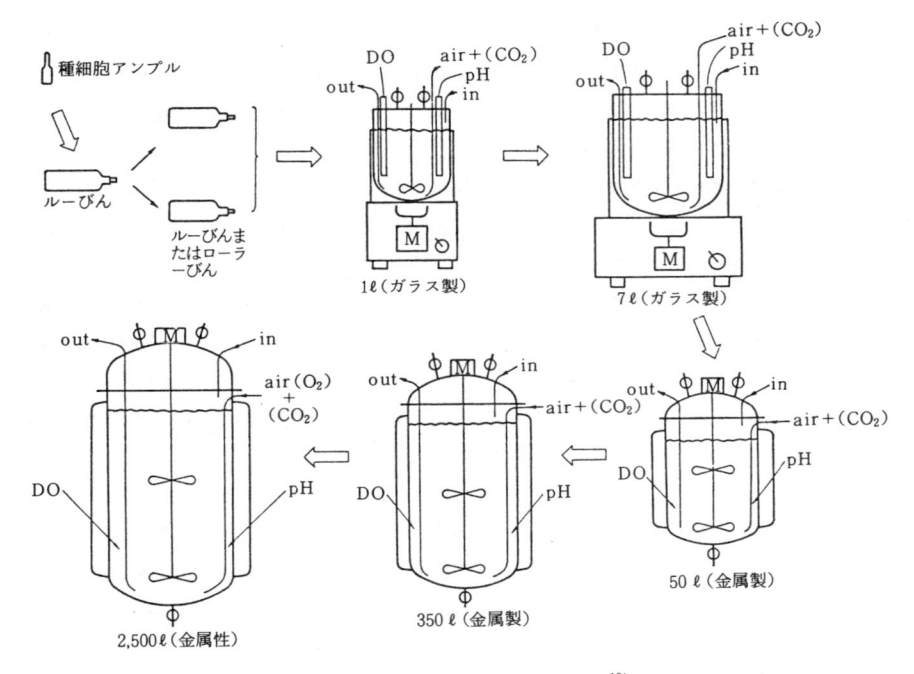

図 5.4.5 マイクロキャリアー培養法[19]

性皮膚がんなどの治療薬として，厚生省にβ型IFNの製造承認を申請した。そして，1985年4月，わが国で初めて，悪性黒色腫や膠芽腫に対する治療薬としての製造が正式に承認された。マイクロキャリアー培養法によるヒトβ型IFN量産の試みは，欧米諸国の2，3の企業グループでも行われているが，いずれのグループでも，量産化は難航しているようである。

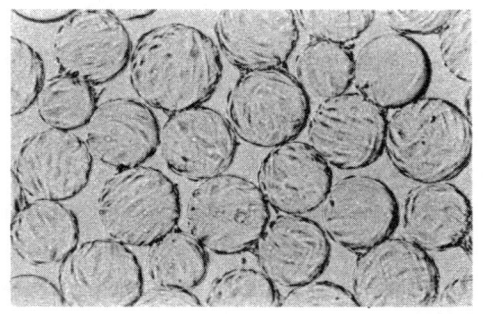

写真 5.4.1 マイクロキャリアー（Cytodex-1）に増殖したヒト2倍体繊維芽細胞（筆者らによる撮影）

さて，今後，各種がんあるいはウイルス性疾患に対するIFNの適応症が増大するにつれ，その需要量は，益々増大するに違いない。現段階での細胞培養法による量産体制でも，この需要量増に対処し得るのであろうか。技術的には問題はないが，培養に高価な血清や，高度で複雑な培

189

第5章　動物細胞大量培養による有用物質生産の現状

設備を必要としたり，煩雑な操作などの点で，コスト的に高価な産物を生む可能性が強い。したがって，安価で容易な量産体制が可能な細胞培養技術の開発が，まだ必要と思われる。

その解決法の一つとして，最近浮かび上ってきたのが，遺伝子組換え技術を基盤にした，大腸菌などによる各種ヒトIFNの量産法である。

4.5.2　遺伝子組換え微生物による生産の現状と問題点

わが国における微生物工業の発展ぶりからも容易にうかがえるように，微生物の大量培養による実用的な物質生産体制は古くから確立されており，微生物体制は，コスト面からでは，細胞培養法によるそれよりは，はるかに有利と思われる。したがって，この新技術を利用したIFNなどの量産体制を開発しようとする試みが活発化したのも当然だと思える。事実，各種IFNの実用化を目指すほとんどの企業グループは，この新技術による組換え型IFN（ヒト細胞産生のものは天然型と呼ぶ）の量産化に乗り出した。すでに遺伝子組換え大腸菌から，α型，β型，γ型のいずれもの組換え型IFNが得られており，臨床評価段階にまで至っている。

たしかに，遺伝子組換え大腸菌が天然型と機能・構造が全く同一のIFNを生産するのであれば，従来の細胞培養法による天然型IFNの量産法を，この新技術による量産法に置き換えてしまってもよかろう。だが，大腸菌は，ヒト細胞とは異なって，合成したIFNを菌体外に分泌することができず，また糖タンパク質を作ることができない。天然型のβ型やγ型IFNの場合，α型とは異なって糖タンパク質なのである。したがって，大腸菌産生のβ型IFNは，タンパク質部分だけは天然型と同じではあるが，糖鎖をもたないβ型ということになる。

糖鎖の役割については，まだ不明の点が多いが，β型IFNに関しては，糖鎖が生体内循環における安定性に寄与しているという報告がある[24]。また，糖鎖がつかないと，等電点が高くなったり，疎水性が強まったりすることから，これらが与える臨床応用面での影響についても，目下，研究が進められている。

4.6　今後への展望

一般的に，ヒト細胞などが分泌する有用生理活性物質のほとんどは，糖タンパク質であるといわれており，これらの物質の量産化を考える際に，もしも生体内で諸機能を発揮するために糖鎖が有用であると結論された場合には，組換え大腸菌では解決できなくなるかもしれない。β型IFNの量産化を考える場合も同じことが言えるだろう。

一つの可能性として，遺伝子組換えの宿主として，大腸菌ではなく真核細胞を用いることが考えられる。真核生物細胞ならば，細胞内で合成したIFNなどを細胞外に分泌する機能を持っているし，糖鎖をつける機能ももっているからである。したがって，今後，天然型に近い組換え型IFNを高い生産性で作るために，ヒト細胞を含めた真核生物細胞を用いた，新しい遺伝子組換え

技術の発展も期待されている。これらの細胞で発現効率の良いベクターが開発され，細胞の高密度培養条件が確立されれば，遺伝子組換えヒト細胞などにより産生される，天然型により近いか同種のヒトIFNの量産も可能となろう。すでに，その方向への歩みも開始されている[25),26)]。

文　　献

1) A. Billiau, et al., *Antimicrob. Agents Chemother.*, **12**, 11 (1977)
2) Y. H. Tan, et al., *Methods in Enzymology*, **78**, 120 (1981)
3) S. Pestka, *Acta Biochem. Biophys.*, **221**, 1 (1983)
4) D. V. Goeddel, et al., *Nature*, **290**, 20 (1981)
5) J. Weissenbach, et al., *Proc. Natl. Acad. Sci., U.S.A.*, **77**, 7152 (1980)
6) R. Wetzel, *Nature*, **289**, 606 (1981)
7) R. Wetzel, et al., *J. Interferon Res.*, **1**, 381 (1981)
8) T. Taniguchi, et al., *Gene*, **10**, 11 (1980)
9) E. Rinderknecht, et al., *J. Biol. Chem.*, **259**, 6790 (1984)
10) T. Vilček, et al., *Proc. Natl. Acad. Sci., U.S.A.*, **77**, 3909 (1973)
11) S. J. Lindner-Frimmel, *J. Gen. Virol.*, **25**, 147 (1974)
12) L. W. Mozes, et al., *J. Virol.*, **13**, 646 (1974)
13) P. W. Gray, et al., *Nature*, **295**, 503 (1982)
14) Y. Taya, et al., *The EMBO J.*, **1**, 953 (1982)
15) S. Kobayashi, et al., "The Clinical Potential of IFNs", Univ. Tokyo Press, p. 57 (1982)
16) W. A. Carter, et al., *Pharmac. Ther.*, **8**, 359 (1980)
17) J. A. Damme, et al., *Methods in Enzymology*, **78**, 101 (1981)
18) 飯塚雅彦, 蛋白質・核酸・酵素, **21**, 322 (1976)
19) 飯塚雅彦, 蛋白質・核酸・酵素, 別冊 No. 25, 49 (1981)
20) R. Skoda, et al., *Develop. Biol. Standard*, **42**, 121 (1979)
21) A. L. VanWezel., *Nature*, **216**, 64 (1967)
22) D. J. Giard, et al., *Biotech. Bioeng.*, **21**, 433 (1979)
23) M. Iizuka, et al., The Third Annual International Congress for Interferon Research, Miami, U. S. A., Nov. 1-3 (1982)
24) E. Knight, Jr, et al., *J. Interferon Res.*, **2**, 421 (1982)
25) J. Haynes, et al., *Nucleic Acid Research*, **11**, 3 (1983)
26) R. Fukunaga, et al., *Proc. Natl. Acad. Sci., U.S.A.*, **81**, 5086 (1984)
27) M. Rubinstein, *Biochem. Biophys. Acta.*, **695**, 5 (1982)
28) J. A. Moschera, et al., *Texas Reports on Biology and Medicine*, **41**, 250 (1982)
29) Y. K. Yip, et al., *Proc. Natl. Acad. Sci., U.S.A.*, **79**, 1820 (1982)

30) T. Taniguchi, et al., *Proc. Natl. Acad. Sci., U.S.A.,* **77**, 4003 (1980)
31) J. Vilcěk, et al., *J. Chin. Microbiol.,* **11**, 102 (1980)
32) R. Wetzel, et al., "Interferons UCLA Symposia", Academic Press, p. 365 (1982)
33) E. M. Smith, et al., *J. Immunol.,* **130**, 773 (1983)
34) P. Anderson, et al., *J. Biol. Chem.,* **258**, 6497 (1983)
35) W. E. Stewart II, "Interferons and Their Actions", CRC Press. (1977)
36) G. Bodo, et al., "The Biology of the Interferon System 1983". Elsevier, p. 113 (1983)
37) E. A. Havell, et al., *J. Biol. Chem.,* **252**, 4425 (1977)
38) H. C. Kelker, et al., *J. Biol. Chem.,* **258**, 8010 (1983)
39) S. Maeda, et al., "Developmented Biology Using Prified Genes", Academic Press, p. 85 (1981)
40) R. E. Derynck, et al., *Nature,* **285**, 542 (1980)
41) M. Houghton, et al., *Nucleic Acids Res.,* **8**, 1913 (1980)

5 γ型インターフェロン

5.1 はじめに

有村博文*

ウィルスの干渉現象から1957年に発見[1]されたインターフェロン（IFN）は、ヒト型については、当初、白血球を産生細胞とするα型インターフェロン（IFN-α）に関する研究が主であったが、後に白血球以外の細胞も産生細胞として使用できることが判明し、他の細胞としては、主として線維芽細胞を用いて研究がなされた。

IFNは、タンパク重量当たりの生物活性（比活性）が非常に高い物質であり（純品についてはαおよびβ型が10^8IU/mgタンパク、γ型が10^7IU/mgタンパクの比活性）、10～15年前までは、mgオーダーのIFNしか産生できず、高度精製を行うことができなかったために、抗IFN抗体の調製も不可能であった。そのために1970年代中頃までは、白血球IFN、繊維芽細胞IFNと区別されていたが、その抗原性の異同については不明であった。1970年代後半に入り、白血球IFNおよび繊維芽細胞IFNに対する抗体が作製され、両者が全く異なる抗原性を有していることが判明した。

γ型IFNについては、1965年に、Wheelockにより、PHA（phytohemagglutinin）を作用させた白血球が産生するinterferon-like virus-inhibitorとして報告[2]されたのが最初である。その後、誘発剤の検索がなされ、PHA以外にもCon A（concanavalin A）、PWM（pokeweed mitogen）などのT細胞mitogen[3]、特異抗原であるPPD（purified protein derivative）[4]、さらにはガラクトース酸化酵素[5]やカルシウムイオノフォア[6]など、種々のものがγ型IFNを誘発することが明らかになった。

IFNに対する抗体が得られて、その抗原性の異同が解明されるまでは、白血球IFNと繊維芽細胞IFNをI型IFNと呼び、γ型IFNのことをⅡ型IFNあるいは免疫IFNと呼んでいたが、同一の細胞であっても、産生するIFNは必ずしも1種類でないことから、1980年より、従来I型IFNと呼んでいた白血球IFNをIFN-α、線維芽細胞IFNをIFN-βと呼び、Ⅱ型IFNと呼んでいたものをIFN-γと呼ぶようになった。

5.2 ヒト白血球を用いてのγ型インターフェロンの産生

5.2.1 産生方法

IFN-γの産生細胞としては、末梢血中のTリンパ球のみでなく、白血病由来の株化細胞であるMo細胞[7]や、末梢血中のTリンパ球をレトロウィルスでtransformした細胞[8]が報告されている。筆者らは、数年来、ヒト白血球を用いてIFN-γの製造を行っているが、その一例を紹

---

* Hirofumi Arimura （株）ミドリ十字　中央研究所

第5章 動物細胞大量培養による有用物質生産の現状

介する。

図5.5.1に示すように，血漿中に混入している血球を集め，塩化アンモニウムを用いて赤血球を溶血させ，白血球を得る。洗浄・精製した白血球を，RPMI₁₆₄₀ 等の培養液に $1～3×10^6$ cells/ml の割合で浮遊させ，誘発剤のPHAを$10～100$ HA/ml加え，37℃で4～5日間培養し，IFN-γを産生させる。培養中は，少量の血清を添加した方が細胞の安定性が良い。誘発剤としてはPHAが優れており，IFN-γ産生のKineticsは図5.5.2のようである。

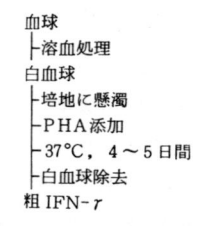

```
血球
├溶血処理
白血球
├培地に懸濁
├PHA添加
├37℃，4～5日間
├白血球除去
粗IFN-γ
```

図5.5.1　白血球由来IFN-γの産生法

このような方法でのIFN-γ産生は，300～500ℓにスケール・アップしても良好な結果を収めている。

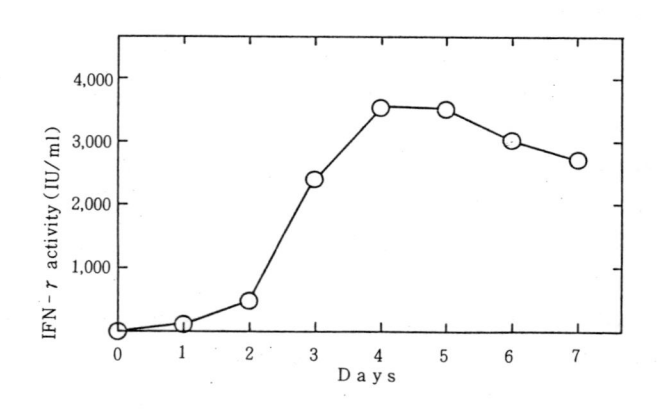

図5.5.2　PHA刺激ヒト白血球におけるIFN-γ産生

5.2.2　ヒト白血球由来IFN-γの性状

IFN-γの精製は，当初，混在するタンパク質の物理・化学的性状の違いを利用して行われていたので効率が悪かったが，IFN-γに特異的なモノクローナル抗体が得られるようになり，一段と容易になった。以下に，ヒト白血球由来天然型IFN-γと，後述の遺伝子組換え技術によるIFN-γの各高度精製品について，若干の比較を行ったので紹介したい。

(1)　ヒト白血球由来天然型IFN-γの性状

白血球由来IFN-γ高度精製品について，グリコシダーゼ処理前，後におけるSDS-PAGEの分析パターンを図5.5.3に示す。グリコシダーゼ処理前のものでは，15.5K，20K，25Kの位置

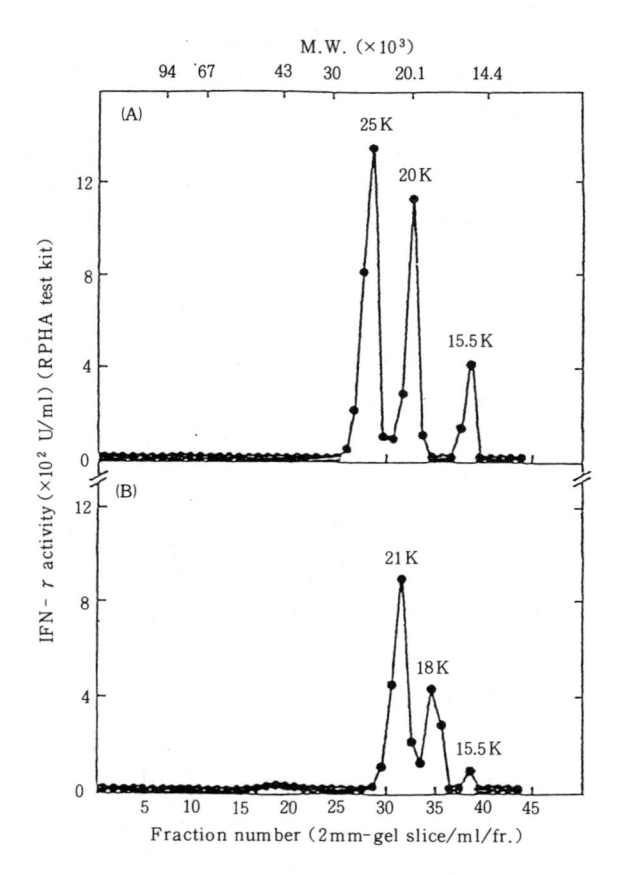

(A)グリコシダーゼ処理前　(B)グリコシダーゼ処理後
図 5.5.3　天然型 IFN-γ の SDS-PAGE 分析パターン

にタンパクバンドとIFN-γ活性が認められた。グリコシダーゼ処理により，25K のものは21K へ，20K のものは 18K へとシフトしたが，15.5K のものには変化が認められなかった。この結果より，すでに報告[9]されたように，IFN-γ には糖鎖が存在し，その含量は分子量20Kのサブユニットよりも，25K のサブユニットの方が多く，15.5K のサブユニットには糖鎖が存在しないものと推察された。ヒト白血球由来IFN-γは，ゲルろ過では 44K を中心にブロードなピークを示すことより，天然にはダイマーの糖タンパクとして存在するものと思われる。

第5章 動物細胞大量培養による有用物質生産の現状

(2) 白血球由来天然型IFN-γと遺伝子組換え大腸菌産生IFN-γの比較

一方,遺伝子組換え技術により大腸菌で産生されたIFN-γは糖鎖を持たないが,このものと白血球由来の天然型IFN-γとを比較してみた。

図5.5.4(A)に大腸菌由来の粗IFN-γを,抗IFN-γモノクローナル抗体をカップリングさせ

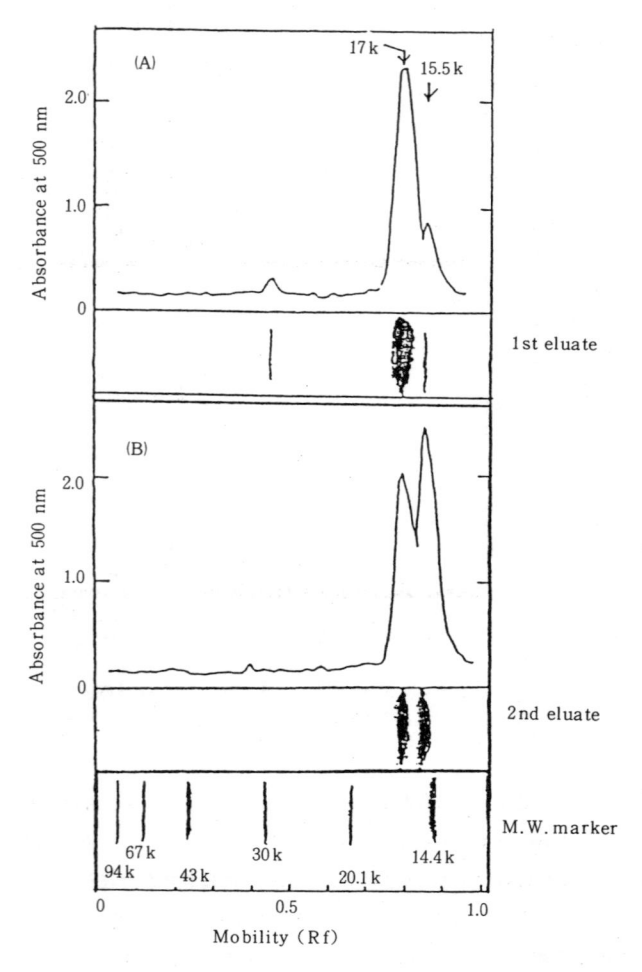

(A) 粗IFN-γを第1次抗体カラムにかけた場合の溶出サンプル
(B) (A)を第2次抗体カラムにかけた場合の溶出サンプル
図5.5.4 遺伝子組換え(大腸菌)IFN-γの精製工程中での分子量変化

たSepharoseカラムにかけた際の，溶出画分のSDS-PAGEのパターンを示した。分子量17Kのほかに，15.5Kにもピークが認められる。この工程により，純度98％程度のIFN-γが得られた。これを，さらに純度を上げる目的で，再度モノクローナル抗体カラムにかけ溶出したものが，図5.5.4(B)である。17Kの分子より15.5Kの分子の方が多くなっている。このことは，本来17KであるIFN-γ分子が，精製過程において15.5Kへ変化したことを示しており，大腸菌由来のIFN-γが不安定であることを示唆するものと思われる。

また，大腸菌由来のIFN-γ精製品と，白血球由来IFN-γ精製品の56℃における安定性を示したものが，図5.5.5である。白血球由来IFN-γの活性が56℃，24時間加熱しても約20％残存するのに対し，大腸菌由来IFN-γは56℃，1時間の加熱で5％の活性しか残存せず，熱に不安定であることが窺える。

5.3 遺伝子組換えによるIFN-γ産生

5.3.1 遺伝子組換え大腸菌によるIFN-γ産生

IFN-γは，これまで主として大腸菌を宿主とした産生系で研究され，すでにその一部は実用されようとしている[10]。しかし，大腸菌によるIFN-γの産生では，合成されたIFN-γが菌体内で不溶化しやすく，以後の抽出・精製が困難である。この点は，遺伝子組換えにより大腸菌で産生されたIFN-α_2の抽出・精製が比較的楽であることと比べて興味深い。写真5.5.1は，IFN-γあるいはIFN-α_2を産生している大腸菌の電顕写真であるが，両菌の形態的差異も明らかである。

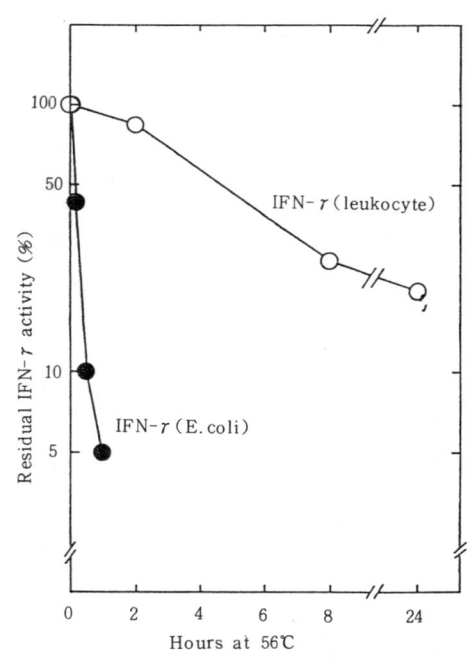

図5.5.5 白血球由来IFN-γと大腸菌由来IFN-γの56℃での安定性

さらに，5.2.2で述べたように，IFN-γは，抽出工程で，しばしば菌体内プロテアーゼの作用により，低分子化と失活を引き起こしやすいことも知られており[10),12)]，これらの理由からも，安定に，しかも構成的にIFN-γを細胞外へ分泌する組換え動物細胞株の樹立が望まれている。

5.3.2 遺伝子組換え動物細胞による IFN-γ 産生

組換え動物細胞による IFN-γ 産生は,既にいくつかのグループにより報告されている。それらのうち,SV-40（Simian virus-40）ベクターと COS 細胞（CV-1 origin, SV-40）[13]との組合わせによる,一過性の発現例[14]を除けば,現在では,マウス C-127 細胞と BPV（Bovine papilloma virus）系ベクターによる発現や,SV-40 系ベクターとマウスの L 細胞や CHO（chinese hamster ovary）細胞との組合わせによる発現などが報告されている。

Fukunaga ら[15]は,SV-40 の初期プロモーターの下流に IFN-γ 遺伝子を接続し,これを BPV ベクターに組込んでマウス C-127 細胞へ導入した。フォーカス形成[16]を指標として選択した形質転換細胞では,核内に 30～50 コピーのベクター DNA が存在し,糖鎖の付加された分子量 22,000～25,000 の天然型と同等の IFN-γ が,培地中に最大 $3～4 \times 10^5$ IU/ml 産生された。

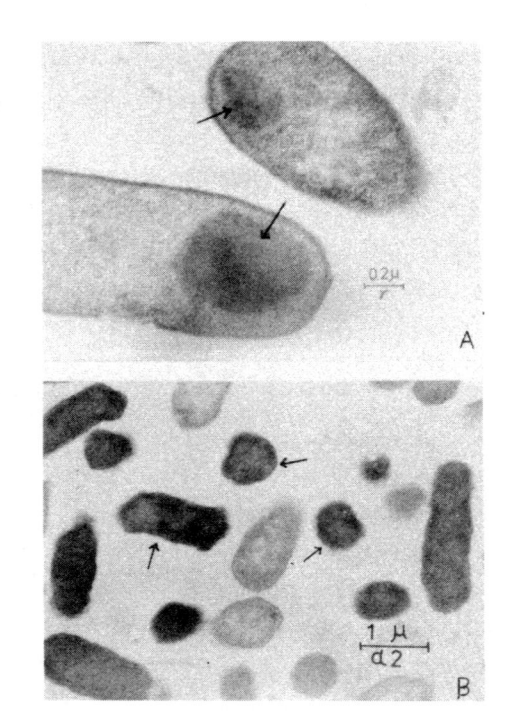

A. IFN-γ　　B. IFN-α_2
写真 5.5.1　IFN を産生している組換え大腸菌

BPV 系ベクターと C-127 細胞との組合わせでは,導入したベクター DNA が核内でプラスミド状で存在するために,コピー数の増加による産生量の増加が期待できる。しかし,この系では,ベクター DNA の複製に伴って,しばしば遺伝子の欠失などが認められ,長期的な安定性について問題がある。この点,SV-40 系ベクターと CHO 細胞や L 細胞との組合わせでは,導入されたベクターが染色体に組込まれるために,産生の安定性が保証される。さらに,$dhfr$（dihydrofolate reductase）遺伝子を用いた増幅系についても研究が進められ,現在では,組換え動物細胞による IFN-γ 産生の報告も多い。

たとえば,Haynes と Weissman[17]や Scahill ら[18]は,$dhfr^-$ の CHO 細胞に,$dhfr$ 遺伝子とリンクした SV-40 初期プロモーターの下流に接続した IFN-γ 遺伝子を導入し,$2～10 \times 10^4$

IU/ml/日の分泌産生を報告している。これらの産生量は，精製の容易さなどを考慮すれば，大腸菌を宿主とする系に充分匹敵する産生量であろう。

最後に，筆者らの研究室では，浮遊培養の細胞系を宿主とした異種タンパクの産生系を開発中であり，IFN-γ遺伝子を用いてベクター系の開発を行っている。トランスポゾンTn5に由来するネオマイシン耐性遺伝子（Neo，G-418に耐性を与える）を選択マーカーとしたベクター系では，CHO細胞に導入した場合，SV-40の初期プロモーターの下流に接続したIFN-γの構成的な産生が認められる。産生量は，G-418耐性の一次形質転換細胞で，数10 IU/ml/日であるが[19]，今後，宿主細胞の選択，培養条件の検討により，高生産株の樹立が可能であろう。

（本稿を準備するにあたりご協力いただいた金田照夫博士，内田由子博士，および乾祐一郎氏に深謝します。）

文　献

1) A. Isaacs, J.Lindenmon, *Proc. Roy. Soc. Ser. B.*, **147**, 258 (1957)
2) E. F. Wheelock, *Science,* **149**, 310 (1965)
3) M. P. Langford, et al., *J. Immunol.*, **126**, 1620 (1981)
4) J. A. Green, et al., *Science,* **164**, 1415 (1969)
5) F. Dianzani, et al., *Infec. Immunity,* **26**, 879 (1979)
6) F. Dianzani, et al., *Infec. Immunity,* **29**, 561 (1980)
7) I. Nathan, et al., *Nature,* **292**, 842 (1981)
8) M. Matsuyama, et al., *J. Immunol.*, **129**, 450 (1982)
9) E. Rinderknecht, et al., *J. Biol. Chem.*, **259**, 6790 (1984)
10) 安達興一，ほか，癌と化学療法，**12**，1331 (1985)
11) U. S. Patent　4,476,049
12) 特開昭59-161,321
13) Y. Gluzman, *Cell,* **23**, 175 (1981)
14) T. Nishi, et al., *J. Biochem. (Tokyo),* **97**, 153 (1985)
15) R. Fukunaga, et al., *Proc. Natl. Acad. Sci. U. S. A.*, **81**, 5086 (1984)
16) P. M. Howley, et al., *Methods in Enzymol.*, **101**, 387 (1983)
17) J. Haynes, C. Weissman, *Nucleic Acids Res.*, **11**, 687 (1983)
18) S. J. Scahill, et al., *Proc. Natl. Acad. Sci. U. S. A.*, **80**, 4654 (1983)
19) Y. Uchida, et al., （未発表）

第5章 動物細胞大量培養による有用物質生産の現状

6 インターロイキン2（IL-2）

安井義晶＊

6.1 はじめに

1976年に，Morgan, Ruscetti, Gallo [1),2)]らが，mitogenで刺激したヒト末梢血リンパ球（PBL）から得られた培養上清を添加してヒト骨髄細胞を培養すると，T細胞が選択的に増殖し，また，この増殖したT細胞を上記培養上清存在下におくと，長期継代培養ができることを見出した。そこで，初めは，この培養上清に含まれる生理活性物質がT細胞の増殖に関与することから，T cell growth factor (TCGF)と提唱されていたが，その後，多くの研究者により，Thymocyte mitogenic factor (TMF)，Killer cell helper factor (KHF)，Secondary cytotoxic T cell inducing factor (SCIF)など，その生理活性物質の効能により，多種類の名称がつけられていた。

1979年，スイスのErmatingenで行われた，第2回リンホカインワークショップにおいて，これらの名称の違いによる混乱を避けるために，TCGF活性を有するこれらの因子をIL-2と提唱するよう，研究者間の合意を経て統一された[3)]。

インターロイキンとは，白血球の間で交わされる信号を伝達する物質，つまり，inter leucocyteから命名されたものであり，現在ではIL-1，IL-2，IL-3，IL-4と4種類が知られていて，おのおの，遺伝子レベルの解析まで進んでいる。IL-2についても，ここ数年来，各国の研究者が凌ぎを削って，多くの成果をあげてきた。1983年には，IL-2 cDNAのクローニングに成功し，IL-2遺伝子の全塩基配列が決定され，大腸菌を用いて，その遺伝子産物を得るところまできている。さらに，IL-2を使っての癌免疫療法への応用など，数々の成果の報告があるが，本文では，IL-2の大量培養を主に，それらの概要についてとりまとめた。読者の参考になれば幸いである。

6.2 IL-2の性状と生物活性

IL-2の性状は，ヒト，マウス，ラット由来のものについて，よく検討されており，特に，ヒトIL-2は，癌免疫療法剤として臨床応用が期待されていることもあり，そのDNAの全塩基配列が既に決定されている。したがって，機能に基づくIL-2の化学的性状は，現在ほぼ判明しており，IL-2の遺伝子の塩基配列からみて，アミノ末端がアラニンで，カルボキシル末端がトレオニンであることがわかる。遺伝子工学的手法で生産されたIL-2は，単一の遺伝子産物であるが，ヒトの正常細胞などからつくったIL-2は，α，β，γの3種類の存在が知られている。こ

＊ Yoshiaki Yasui 丸善石油バイオケミカル㈱ 開発課

れらは，等電点がpI 7.6, 7.9, 8.2と異なる，という性質を利用して分けられたものである[4),5)]。αおよびβ IL-2は，γ IL-2と数百の分子量の差がある。この違いは糖鎖の違いによるもので，α，β，γ，のいずれも，アミノ酸配列は同一で，生物活性も差異はないといわれている。

遺伝子工学的手法によって得られた単一のIL-2分子により，その生物活性を調べることが可能になった。Hamuroグループらの，組換えIL-2を用いた研究では，IL-2は癌細胞に障害的に働く細胞障害性Tリンパ球を誘導する活性をもつことがわかり，IL-2は抗原の存在下において分化因子として作用することが立証された。また，組換えIL-2は，癌に対して障害的に作用するナチュラルキラー細胞（NK細胞）をも分化させ，癌細胞を障害破壊する活性を強めるということも明らかにされた。さらに，このIL-2は，細胞障害性Tリンパ球やNK細胞に作用して，癌に効果があるといわれるγ型インターフェロン（IFN-γ）を誘発する効力があるため，天然のIFN-γの誘起剤でもある。つまり，単一分子としてのIL-2のもつ生物活性は，癌を攻撃する細胞を作り出し，それを増やすことにより，癌を治癒したり，転移する癌を殺したりすることに役立つ可能性を強く示している。かつて免疫応答の信号伝達因子として現われたIL-2が，今や，癌の基礎生物学，免疫療法医学の分野に，大きな布石を築こうとしている。

表5.6.1　ヒトIL-1，IL-2の性状と活性

	インターロイキン1	インターロイキン2
産生細胞	単球/マクロファージ	Tリンパ球
分子量	14,000, 5～70,000	15,000
pH安定性	pH 3.0～11.0 で安定	pH 2.2～10 で安定
熱安定性	$-70°C \sim 56°C$ で安定	$-70°C \sim 56°C$ で安定
酵素，変性剤に対する感受性	キモトリプシン，プロナーゼ，SDS，尿素で失活　トリプシン，パパインに抵抗	キモトリプシン，トリプシン，プロナーゼ，SDS，尿素で失活
生物活性	胸腺細胞の増殖　リンホカイン産生促進　抗体産生促進　発熱性　プロスタグランジンE_2　コラゲナーゼ産生促進　繊維芽細胞増殖促進　急性炎症性タンパク質誘導　IL-2レセプター発現	胸腺細胞の増殖　γ型インターフェロン誘導　CTL誘導増強　ナチュラルキラー細胞活性化増強　Tリンパ球増殖

6.3　IL-2の遺伝子

ここ1～2年のあいだに，Taniguchiグループ，Devosグループ，Maedaグループなどが，それぞれIL-2 cDNAのクローニングに成功している。

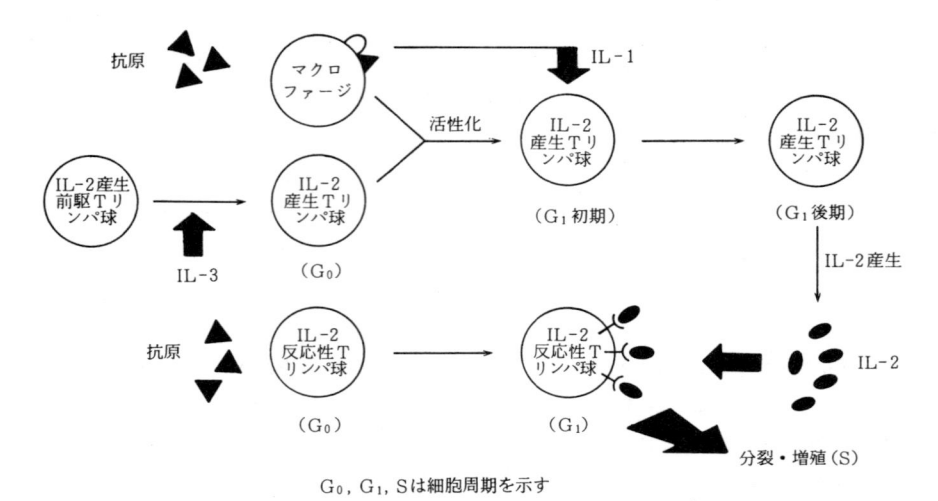

第5章　動物細胞大量培養による有用物質生産の現状

図 5.6.1　IL-2産生，応答性で分類したTリンパ球の分化増殖
（羽室著，"インターロイキン"より引用[23]）

G_0, G_1, Sは細胞周期を示す

Taniguchiグループ[6]は，conAで刺激したヒトリンパ腫（Jurkat細胞）よりmRNAを抽出し，ハイブリダイゼーション・トランスレーションアッセイ法（図5.6.2）で，IL-2 cDNAのクローニングを行い，その結果，IL-2は，133個のアミノ酸と20個のシグナルペプチドを含む153個のアミノ酸からなる前駆体として，細胞内で産生されることが明らかにされた。これは，1983年8月，第5回国際免疫学会において，特別講演の中で発表された。さらに，この学会において，Robbらは，彼らが作製した抗ヒトIL-2モノクローナル抗体を免疫吸着体としてアフィニティ精製したヒトIL-2のアミノ酸配列を解析した結果，遺伝子レベルでの解析結果と非常によく一致することを報告している。

また，Devosグループ[7]は，PHAとTPAで誘導した脾細胞からmRNAを抽出し，IL-2 cDNAのクローニングを行っており，Maedaグループ[8]は，マイトゲンで刺激した扁桃腺の細胞からmRNAを抽出し，IL-2 cDNAのクローニングに成功した。これらの結果において，アミノ酸配列は，TaniguchiグループのものとDevosグループ，Maedaグループの結果とは，ほとんど同一であった。このことは，IL-2遺伝子の塩基配列は，白血病細胞に特異的なものではなくて，ヒト正常細胞由来のIL-2遺伝子についても同様であることが証明されたわけである。

さらに，Taniguchiグループによると，IL-2遺伝子のコピーは，ヒト遺伝子ゲノムの中に一つ存在し，それは第四染色体上に認められる，とのことである。

6 インターロイキン2（IL-2）

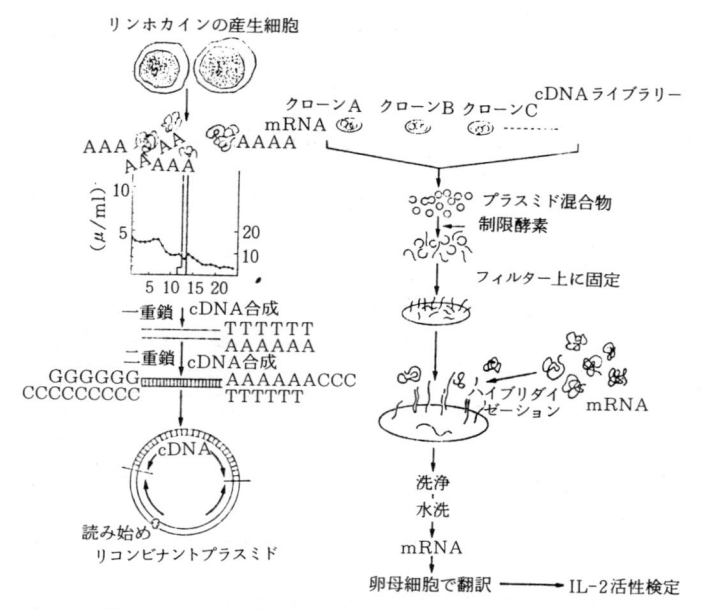

図5.6.2 ハイブリダイゼーション・トランスレーションアッセイ法によるIL-2のクローニング
（羽室著，"インターロイキン"より引用[23]）

これらのことよりわかった，ヒトIL-2の一次構造である塩基配列とアミノ酸配列は，図5.6.3に示すとおりである。

6.4　IL-2の量産

現在，IL-2を量産可能としている技術は，大別して二つある。その一つは，IL-2を産出する細胞を大量培養して得る方法であり，二つめは，IL-2の遺伝子を微生物に導入して，微生物を培養しIL-2を得る，遺伝子組換え法である。

6.4.1　動物細胞大量培養による量産

はじめに，IL-2を産出する細胞株を培養してIL-2を得る方法は，その産生誘導法として，IL-2を産生する腫瘍細胞株を培養して大量生産させるものと，IL-2を産生する正常細胞と腫瘍細胞とを融合させたハイブリドーマ株として大量培養してIL-2を得る方法とがある。

IL-2を産生する腫瘍細胞株としては，Jurkat細胞とMLA144（サルの細胞株）とが良く知られており，特にMLA144については，NIHのRabinグループが大量培養を行い，かなり良い実績を

第5章 動物細胞大量培養による有用物質生産の現状

```
                                         1
                                         Met Tyr Arg Met Gln Leu Leu Ser Cys Ile Ala
ATCACTCTCTTTAATCACTACTCACAGTAACCTCAACTCCTGCCACA ATG TAC AGG ATG CAA CTC CTG TCT TGC ATT GCA
                                                      50
Leu Ser Leu Ala Leu Val Thr AsN Ser Ala Pro Thr Ser Ser Ser Thr Lys Lys Thr Gln Leu Gln Leu
CTA AGT CTT GCA CTT GTC ACA AAC AGT GCA CCT ACT TCA AGT TCT ACA AAG AAA ACA CAG CTA CAA CTG
                              100
        40
Glu His Leu Leu Leu Asp Leu Gln Met Ile Leu AsN Gly Ile AsN AsN Tyr Lys AsN Pro Lys Leu Thr
GAG CAT TTA CTG CTG GAT TTA CAG ATG ATT TTG AAT GGA ATT AAT AAT TAC AAG AAT CCC AAA CTC ACC
150                                                         200
         60                                                                          80
Arg Met Leu Thr Phe Lys Phe Tyr Met Pro Lys Lys Ala Thr Glu Leu Lys His Leu Gln Cys Leu Glu
AGG ATG CTC ACA TTT AAG TTT TAC ATG CCC AAG AAG GCC ACA GAA CTG AAA CAT CTT CAG TGT CTA GAA
                                          250
                                                                    100
Glu Glu Leu Lys Pro Leu Glu Glu Val Leu AsN Leu Ala Gln Ser Lys AsN Phe His Leu Arg Pro Arg
GAA GAA CTC AAA CCT CTG GAG GAA GTG CTA AAT TTA GCT CAA AGC AAA AAC TTT CAC TTA AGA CCC AGG
              300                                                         350
                                                  120
Asp Leu Ile Ser AsN Ile AsN Val Ile Val Leu Glu Leu Lys Gly Ser Glu Thr Thr Phe Met Cys Glu
GAC TTA ATC AGC AAT ATC AAC GTA ATA GTT CTG GAA CTA AAG GGA TCT GAA ACA ACA TTC ATG TGT GAA
                      400
                                      140
Tyr Ala Asp Glu Thr Ala Thr Ile Val Glu Phe Leu AsN Arg Trp Ile Thr Phe Cys Gln Ser Ile Ile
TAT GCT GAT GAG ACA GCA ACC ATT GTA GAA TTT CTG AAC AGA TGG ATT ACC TTT TGT CAA AGC ATC ATC
                              450
         153
Ser Thr Leu Thr
TCA ACA CTA ACT TGA TAATTAAGTGCTTCCCACTTAAAACATATCAGGCCTTCTATTTATTTAAATATTTAAATTTTATATTTATT
                    500                                              550

GTTGAATGTATGGTTTGCTACCTATTGTAACTATTATTCTTAATCTTAAAACTATAAATATGGATCTTTTATGATTCTTTTTGTAAGCCCT
                              600                                                650

AGGGGCTCTAAAATGGTTTCACTTATTTATCCCAAAATATTTATTATTATGTTGAATGTTAAATATAGTATCTATGTAGATTGGTTAGTAA
                          700                                                     750

AACTATTT AATAAA TTTGATAAATATAAAAAAAAAAAACAAAAAAAAAA
                      800
```

図 5.6.3 ヒトT細胞性白血病細胞株（Jurkat）由来の IL-2
cDNAの塩基配列とアミノ酸配列[9]

持つといわれている。Jurkat 細胞においては，マイコプラズマに汚染されることが多く起きたため，ヒト末梢血リンパ球（PBL）とBリンパ系腫瘍細胞と共存培養させる方法が主流となり，Galloグループらも，この方法にてIL-2を得ている。

　Roche 社の Stern グループは，表 5.6.2[10] に示すように，Jurkat 細胞から得たIL-2を，硫安塩折と3段の逆相HPLCを組み合わせることにより 505,000 倍の精製を行い，35.8％ の回収率で比活性が 1.01×10^9 u/mg 程度の高純度のIL-2を分離した[11]。また，Du Pont 社の Robb は，同じ細胞から，IL-2のモノクローナル抗体を使ったアフィニティーカラムによって，表5.6.3[12] のように精製度 155 倍，比活性は 3.1×10^5 u/mg，回収率63％の，糖鎖をもたないIL-2を精製したとの報告[13]がなされたが，これはあまり信頼性がないといわれている。

6 インターロイキン2（IL-2）

表5.6.2　Roche社のIL-2の精製[10]

分画	総タンパク (mg)	全量 (ml)	全活性 (u)	比活性 (u/mgタンパク)	精製度	収率 (%)
1. conditioned medium	50,000	50,000	100×10^6	2.00×10^3	1	100.0
2. $(NH_4)_2SO_4$ precipitate	5,000	500	73.5×10^6	1.47×10^4	7	73.5
3. CM Biogel A	776	216	88.9×10^6	1.15×10^5	58	88.9
4. Protesil octyl	5	75	63.7×10^6	1.27×10^7	6,350	63.7
5. Vydac C_{18}	0.056	4	53.5×10^6	9.55×10^3	477,500	53.5
6. Protesil diphenyl	0.035	6	35.8×10^6	1.01×10^9	505,000	35.8

表5.6.3　Du Pont社のIL-2の精製[12]

	全量 (ml)	総タンパク (mg)	TCGF活性 (u)	回収率 (%)	比活性 (u/mgタンパク)	精製度
cell supernatant	8,180	515	1,032,000	(100)	2,004	(1)
unretarded fraction and washes	8,300	510	356,000	34.5	698	0.35
pH 2.5 eluate	6.0	2.1	650,000	63.0	310,000	155

以上のような細胞培養法においては，培養装置が大型化し，ヒト由来細胞を使うため，安全性の面でも充分な配慮が必要とされる。また，ハイブリドーマを使って生産する場合には，ハイブリドーマ自体の変質による産生能の劣下，培地に混入している多種類のタンパク質などの血清成分の除去，あるいは，マイコプラズマの汚染，さらには誘発されたリンホカイン等によって産生細胞が死滅する場合など，多くの問題が残されている。

6.4.2　遺伝子組換え微生物による量産

二つめは，IL-2の遺伝子の項で述べたように，IL-2遺伝子がクローニングされた後，これらの組換えDNAをもつ微生物を借りて，大量に生産させる技術である。この遺伝子組換え法では，IL-2のcDNAそのものを大腸菌または酵母に入れてIL-2を産生させる方法と，IL-2のDNAを合成して，それを微生物に導入しIL-2を産生させる合成遺伝子法とがある。

今日では，世界各地で，その生産が報じられ，日本においては，味の素に次ぎ武田薬品が，遺伝子組換え法によるヒトIL-2の生産に成功している。合成遺伝子法によるIL-2の培養技術では，Amgen社が大腸菌を使って量産しており，Genentech社では，酵母を使って生産が行われている。

6.4.3　IL-2量産の現状と将来

IL-2の生産について，細胞培養法と遺伝子組換え法をのべたが，現在，細胞培養技術では，細胞密度が10^7/ml前後であり，Damon社のマイクロカプセル手法を利用した高密度培養法を使

第5章 動物細胞大量培養による有用物質生産の現状

表5.6.4 IL-2の培養方法について

産生様式	産生細胞とその誘導法	研究開発機関名
遺伝子組換え法	cDNA法 { 大腸菌 (1) 酵母 (2)	Roche (1), Cetus (1), Biogen (1), 味の素 (1), 武田薬品 (1)
	合成遺伝子法 { 大腸菌 (3) 酵母 (4)	Amgen (3), Genetech (4), 東洋曹達工業, 塩野義製薬, エーザイ, 吉富製薬, 旭化成工業, Genzyme
細胞培養法	腫瘍細胞株 (5) (Jurkat細胞 etc.) ハイブリドーマ株 (6)	Du Pont (5), Celltech (5), 関東医師製薬 (6), ミドリ十字, 藤沢薬品工業, Collaborative Research

っても，10^8/mlを上回るのは困難とされている。

遺伝子組換え法では，大腸菌を使ってIL-2を産生させた場合，菌体タンパクの約25％以上の含有量がみられるとのことであり，これはIL-2の場合，約400μg/mlに相当する。これは，従来から開発されてきた細胞培養法による産生能に比べ，約3,000～4,000倍の濃度に相当する。したがって，今までのところ，IL-2の生産効率のよい手段は，大腸菌を使った遺伝子組換え法といえる。

しかし，細胞培養法においても，培養時間の短縮，高密度培養法の開発による培地コストの低減など，今後改良が続けられ，実生産に充分使い得る可能性は残されている。

6.5 IL-2の精製と活性測定

上記のように，IL-2は，現在，多くの研究機関により，幾つかの手法で生産することが可能となったが，これらIL-2の精製高純度化，あるいは高純度IL-2の活性測定など，技術的な多くの点について，問題が残されている。

IL-2の活性測定法には，一般に，二つの方法が使われているが*，今のところBioassay法のみが公式となっており，精製した単一タンパクとしての比活性については，活性単位の算出法の違いがあり，国際的にも確立されていない。

前述Roche社のIL-2の比活性は10^9u/mg（換算値2.5×10^7u/mgタンパク）とかなり高く，味の素の天然，およびrecombinant IL-2なども，同一値を示すとされているが，これに対し，

---

* 測定法：(1) IL-2の存在下でのみ増殖する。IL-2依存性Tリンパ球株等のDNA合成を指標として測定する。

(2) PHA等のようなmitogenで活性化して，IL-2レセプターを発現している細胞に測定用IL-2を加え，そのTリンパ球の増殖をDNA合成として間接的に測定する。

Cetus 社の recombinant IL-2 の比活性は，4×10^6 u/mg，天然 IL-2 のそれは 5×10^6 と，約8割の IL-2 が失活しているとの報告もある。この原因は，測定方法のみならず，IL-2 の精製において，抗体カラムを通過中にその大半が失活したか，または，抗体結合定数の高いもののみ回収されたか，のいずれかともおもわれる。

IL-2 の精製については，マウス，ラット，ヒトのそれが，Gallo，Smith をはじめ，多くの研究者らによって進められてきたが[14)~16)]，今まで，ほとんど進歩していない。

この精製分離を困難にした理由の一つに，IL-2 の不均一性があげられる。この不均一性は，グリコシレーションの違いによるものとされ，特に，シアル酸含有量の差によるものと考えられている。図 5.6.3 において，Taniguchi グループが指摘しているように，Jurkat 由来の IL-2 cDNA の塩基配列中には，N-グリコシド結合が起こる部位（AsN-X-Ser または AsN-X-Thr）が見当らず，この結果からは，グリコシル化をうけていない。ところが，Robb グループ[17)] が主張している，Jurkat 由来の IL-2（アシアロ型）に糖鎖が結合することによって不均一性が生ずる，との考えにたてば，アシアロ型のヒト IL-2 へのシアル酸の付加には，N-グリコシド以外に，O-グリコシドまたは特殊な糖ペプチド鎖が関与しているとも考えられる。細胞培養法により IL-2 が産生される時，このような糖鎖修飾等は，その産生細胞の刺激の種類によって，種々の程度で変化がおこり，それが，IL-2 の等電点の不均一性の原因と考える。近年の報告の中で，Jurkat 細胞由来等の IL-2 の糖鎖をはずすことによって等電点電気泳動で単一ピークを示すことが，Robb グループおよび Watson グループによってわかり，その等電点電位は，それぞれ 5.1 と 4.9 といわれる[17),18)]。

また，これとは別に，Hirano グループによれば，IL-2 の不均一性については，不均一な"IL-2 ファミリー"とも呼ぶべき分子集団が存在し，ある T 細胞亜集団の増殖を選択的に促進するような IL-2 サブクラスが存在する可能性について一部示唆しているが，この IL-2 不均一性と IL-2 ファミリーとの相関については，現在のところ，不明である。

6.6　IL-2 の癌免疫療法剤への応用

癌，感染症，自己免疫疾患などにおいては，IL-2 の分泌が低下するため，リンパ球が攻撃を始めることができないと考えられている。たとえば，癌患者はナチュラルキラー（NK）細胞の活性が低下することが知られており，転移をともなう程の癌患者では，IL-2 の分泌能力は正常人の 10～20％まで低下しているという報告もある。したがって，これらの患者に，外から IL-2 を投与することによって，患者の免疫機構を回復させることも考えられる。このことから，IL-2 には癌の転移を抑制する効果があるのではないか，と期待されている。また，骨髄移植患者も IL-2 の分泌が非常に低下するため，IL-2 の投与により，移植患者の免疫機構を回復させる

第5章 動物細胞大量培養による有用物質生産の現状

ことも期待される。ただし，移植患者の場合には，移植片に対する免疫機構（拒絶反応）も同時に活性化されるため，投与量のバランスが問題となろう。

1983年頃から，米国では，AIDS（後天性免疫不全症候群）の患者が多発し話題となった。日本においても，今年，十数名のAIDS患者が発見され，国の対策が急がれている。このAIDS患者におけるIL-2とIFN-γの産生能の障害は，ヒトT細胞白血病ウイルス3型（HTLV-Ⅲ）により，T4マーカーで示されるTh亜集団が選択的に障害されるために起きる，と考えられている。また，日本の北九州地域に多い成人T細胞白血病（ATL）も，ATLウイルス（HTLV-1）がT4に感染してトランスフォームさせることから，AIDSの原因と同一視されている[19],[20]。すでに米国では，Cetus社が，recombinant IL-2をAIDS治療に用いる許可を得て，Galloグループらを中心として，既に臨床試験が行われているが，現在のところ，その成果については明らかにされていない。

IL-2を生体内に投与した時の半減期や，投与経路による血清中の活性の違い，NK細胞におよぼす影響などについて，ここ数年研究が進みはじめており，多量のIL-2を一回投与するよりも少量を数回投与するほうが，また静脈注射よりも皮下注射の方が，血清中のIL-2レベルは低くても半減期が長いため，同時に移入した培養T細胞を生体内で増殖させるには有効である，との報告[21]がなされている。最近では，動物ばかりでなく，ヒトに対してもIL-2の投与が行われており[22]，癌免疫療法への応用が，さらに期待されるところである。

6.7 おわりに

IL-2の量産化は，現在，ヒトIL-2の遺伝子を導入した大腸菌を使って最も効率よく行われつつあるが，これら微生物を利用した培養法においては，糖鎖を付けたIL-2は生産できず，また，N末端基には開始コドン由来のMetが余分についており，さらに微生物由来の異種タンパク質も混入する可能性があるなど，まだ多くの問題点が残されている。

これらの問題を解決するため，最近では，IL-2のみならず他のリンホカインやモノカインについても同様であるが，動物細胞を使った研究が盛んに行われている。この動物細胞系を利用した場合，糖鎖の導入や，S-S結合を含むような複雑な高分子タンパク質の生産も可能となり，さらに，培地に直接分泌されるなどのメリットもある。

さらには，IL-2のアミノ酸の一部を置換させることにより，活性，安定性などの点で，元来の生理活性物質よりも，より取扱いやすく活性の高いIL-2が，近い将来大量に生産されることも夢ではないようだ。

文　献

1) D. A. Morgan, F. W. Ruscetti, R. Gallo, *Science,* **193,** 1007 (1976)
2) F. W. Ruscetti, D. A. Morgan, *J. Immunol.,* **119,** 131 (1977)
3) S. B. Mizel, J. J. Farrar, *Cell. Immunol.,* **48,** 433 (1979)
4) R. J. Robb, K. A. Smith, *Mol. Immunol.,* **18,** 1087 (1981)
5) T. Teranishi, T. Hirano, N. Arima, et al., *J. Immunol.,* **128,** 1903 (1982)
6) T. Taniguchi, et al., *Nature,* **302,** 305 – 310 (1983)
7) R. Devos, et al., *Nucleic Acids Res.,* **11,** 4308 – 4323 (1983)
8) S. Maeda, et al., *Biochem. Biophys. Res. Comm.,* **115** (3) 1040 – 1047 (1983)
9) T. Taniguchi, H. Matsui, T. Fujita, et al., *Nature,* **302,** 305 (1983)
10) A. S. Stern, et al., *Pro. Natl. Acad. Sci. U.S.A.,* **81,** 873 (1983)
11) A. S. Stern, Y. E. Pan. et al., *Pro. Natl. Acad. Sci. U.S.A.,* **81,** 871 (1984)
12) R. J. Robb, et al., *Pro. Natl. Acad. Sci. U.S.A.,* **80,** 5991 (1983)
13) R. J. Robb, R. M. Kutny, et al., *Pro. Natl. Acad. Sci., U.S.A.,* **80,** 5990 (1983)
14) D. Y. Mochizuki, J. Watson, et al., *J. Immunol. Methods,* **39,** 185 (1980)
15) R. Fagnani, J. A. Braatz, *J. Immunol. Methods,* **33,** (4), 313 (1980)
16) I. Clark-Lewis, J. W. Schrader, et al., *J. Immunol. Methods,* **51,** 311 (1982)
17) R. J. Robb, K. A. Smith, *Mol. Immunol.,* **18,** 1087 (1981)
18) J. D. Watson, D. Y. Mochizuki, et al., *Fed. Proc.,* **42,** 2747 (1983)
19) R. C. Gallo, P. S. Saron, et al., *Science,* **220,** 865 (1983)
20) E. P. Gelmann, M. Papovis, et al., *Science,* **220,** 862 (1983)
21) M. A. Cheever, et al., *J. Immunol.,* **134,** 3895 (1985)
22) T. L. Michael, et al., *Immunol.,* **134,** 157 (1985)
23) J. Hamuro, "Interleukin" Kohdansha (1984)

第5章 動物細胞大量培養による有用物質生産の現状

7 B型肝炎ワクチン

野崎周英[*]，水野喬介[**]

7.1 はじめに

従来，数多くの試みにもかかわらず，その組織培養法による増殖が困難であったB型肝炎ウイルス（HBV）も，遺伝子組換え技術により，いったんそのウイルスDNAがクローン化されるや，遺伝子レベルからの解析が急速に展開されている。

すでに各サブタイプのHBVの塩基配列も決定され[1〜4]，表面抗原（HBsAg），核抗原（HBcAg）をコードする遺伝子に関しては，大腸菌や酵母を宿主とした発現実験が成功をおさめている[5〜8]。

ワクチンの材料となるHBsAgを，動物細胞の発現系を利用して大量に産生させようとする試みも，時期を同じくしつつ精力的に行われている。それらは，①宿主染色体にHBV DNAを組み込ませる方法[9〜12]，②SV40を利用する方法[13]，③ウシパピローマウイルスを利用する方法[14〜16]，④ワクシニアウイルスを利用する方法[17]，⑤ヒト肝ガン細胞を利用する方法[18],[19]に大別されるようである。

我々は，日本人に多いとされるサブタイプadrのHBV DNAをクローン化して以来，動物細胞を利用したHBsAgの発現実験を試みている。ここでは，それらの結果も含めながら，上記5つの方法について記してみたい。

7.2 HBV

HBV（B型肝炎ウイルス）は直径42nmの球状粒子で，発見者の名にちなんでDane粒子と呼ばれ，直径27nmのコア粒子を約7nmの外層が包む二重構造をしている（図5.7.1）。外層にはHBsAgがあり，adr・adw・ayr・aywの4つの抗原性に関するサブタイプに大別される。コア粒子は，環状のDNAがHBcAgによってパックされ，そこにはDNAポリメラーゼやHBeAgが存在する。患者血液中には，Dane粒子のほかに，直径22nmの小型球状粒子や直径22nmで長さ40〜70nmの管状粒子も存在するが，これらの粒子はHBV表面物質のみで構成され，感染性はない。

HBV DNAは，約3.2kbの環状2本鎖DNAであるが，一部が1本鎖であり，全長をカバーする長い鎖（L鎖）と，これに相補的な短い鎖（S鎖）から成り立っている（図5.7.2）。各サブタイプにより，その塩基配列に多少の違いはあるが，ほとんどのサブタイプにおいて，完全に保存さ

---

[*] Chikateru Nozaki 財化学及血清療法研究所
[**] Kyosuke Mizuno 財化学及血清療法研究所

れた4つのタンパクコード領域が存在する。そのうち2つに関しては，HBsAg，HBcAg をコードする領域であることが明らかにされているが，残り2つに関しては不明である。

7.3 宿主染色体に HBV DNA を組み込む方法

この方法は，クローン化したウイルス DNA あるいはその一部を，動物細胞染色体に組み込ませた状態で，HBsAg を産生させる方法である。

我々は，クローン化した HBV DNA を head to tail の tandem 構造になるように大腸菌プラスミドに結合した組換え DNA（図5.7.3）を構築した[20]。ここで，tandem 構造をとらせたのは，HBV DNA がプラスミドと結合しても，

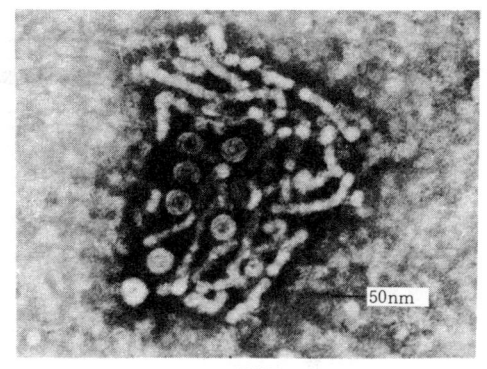

a. 電子顕微鏡写真

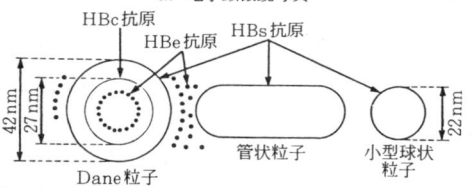

b. ウイルス関連粒子模式図

図5.7.1　B型肝炎患者血中に観察される HBV 関連粒子

ウイルス1ゲノムの構造が保持されるようにするためである。この組換えDNAを，ヘルペスウイルスチミジンキナーゼ（TK）遺伝子をもつプラスミドとともに，TK 欠損マウスL細胞（LTK⁻）へ導入した。HAT 培地にて，TK^+ へ形質転換された細胞のみを選択培養すれば，TK 遺伝子と同時に HBV DNA も宿主染色体に組み込まれた細胞が得られる。この際，TK 遺伝子の数十倍～数百倍の濃度の HBV DNA で細胞を処理すれば，TK^+ 細胞の大半には HBV DNA が組み込まれる。

得られる TK^+ 細胞の HBsAg 産生量は各クローンによって異なるので，できるだけ多くのクローンをしらべることが必要である。我々が選択したクローンは，継代後も安定して HBsAg を分泌（約 0.5 μg/ml）しており，宿主染色体には，HBV DNA が tandem 構造を保持した状態で組み込まれていた。写真5.7.1はマウスL細胞によって産生される HBsAg（mHBsAg）の電子顕微鏡写真であるが，その形状は，ヒトプラズマ中に存在する HBsAg 小型球状粒子（hHBsAg）と非常によく似ている。さらに，構成タンパク（写真5.7.2）や免疫原性（表5.7.1）についても hHBsAg と同様の性状を示した。このように，マウスL細胞を利用しても，hHBsAg とほとんど同性質の HBsAg を産生することが可能となっている。

図5.7.3a の DNA の場合，HBs 遺伝子の発現は，その構造上，ウイルス自身のプロモーター

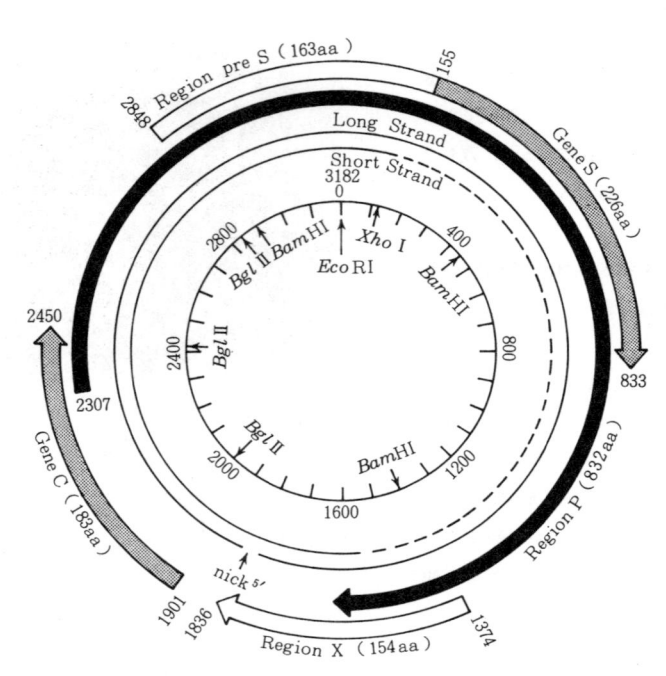

第5章　動物細胞大量培養による有用物質生産の現状

Gene S：HBsAg コード領域，Region pre S：ヒトアルブミンポリマー（pHSA）リセプターコード領域，Gene C：HBcAg コード領域，Region P：DNA ポリメラーゼをコードすると予想される領域，Region X：コードされるタンパクが血中にあることは確認されたが，その機能は不明。

図5.7.2　HBV DNA とタンパクコード可能領域

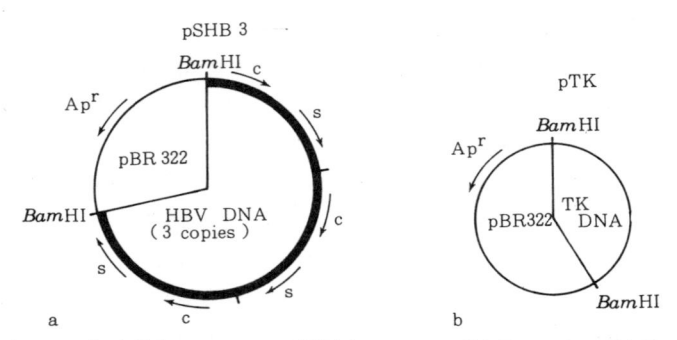

a，HBV DNA（■）が3コピー tandem 構造をとる　S：HBs 遺伝子，C：HBc 遺伝子
b，ヘルペスウイルス TK 遺伝子をもつ組換え DNA

図5.7.3　マウスL細胞（LTK⁻）用組換え DNA

7　B型肝炎ワクチン

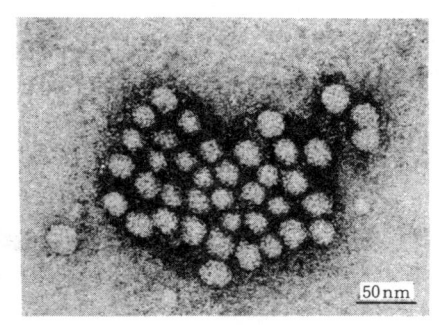

写真 5.7.1　マウス L 細胞が産生する HBsAg の
電子顕微鏡写真

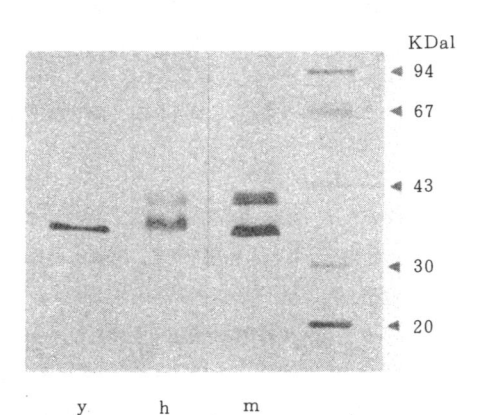

ヒトプラズマ（h），マウス L 細胞（m），酵母（y）から分離
精製された HBsAg の SDS-PAGE パターン，右端は分子量
マーカー
写真 5.7.2　HBsAg の SDS-PAGE 分析

表 5.7.1　マウス L 細胞が産生する HBsAg の免疫原性

Days	Anti-HBs titer in guinea pigs ($\log_2$)				
0	<0	<0	<0	<0	<0
28	10	9	9	10	9
55	14	14	14	13	13

5匹のモルモットに対し，mHBsAg（400 ng）を 0, 8, 21, 42 日目に接種し，
0, 28, 55 日目の血中抗体価を PHA 法にて測定した。

第5章　動物細胞大量培養による有用物質生産の現状

図5.7.4　SV 40プロモーターを利用した組換えDNA

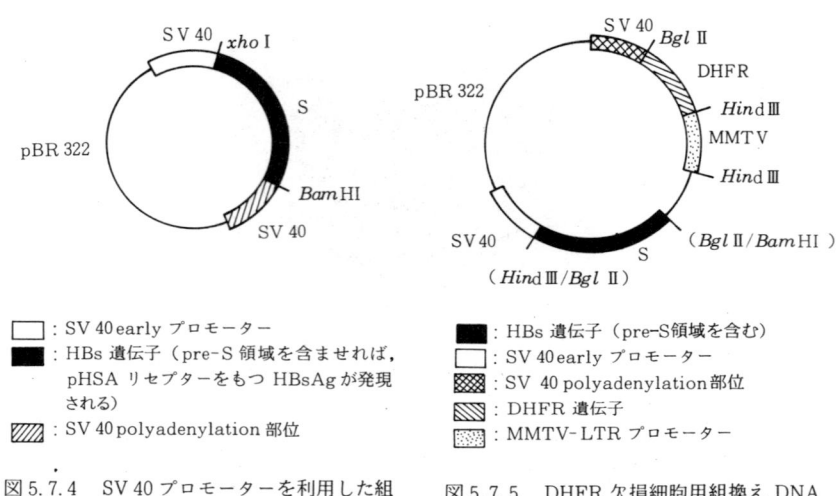

□：SV 40 early プロモーター
■：HBs 遺伝子（pre-S 領域を含ませれば，pHSA リセプターをもつ HBsAg が発現される）
▨：SV 40 polyadenylation 部位

図5.7.5　DHFR 欠損細胞用組換え DNA

■：HBs 遺伝子（pre-S領域を含む）
□：SV 40 early プロモーター
▨：SV 40 polyadenylation 部位
▨：DHFR 遺伝子
▨：MMTV-LTR プロモーター

を使用しているが，図5.7.4のように，HBs 遺伝子の上流に，SV 40 プロモーターのような他の強力プロモーターを結合させた組換え DNA も利用できる。我々の結果では，HBs のプロモーターより SV 40 プロモーターを利用した方が，HBsAg の産生量は高いようである。

　Michel らは，SV 40 プロモーターの下流に HBs 遺伝子を挿入し，さらに同一のプラスミド上に，ジヒドロ葉酸レダクターゼ（DHFR）遺伝子を結合させた組換え DNA（図5.7.5）を DHFR⁻欠損細胞へ導入して HBsAg の発現実験を行っている[12]。この系の利点は，得られた DHFR⁺細胞の培養液に添加するメソトレキセートの濃度を順次増加させることによって，それを代謝する宿主染色体上の DHFR 遺伝子と同時に，HBs 遺伝子の増幅も可能であるという点である。DHFR 遺伝子を利用した発現系の増幅の程度は，$10^3 \sim 10^4$ 倍ともいわれ，外来遺伝子の大量発現への利用が急速に普及しつつある。

　このように宿主染色体へ HBV DNA を組み込む方法は，動物細胞が比較的寛容に外来遺伝子をその染色体中に組み込むという性質を利用して，広く利用されているが，その反面，形質転換細胞の出現まで時間がかかること（LTK⁺の場合2〜3週間），クローン間での発現量にバラツキが大きいこと（つまり，DNAの組み込まれ方が一様でない）などの欠点もある。

7.4　SV 40 を利用する方法

　SV 40（simian virus 40）のゲノム中に HBs 遺伝子を挿入した組換えウイルスを作製し，

HBsAg を産生させる方法である。Moriarty らは，SV40 の後期遺伝子領域を HBs 遺伝子に置き換えた組換え DNA を構築し，この DNA と SV40 初期遺伝子の温度感受性変異株（ヘルパーウイルス）を，サル腎細胞に nonpermissive 温度（39℃）で混合感染させた[13]。出現してくる progeny ウイルスを分析すると，75％がヘルパーウイルス DNA で，5％が組換え DNA であった。このウイルス混合物をサル腎細胞に再感染すると，HBsAg が産生され，その性状は hHBsAg 小型球状粒子と同様，直径22nm，密度1.2g/cm^3，構成成分として2.3kDal. のタンパクと，それに糖鎖が付加した2.9kDal. の糖タンパクから成り立っていることを報告している。

7.5 ウシパピローマウイルスを利用する方法

動物細胞においても，その染色体外でプラスミド様の挙動を示す DNA を検索して，外来遺伝子発現用ベクターに利用しようとする研究も行われているが，そのなかでは，ウシパピローマウイルス（BPV）が，自己増殖性ベクターとして利用されている。その特徴は，①フォーカス形成で，形質転換細胞を選択できる。②宿主染色体への組み込みが低率であり，細胞あたりのプラスミドとしてのコピー数が多い。③プラスミド状態であるから，DNA 導入後も，その一次構造の保持が期待できる，という点である。

Wang らは，フォーカス形成遺伝子を含む BPV の69％の遺伝子，HBs 遺伝子（プロモーター領域を含む）および大腸菌プラスミドから成る組換え DNA（図5.6.7）を構築し，マウス細胞（NIH 3T3）へ導入した結果，フォーカスを形成した細胞内には，約50〜100コピーの割合で，組換え DNA がプラスミド状態で存在し，その培養液には，1.3μg/ml の濃度で HBsAg 小型球状粒子が分泌された，と報告している[15]。

今後，プラスミドコピー数の増加，種々の動物細胞からの内在性プラスミドの検索，等の研究が，この系の応用範囲を広げるであろう。

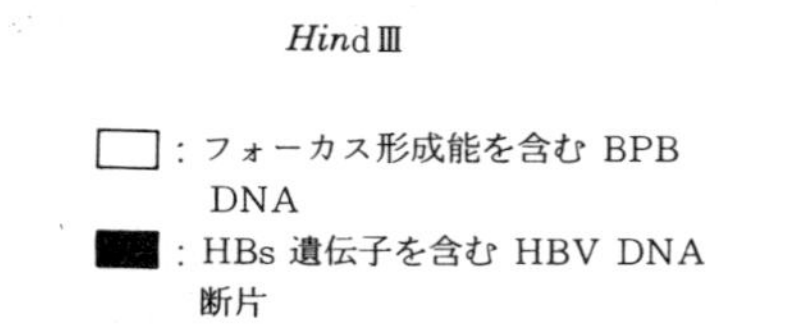

7.6 ワクシニアウイルスを利用する方法

種痘生ワクチンとして広く利用されてきたワクシニアウイルスのゲノム中に HBs 遺伝子を組み込むことによって，HBsAg を産生する組換えワクシニアウイルスを作製し，これを生ワクチンとして利用し

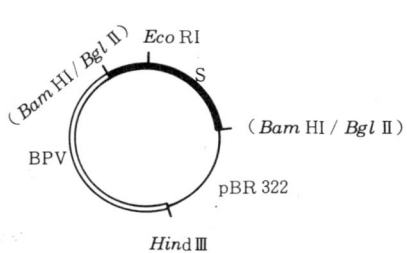

□：フォーカス形成能を含む BPB DNA
■：HBs 遺伝子を含む HBV DNA 断片
（この断片の逆向き挿入でも HBsAg の発現がみられることから，この断片には，プロモーターや polyadenylation 部位が含まれる）

図5.7.6　BVP を利用した組換え DNA

第5章 動物細胞大量培養による有用物質生産の現状

ようとする方法である。

Smithらは，ワクシニアウイルスTK遺伝子と，同じウイルスの7.5 kDal.のタンパクをコードする遺伝子の，プロモーター下流にHBs遺伝子を結合した組換えDNA（図5.7.7）を構築した[17]。このDNAを，ワクシニアウイルスが感染した細胞（CV-1）に導入することにより，TK遺伝子の相同性を利用して，組換えDNAとウイルスDNA間で細胞内組換えがおこり，その結果，ワクシニアウイルスのTK遺伝子周辺部にHBs遺伝子が組み込まれた組換えウイルス（TK⁻）が回収される。このウイルスを再感染させると，その培養液中にはHBsAg小型球状粒子が分泌され，また，ウサギにこのウイルスを接種すると，急速な抗体の産生が起こることを報告している。

同様の方法により，インフルエンザウイルスHA抗原[21]，ヘルペスウイルスgD抗原[22]を産生する組換えワクシニアウイルスが作製されているが，こうした組換えウイルスが生ワクチンとしてヒトに使用できるかどうかに関しては，論議の多いところである。

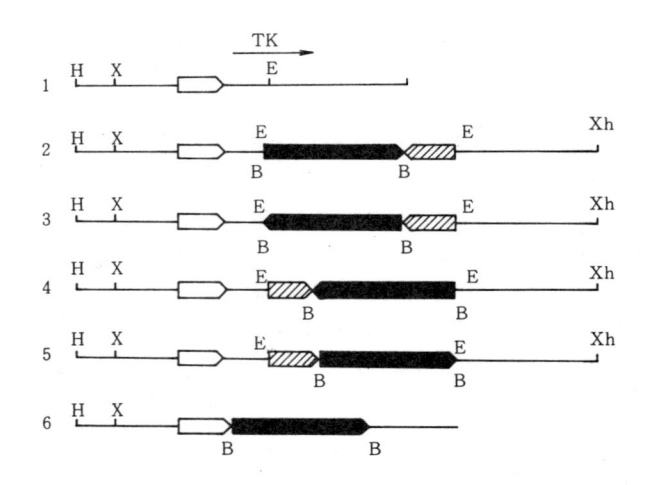

1：ワクシニアウイルス *Hind*ⅢJ DNA断片の左側2kb領域
2〜6：1にHBs遺伝子を挿入した組換えDNA
　　　このうち，2と5がHBsAgを産生する。
　▭：ワクシニアウイルスTKプロモータ
　■：HBs遺伝子
　▨：ワクシニアウイルス7.5k Dal. proteinプロモーター
B ： *Bam* HI，E： *Eco* RI，H： *Hin* dⅢ，X： *Xba*I
Xh ： *Xho* I

図5.7.7　ワクシニアウイルスを利用した組換えDNA

7.7 ヒト肝ガン細胞を利用する方法

Macnab らは，HBV が感染した患者から，肝ガン細胞株（PLC/PRF/5）を分離した[18]。この細胞株は，HBV は産生せず HBsAg を分泌することから，この HBsAg を精製し，ワクチンとして実用化しようとする試みがある[23]。メルク社では，PLC/PRF/5 株より精製した HBsAg を用いた動物実験の結果，その安全性と免疫原としての効果を報告している。また，Koike らは，同様の性質を示しながら HBsAg 産生量のさらに高い細胞株を分離し，ワクチンへの実用化を試みている[19]。

7.8 おわりに

ヒトプラズマ由来の HBsAg を用いた HB ワクチンは，既に実用化されている。しかし，その出発材料は患者血液であることに起因する制約から，ポストプラズマワクチンの開発が多方面から行われている。大腸菌，酵母，動物細胞，あるいは合成ペプチドを利用した HB ワクチンの，いずれがポストプラズマワクチンとして最有力となるかは，今後の研究を待たねばならない。

ここでは，動物細胞系を利用した HBsAg の産生について述べてきたが，この系により産生される HBsAg は，いずれも hHBsAg と同様の粒子を形成し，糖鎖も同様に付加され分泌される。我々は，動物細胞と並行して，酵母を用いた HBsAg の発現実験も行ってきたが，酵母の場合，HBsAg は菌体に蓄積されるため，動物細胞のように分泌された HBsAg の精製と比較すると，精製は厄介である。また，効率の高い免疫原性には糖鎖が必要であるという報告[24]を考慮すれば，宿主間による糖鎖の付加の有無，あるいは，その差異は，ワクチンとしての評価に大きく影響するであろう。さらに，pre-S 遺伝子由来の pHSA リセプター（HBV が肝細胞へ侵入する際に機能すると考えられる）を有する HBsAg を両細胞系で産生させた場合，酵母 HBsAg が有する pHSA リセプター活性は非常に不安定であるが，動物細胞 HBsAg のそれは安定であった。もし，ワクチンとしての効果に，この活性が大きく影響を与えるとすれば，動物細胞由来の HBsAg は一層重要視されるであろう。

反面，動物細胞の場合，その安全性，コスト性において，今後，克服しなければならない点も残されている。

第5章 動物細胞大量培養による有用物質生産の現状

文　献

1) P. Charnay, et al., *Proc. Natl. Acad. Sci., U.S.A.*, **76**, 2222 (1979)
2) J. J. Sninsky, et al., *Nature,* **279**, 346 (1979)
3) M. Pasek, et al., *Nature,* **282**, 575 (1979)
4) A. Fujiyama, et al., *Nucleic. Acids. Res.*, **11**, 4601 (1983)
5) P. McKay, et al., *Proc. Natl. Acad. Sci. U.S.A.*, **78** 4510 (1981)
6) P. Valenzuela, et al., *Nature* **298** 347 (1982)
7) S. Stahl, et al., *Proc. Natl. Acad. Sci. U.S.A.*, **79** 1606 (1982)
8) A. Miyanohara, et al., *Proc. Natl. Acad. Sci. U.S.A.*, **80** 1 (1983)
9) P. Tiollais, et al., *Science,* **213** 406 (1981)
10) N. M. Gough, et al., *J. Mol. Biol.*, **162** 43 (1982)
11) G. Carloni, et al., *Gene,* **31** 49 (1984)
12) M-L. Michel, et al., *Proc. Natl. Acad. Sci. U.S.A.*, **81** 7708 (1984)
13) A. M. Moriarty, et al., *Proc. Natl. Acad. Sci. U.S.A.*, **78** 2606 (1981)
14) N. Sarver, et al., *Molec. Cell. Biol.*, **1** 486 (1981)
15) Y. Wang, et al., *Molec. Cell. Biol.*, **3** 1032 (1983)
16) K. J. Denniston, et al., *Gene,* **32** 357 (1984)
17) G. L. Smith, et al., *Nature,* **302** 490 (1983)
18) G. M. Macnab, et al., *Br. J. Cancer,* **34**, 509 (1976)
19) 小池克郎, "遺伝子組換え実用化技術4集", サイエンスフォーラム, p.214 (1982)
20) C. Nozaki, et al., *Gene,* **38**, 39 (1985)
21) D. Panicali, et al., *Proc. Natl. Acad. Sci., U.S.A.*, **80**, 5364 (1983)
22) E. Paoletti, et al., *Proc. Natl. Acad. Sci., U.S.A.*, **81**, 193 (1984)
23) W. J. McAleer, et al., *Proc. Soc. Exp. Biol. Med.*, **175**, 314 (1984)
24) Y. Sanchez, et al., *Virology,* **114**, 71 (1981)

8 OH-1 (CBF)

折田薫三*

8.1 はじめに

リンパ球より遊出される生理活性物質がDumonde[1]により，リンホカインと総称されて以来，現在までに約20種以上のものが知られている[2]。最近，細胞培養，遺伝子の組換え等の技術進歩により，リンホカインの大量生産が可能となり，薬剤として治療に応用できる時代が到来しつつある。

今回，ハムスター体内で増殖させたヒト・リンパ芽球細胞であるBALL-1細胞をセンダイ・ウイルス（HVS）で刺激することにより，リンホカインが産生されることを見出し，そのBALL-1細胞の産生するリンホカインをOH-1と総称した。このOH-1の成分を分離，精製，あるいは組合わせることにより，各種OH-1標品を調製し，その抗腫瘍効果について検討した。

これらOH-1の特性について概説する。

8.2 OH-1の産生

抗腫瘍性リンホカインOH-1を産生するためのヒト急性リンパ性白血病由来BALL-1細胞は"林原ハムスター法"と称される細胞増殖法を用いて調製した。（第3章4節参照）。簡記すれば，ウサギ抗ハムスター胸腺リンパ球血清（ALS）処理したハムスター新生仔の皮下に，BALL-1細胞を移植し，ALSを2回/週のペースで投与した。そして，約3週間後に細胞塊を摘出し，大量のBALL-1細胞を得た。

このBALL-1細胞を無血清のRPMI 1640培地で5×10^6個/mlに調整し，IFN-αでプライミングした後，HVJを感染させ，35℃で約18時間培養することにより，その上清中に抗腫瘍性リンホカインOH-1を誘導した。

8.3 細胞障害性活性およびIFN活性の測定

細胞障害性活性はマウスL_{929}細胞を標的細胞とし，Eifelら[3]の方法に準じて測定した。IFN活性は，FL細胞を標的細胞とし，シンドビス・ウイルスを用い測定した[4]。

8.4 OH-1の分離，精製および各種OH-1標品の調製

各種OH-1画分および標品の分画，調製スキームを図5.8.1に示した。すなわち，抗腫瘍性リンホカインOH-1をPhenyl Sepharoseカラム・クロマトグラフィーで精製した後，ゲル濾過

---

* Kunzo Orita　岡山大学　医学部

第5章 動物細胞大量培養による有用物質生産の現状

```
                        ┌─────────┐
                        │  OH-1   │
                        └────┬────┘
              ┌──────────────┴──────────────┐
              │ Phenyl Sepharose クロマトグラフィ │
              └──────────────┬──────────────┘
                        ┌────┴────┐
                        │ 溶出画分 │
                        └────┬────┘
              ┌──────────────┴──────────────┐
              │ NK-2 Sepharose クロマトグラフィ │
              └──────────────┬──────────────┘
                ┌────────────┴────────────┐
           ┌────┴────┐              ┌────┴────┐
           │ 吸着画分 │              │非吸着画分│
           └────┬────┘              └────┬────┘
           ┌────┴────┐         ┌─────────┴─────────┐
           │ ゲル沪過 │         │                   │
           └────┬────┘  ┌──────┴──────┐      ┌────┴────┐
                │       │3-D-6 Sepharose      │ ゲル沪過 │
                │       │  クロマトグラフィ │      └────┬────┘
                │       └──────┬──────┘           │
 ┌──────────────┴─┐       ┌────┴────┐       ┌─────┴──────┐
 │OH-1 H-1画分(IFN-α)│       │ ゲル沪過 │       │OH-1 H-9画分│
 └──────────────┬─┘       └────┬────┘       └────────────┘
                │       ┌──────┴──────┐
                │Mix───│OH-1 H-7-1画分│
                │       └─────────────┘
         ┌──────┴──────┐
         │OH-1 H-14製品│
         └─────────────┘
```

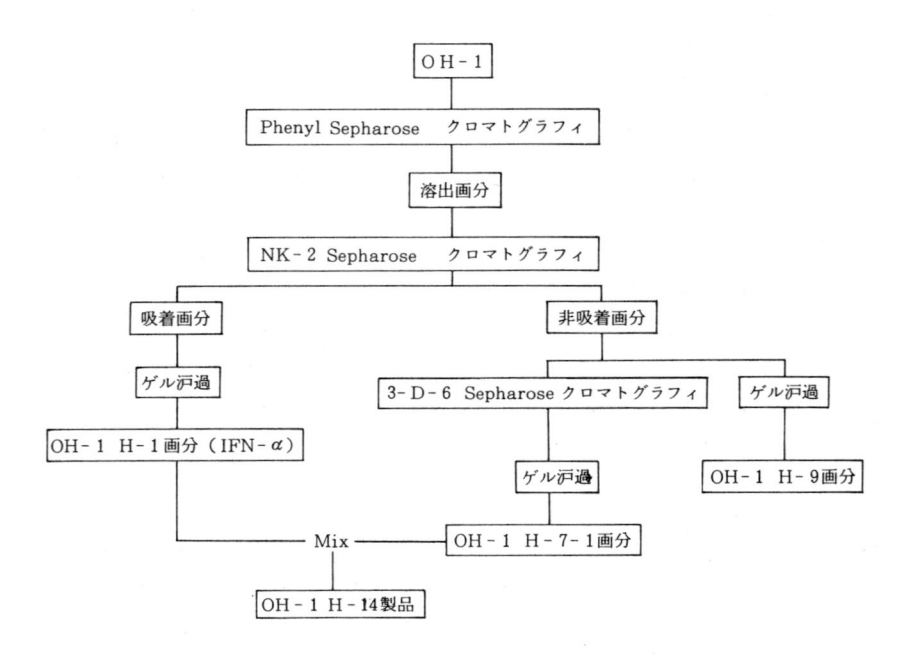

図5.8.1 各種 OH-1画分および製品の調製スキーム

法で分子量 $1 \sim 10 \times 10^4$ daltons の画分を回収することにより，〔OH-1 H-9〕を調製した。また，抗 IFN-α モノクローナル抗体である NK-2 Sepharose カラムおよび L_{929} 細胞に対して強い細胞障害性活性を示す成分を選択的に吸着するモノクローナル抗体を固定化した 3-D-6 Sepharose カラムを用いることにより，〔OH-1H-1〕および〔OH-1H-7-1〕を調製した。〔OH-1 H-1〕および〔OH-1 H-7-1〕は，その精製にモノクローナル抗体を用いることにより，生物活性的に単一なタンパクにまで精製されている。一方，IFN-α である H-1画分と細胞障害性活性のみを有する H-7-1画分を混合し，〔OH-1 H-14〕を調製した。

8.5 OH-1の物性

H-1画分は分子量 17-25K daltons であり，抗ウイルス活性のみを有し，L_{929} 細胞に対する細胞障害性活性は認められない。H-7-1画分は分子量 15K daltons で，細胞障害性活性のみを示し，抗ウイルス活性を有さない。この2つの画分とも，等電点電気泳動で数本のバンドに分離され，PAS 染色で糖の存在が認められた[8]。

8.6 各種OH-1標品のヒト細胞株に対する細胞障害効果

強い細胞障害性活性を示すOH-1標品〔OH-1 H-9〕をコントロールとして,〔OH-1 H-1〕,〔OH-1 H-7-1〕および〔OH-1 H-14〕について,13種類のヒト細胞株およびマウスL_{929}細胞に対する細胞障害効果を検討した結果を,表5.8.1に示した。

表5.8.1 各種OH-1標品のヒト細胞株に対する細胞障害効果

Sample Cell lines	〔OH-1 H-9〕	〔OH-1 H-7-1〕	〔OH-1 H-1〕	〔OH-1 H-14〕
L-929	+++++	+++++	-	+++++
KB	+++++	+++	+++	+++++
WI-38	±	±	-	-
KATO-III	+++	-	++	++
PC-10	+++++	++	+++	+++++
KHG-2	+++++	++++	+++++	+++++
HEp-2	+++++	+	+++	+++++
HT-1197	+++++	+++++	±	+++++
Chang Liver	++++	±	+++	++++
RPMI-1788	-	-	-	-
BALL-1	+	+	+	+
CCRF-CEM	++	±	-	++
ARH-77	+++	±	++	++
THP-1-0	+++	±	-	++

1) 各OH-1標品は1×10^5 u/mlを用い,96時間後の細胞障害効果を判定した。
2) 細胞障害効果の判定:0〜10%:-:10〜20%:±:20〜30%:+:30〜40%:
++:40〜50%:+++:50〜60%:++++:over 60%:+++++

コントロールの〔OH-1 H-9〕に比較し,〔OH-1 H-1〕あるいは〔OH-1 H-7-1〕は標的細胞に対する細胞障害スペクトルが狭く,かつ,その効果も弱いものであった。しかし,H-1画分とH-7-1画分を組合せた〔OH-1 H-14〕標品のスペクトルは,コントロールの〔OH-1 H-9〕標品とほぼ等しい効果を示した。

8.7 OH-1の *in vivo* での抗腫瘍効果

8.7.1 移植腫瘍に対する抗腫瘍効果

Lewis肺癌細胞をBDF_1マウスに移植し,翌日よりOH-1標品〔OH-1 H-9〕(5×10^4 u/kg)および対照薬としてcyclophoshamide(CY, 25mg/kg)mitomycin C(MMC, 0.5mg/kg), adriamycin(ADM, 2.5mg/kg)を連日iv投与し,腫瘍の増加を測定した。その結果を図5.8.2に示した。

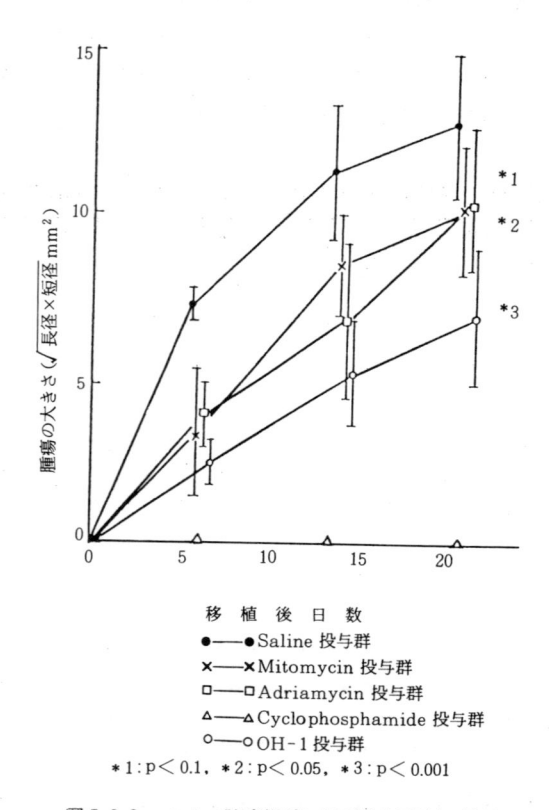

第5章　動物細胞大量培養による有用物質生産の現状

図 5.8.2　ルイス肺癌増殖に及ぼす制癌剤の効果

（縦軸：腫瘍の大きさ（$\sqrt{長径 \times 短径}$ mm²）、横軸：移植後日数）

● ——— ● Saline 投与群
× ——— × Mitomycin 投与群
□ ——— □ Adriamycin 投与群
△ ——— △ Cyclophosphamide 投与群
○ ——— ○ OH-1 投与群

*1 : $p < 0.1$,　*2 : $p < 0.05$,　*3 : $p < 0.001$

　腫瘍に対する効果は，CY 投与群が最も有効で，1例も腫瘍の出現を認めなかった。OH-1 投与群は，腫瘍の出現を完全に抑制することはできなかったものの，MMC，ADM よりは明らかに腫瘍増殖を抑制した。

8.7.2　OH-1 の転移抑制効果

　Lewis 肺癌担体 BDF₁ マウスへの転移抑制効果を，肺転移結節数[6]，オートラジオグラフィー[7), 8)] で測定した。その結果を図 5.8.3 に示した。

　BDF₁ マウスの food-Pad に Lewis 肺癌を移植し，10日目に腫瘍を含めて患肢を切断後，翌日より前記 8.7.1 と同処置を，連日 10 日間行った。そして，移植 21 日目の肺転移結節数，および ³H-tymidine を用いたオートラジオグラフィーによる転移結節のラベル指数を調べた。

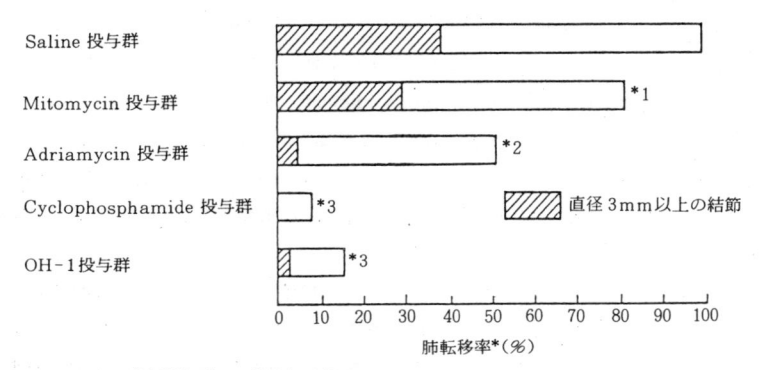

8 OH-1 (CBF)

図5.8.3 制癌剤投与と肺転移率への影響

凡例：
- Saline 投与群
- Mitomycin 投与群 *1
- Adriamycin 投与群 *2
- Cyclophosphamide 投与群 *3
- OH-1 投与群 *3

横軸：肺転移率*(%) 0〜100

直径3mm以上の結節

* 薬剤投与群の平均肺転移数／saline 投与群の肺転移数 × 100
*1: not significant, *2: $p < 0.01$, *3: $p < 0.001$

平均転移結節数は生食群が42.0，OH-1群が6.2，CY群が3.0，MMC群が34.0，ADM群が20.8であり，OH-1はCY同様，肺転移に対し著効を示した。また，ラベル指数も転移結節数とよく相関した。

8.8 おわりに

現在，リンホカインは約20種以上のものが知られており，K細胞，NK細胞，細胞障害性T細胞などの effector cell の活性を高めるものと直接細胞障害性を示すものに大別される[2]。

今回,"林原ハムスター法"と称される細胞増殖法を用いることによって調製した大量のBALL-1細胞をHVJで刺激することにより，抗腫瘍性リンホカインOH-1が産生されることを見出した。そして，OH-1に含まれるリンホカインを分離，精製することにより，各種OH-1標品を調製した。モノクローナル抗体を用いることにより生物活性的に単一にまで精製したH-1，H-7-1画分は，分子量的あるいは等電点的に heterogeneous な糖タンパクであった。

これらOH-1標品を用い，種々のヒト細胞株に対する細胞障害効果を検討した結果，抗腫瘍性リンホカインOH-1の強い細胞障害効果は，H-1画分とH-7-1画分の相乗効果によると考えられる。最近，リンホトキシンあるいはTNFをIFNと併用することによって，その細胞障害効果が相乗的に増強されるとの報告もあり[9]，今後，リンホカインの併用効果が期待される。

また，生体内でのOH-1標品の抗腫瘍効果を，ヒト，ラット，マウス等の癌細胞で検討した結果，完全に腫瘍増殖を抑制しないものの，いずれの癌細胞に対しても充分，抑制効果を示した。

第 5 章 動物細胞大量培養による有用物質生産の現状

特に著効を示したのは転移抑制効果であり，Lewis 肺癌を用いた実験では CY と同程度の転移抑制率を示した。

近年，転移巣に対するマクロファージ活性[7),10)] NK 活性[7),11)] が注目されているが，OH-1 投与による NK 活性の低下は少なく，concomitant immunity もよく保たれている[12)]。さらに，細胞周期への影響を検討すると，OH-1 は G_1，G_2 期ともに，よく抑制した[12)]。これは，増殖細胞集団の平均世代時間の延長，分裂増殖を停止（growth fraction からの離脱）した細胞の増加等に起因すると考えられる。これらのことは，OH-1の直接細胞障害効果のみならず，effector cell への影響も示唆している。

このように OH-1 は in vivo, in vitro で強い抗腫瘍効果を示した。このような結果は，今後のリンホカインの癌治療における一つの方向性を示唆している。すなわち，一種類のリンホカインの投与量を増加させるより，リンホカインを組合わせ，併用することにより，種々の癌細胞に幅広く，強い効果が期待される。

現在，OH-1 標品は臨床試験（Phase Ⅱ）にある。これら OH-1 標品が悪性腫瘍における治療に役立つことが夢でなくなる日がくることを願って稿を終りたい。

文　献

1) D. C. Dumonde, R. A. Wolstencroft, G. S. Panayi, H. Mathow, J. Morley, W. T. Hawson,, Non-antibody mediator of cellular immunity generated by lymphocyte activation. *Nature,* **224**, 38 (1969)
2) 漆崎一郎, 高後 裕, リンフォカインについて, 塚越 茂, 古江 尚 編, "癌の薬物療法", 羊土社, p.228 (1983)
3) P. J. Eifel, S. H. Walker, Z. J. Lucas, Standarization of a sensitive and rapid assay for lymphotoxin. *Cell Immunol.,* **15**, 208 (1975)
4) J. A. Armstrong, Cytopathic effect inhibition assay for interferon: Microculture plate assay."Methods Enzymology. Vol.78". S. Pestka. ed, Academic Press,NY,p. 381, (1981)
5) S. Yoshikawa, T. Tanimoto. S. Koyama, Y. Sato, K. Masuda, K. Yokobayashi, M. Kurimoto, Carbohydrate Content in Human Interferon-α, Interferon Scientific Memoranda, April / May, 2 (1983)
) H. M. A. Wexler, Accurate identification of experimental pulmonary metastasis. *J. Natl. Cancer Inst.,* **36**, 641 (1966)
7) 橋本 修, 転移腫瘍増殖に対する手術侵襲および原発巣摘除の影響と Corynevacterium

parvum の効果,日外会誌, **84**, 577 (1983)
8) 藤田哲也,北村忠久,オートラジオグラフィー,"新組織化学",小川和朗・武内忠男・森富 編,朝倉書店,p.60 (1980)
9) S. H. Lee, B. B. Aggarwal, E. Rinderknecht, F. Assisi, H. Chiu, The synergistic antiproliferative effect of γ-interferon and human Iymphotoxin. *J. Immunol.*, **133**, 1083 (1984)
10) K. Kagawa, T. Yamashita, Inhibition of pulmonary metastasis by Nocardia rubra cell wall skeleton, with special reference to macrophage activity. *Cancer Res.*, Submitted (1983)
11) 螺良英郎,山下二喬,癌の転移と抑制,塚越 茂,古江 尚 編,"癌と薬物療法",羊土社,p.131 (1983)
12) 山下 裕,三輪恕昭,岡本幹司,守安文明,折田薫三,転移性腫瘍増殖に対するヒト急性リンパ性白血病由来 BALL-1 細胞より抽出したリンフォカイン(OH-1)の効果,第43回日本癌学会抄録 p.319 (1984)

第5章 動物細胞大量培養による有用物質生産の現状

9 CSF

尾野雅義[*], 野村仁[**]

9.1 はじめに

コロニー刺激因子（Colony Stimurating Factor ; CSF）は，*in vitro* の軟寒天やメチルセルローズの培地中に骨髄細胞と添加することにより，それぞれの標的造血細胞に作用し，その分裂増殖を促進し，1個の細胞から数十〜1000個以上の細胞集団（Colony）を形成させるに必須のタンパク（糖タンパク）と考えられている。しかし，その種類は一種ではなく，顆粒球－マクロファージ系に関与するものについても，Multi-CSF（多能性CSF）[1]，GM-CSF（顆粒球－マクロファージCSF）[2]，G-CSF（顆粒球CSF）[3),4)]，M-CSF（単球マクロファージCSF）[5]など，いくつかのサブクラスが知られている。

これらのCSFは，顆粒球またはマクロファージ系の造血因子として，造血機構や分化過程の解明をしていく上で重要な手段となっている。また，臨床上からも，白血病，再生不良性貧血，種々の要因からくる骨髄低形成の病態分析等をする際に，これら異常のある造血標的細胞（CFU-C）の応答性を検討していく上でも，極めて有用な物質と考えられている。このため，臨床研究用試薬として，その性状や生物活性が明確で，かつ阻害物質などを含まない安定した性質をもつ標準品が望まれている。

本稿では，上に挙げたCSFのうち，ヒトG-CSFについて，これを産生するT3M-5細胞株を用いたローラーボトル方式での培養法，およびその培養上清からの部分精製について述べる。

9.2 産生細胞（T3M-5）について

CSF産生培養株は，これまでにいくつか報告されている[5),6)]。今回培養に用いたT3M-5細胞株は，1982年，Okabe等[7]によって樹立された。この細胞株は，Ueyama等[8]によってヌードマウスに移殖継代された一連の機能性癌の一つで，甲状腺に原発したsquamous cell carcinoma（扁平上皮癌）である。この甲状腺由来の癌細胞が，なぜM-CSFを高度に産生するようになったのかは不明であるが，なんらかのトランスフォーメイションにより，本来maskされていたCSF遺伝子が，効率よく，しかも安定した状態で，発現可能となったものと推定される。

ヌードマウスに移殖継代された，この腫瘍組織は，次に初代培養を行い，マウス由来の繊維芽細胞等を抗ヌードマウス脾細胞血清と補体を用いて除去した。さらに，CSF産生能の強い細胞をクローニングしてやることにより，T3M-5株が樹立された。この株は，50代以上の継代でも

---

[*] Masayoshi Ono 中外製薬（株）新薬研究所 第2部
[**] Hitoshi Nomura 中外製薬（株）新薬研究所 第2部

安定した分裂増殖能をもち，doub-ing time は22時間である（図5.9.1）。またＴ３Ｍ－５細胞株は，染色体分析およびヌードマウスへの再移殖を試みた結果，ヒト由来細胞で，かつ増殖してきた腫瘍は同一組織型のものであることが確認された。

9.3 細胞培養条件 ─ 特に血清について ─

有用生理活性物質を細胞培養によってコンスタントに得ようとする場合，単に産生量が多いだけでは，必ずしも目的が達せられない。この他の条件として，その細胞株が長期の培養に耐え得ること，かつ目的物産生能が低下しないことが重要である。一般に，細胞株は，継代数の増加や培養の長期化にともなって，増殖速度や目的物の産生能の低下が生じてくる。付着性細胞の場合は，接着能の低下からくる壁面からの剥離，形態変化などが起こってくる。

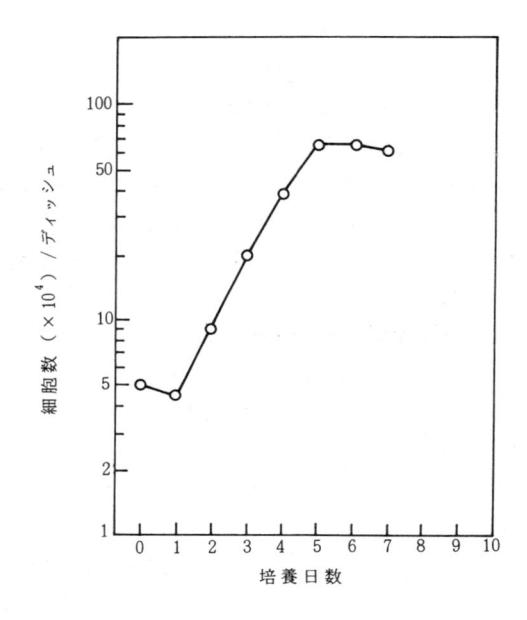

図5.9.1　Ｔ３Ｍ－５細胞の増殖曲線

これらの細胞機能の低下は，個々の培養細胞の本来的に有している性質に因るところが大きいが，細胞の培養条件にも大きく影響される。特に，培地に添加する血清（多くの場合，胎児牛血清；FBS，新生仔牛血清；NBS，牛血清；CS）が細胞の増殖性，機能維持（目的物産生能も含めた）に極めて重要である。しかし，市販されている血清が総て目的とする細胞培養に適しているわけではない。現在までに，100種類に近い lot を検討してきたが，Ｔ３Ｍ－５についていえば，平均して 5〜6 lot 中に 1 lot の割で適合する血清が見つかっている。これら血清のスクリーニングは，主として二つの細胞機能面から行われた。

(1) Plating efficiency による検討

血清の適合性の１つとして，細胞の接着能（Plating efficiency；P.E.）によって判断する。Ｔ３Ｍ－５の場合には，細胞をプラスチックシャーレ１枚につき 2×10^3 cells 殖え込んで培養を行う。各シャーレには，それぞれ異なる lot の血清10％を含むＦ-10培養液を用いる。１週間培養後，上清を移して，シャーレの底面に残ったコロニー（細胞8個以上）をGiemsa染色し，

第5章　動物細胞大量培養による有用物質生産の現状

次式によりP.Eを算出する。

$$P.E = \frac{コロニー数}{植え込んだ細胞数} \times 100 (\%)$$

算出したP.Eが10以上の血清を用いているが，適合すると判断した血清も，lot 間によって，その効果の程度は異なってくる。また，通常の血清の添加濃度では逆に細胞増殖が抑制される場合がある。このような血清は，添加濃度を10％以下にしてやった場合に初めて血清の添加効果が認められることがある。これは，血清中に増殖抑制物質または機能阻害物質が混在しているためと思われる。

(2) CSF 産生能による血清の比較

この場合は，まず positive control としての血清でT3M-5細胞を予め培養しておき，confluent となったとき，その培養上清を捨て，新たに，テストするそれぞれのlotの血清10％を含むRPMI-1640培養液を加えて培養する。1週間毎に液替えし，これを3～5週間続ける。これらの経時的に回収した培養液について，CSF活性を測定比較し，産生能の良好な血清 lot を選ぶ。

T3M-5細胞の場合，P.EとCSF産生能は parallel であった。また，これら二つの機能指標がよい血清は，異常な細胞の形態変化も伴わないのが通例であった。以上は，T3M-5細胞を静置培養する際の血清のlotテスト法であるが，これは，後述するローラーボトル方式で回転培養をする場合も，血清の効果は同様である。

9.4　ローラーボトル方式によるT3M-5の培養
9.4.1　凍結保存細胞から大量培養への展開

先にも述べたように，T3M-5は付着性の細胞株であり，いわゆる monolayer の状態で confluent になったとき，増殖は平衡に達する。したがって，この細胞を大量培養するためには，より広い付着面積をもった培養器が要求される。

ローラーボトル方式（写真5.9.1）は，この目的に沿った一つの培養方法である。原理は簡単で，ローラーボトル（1580 cm²の内壁面積を有する円筒形のガラスまたはプラスチックビン）に500 mlの培養液を添加し，横に寝かせて，内壁に細胞を増殖させる。ゆっくりとした回転（0.5 r.p.m）を絶え間なく与えて，壁面の接着細胞がまんべんなく培養液に接触するようになっている。

図5.9.2は，液体窒素中に凍結保存してあるT3M-5（$1 \sim 2 \times 10^6$ cells/tube）を融解して，10 mlの10％ NBSを含むRPM-1640培地が入っている25 cm²のプラスチック培養ビン3本に浮遊させ，培養を開始し，6日後 confluent に接着増殖したT3M-5（25 cm²のビン2本分）を，

次に 150 cm² のプラスチック培着ビン 10 本に移殖継代していくスケジュールを示したものである。最初の培養 (n) を開始してからローラーボトル 2 本に継代するまで，3 週間かかり，この後ローラーボトル中で細胞が confluent になってから，培養液の回収を開始する。以後，ローラーボトルは，毎週 4 本ずつ増加していく。Bellco Glass Inc. の回転培養装置は最大 45 本のボトルの装着が可能であるが，図 5.9.2 のスケジュールにしたがっていけば，この本数に達するのに 13〜14 週かかることになる。

9.4.2 ローラーボトル培養法での CSF 産生

図 5.9.3 は，ローラーボトル方式での培養液中に産生される CSF 量を，経時的に示してある。細胞が confluent になってから，新しい培養液に液替え

写真 5.9.1 ローラーボトル方式による細胞培養の状況

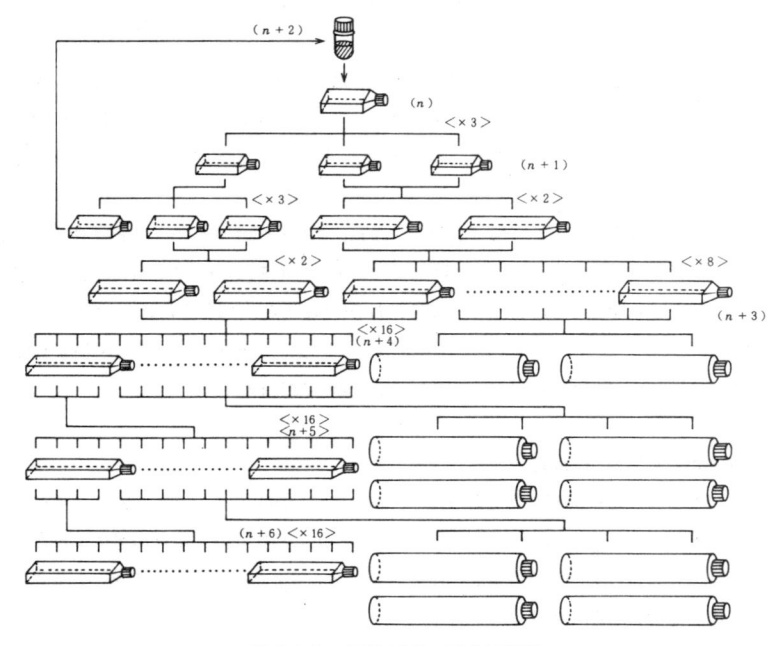

図 5.9.2 細胞培養の拡大展開法

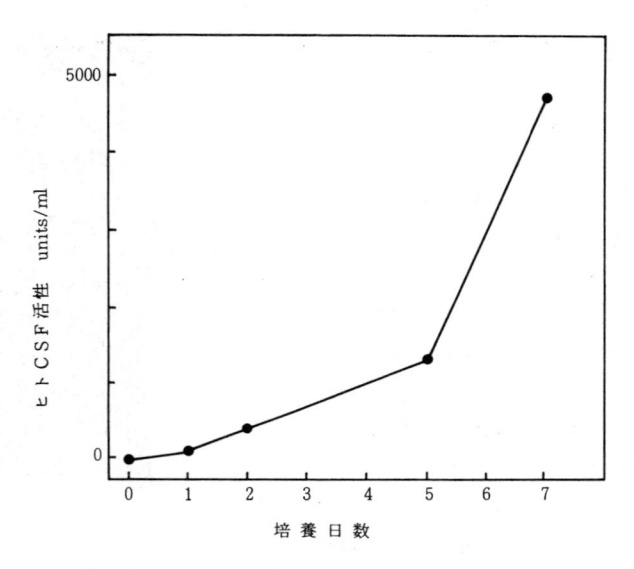

第5章　動物細胞大量培養による有用物質生産の現状

図5.9.3　T3M-5細胞によるヒトCSF産生と培養日数

した後5日から7日目にかけて急激なCSF産生の増加が認められる。しかし，この後さらに液替えをせず培養を続けると，細胞の生育状態が悪化してくるため，培養液の回収は7日間隔で行っている。この間隔での培養液の液替えは，以後約20週まで，ほぼ同じレベルのCSF活性を回収しながら継続することが可能である。

図5.9.3から明らかなように，培養7日目で，1 ml 中に 5×10^3 unit のCSF活性が検出される。したがって，フルスケールの45本のローラーボトルを回転させると，毎週22 ℓ の培養液が回収され，この中には 1×10^8 units のCSF活性が存在する。ちなみに，コロニー法によるCSF活性の測定には，35 mm ϕ プラスチックディシュ当り，CSFを100 units 添加すればよいので，22 ℓ の培養液中の活性はディシュ100万枚の測定に相当する。

9.5　培養液からのCSFの精製

9.4で述べた方法により調製した培養液は，戸過した後，図5.9.4のような操作で精製をする。最終ステップのDEAE-Sepharoseカラムに通した後，溶出した活性画分を限外戸過により濃縮してから，透析する。次に，この透析内液を孔径 0.22 μm のミリポアフィルターを通して滅菌し，バイアルビンに分取後，凍結乾燥をした。

以上のようにして調製した本ヒトCSF標品は，inhibitor の混在がないこと，形成されるコロ

9 CSF

```
T3M-5細胞の培養上清
        ↓
ホローファイバーシステムで濃縮
        ↓
   Sephadex G-75 カラム
        ↓
  DEAE-Sepharose CL-6B カラム
        ↓
      活性画分
        ↓
   滅菌（0.22μm ミリポアフィルター）
        ↓
   凍結乾燥（CSF-CHUGAI 10000 units/vial）
```

図 5.9.4　ヒト CSF の調製

ニーはほとんどが顆粒系（培養 7〜10 日目）であること，が明らかにされた[9]。また，本凍結乾燥品は，室温で 1 年以上にわたって，CSF 活性を安定に保っていた。

9.6　おわりに

　ローラーボトル方式による動物細胞の培養，およびその培養液の回収は非常に簡便である。また，この方式では，1 本のボトルでコンタミネイションが生じた場合でも，他のボトルへの影響がないことは大きな利点といえよう。さらに，実験室レベルで，クリーンベンチさえあれば，比較的簡単に培養液の交換も可能である。紙面の都合でふれなかったが，このローラーボトル装置はオートハーベスターも使用可能である。この場合には，より培養条件が良くなること，培養液の回収間隔の短縮化が可能なことから，CSF の最終回収率も大幅に上がる。しかし，生産効率を上げる面からは限界があり，他の，細胞密度をより高くできる培養法によらなければならない。どの方式を選ぶかは，その目的によるであろう。

　共同研究者：田村政彦，今関郁夫（中外製薬（株）新薬研究所）

第5章 動物細胞大量培養による有用物質生産の現状

文　献

1) J. N. Ihle, et al., *J. Immunol.*, **129**, 2431 (1982)
2) A. W. Burgess, et al., *J. Biol. Chem.*, **252**, 1998 (1977)
3) N. A. Nicola, et al., *J. Biol. Chem.*, **258**, 9017 (1983)
4) H. Nomura, et al., in press
5) E. R. Stanley, et al., *J. Biol. Chem.*, **252**, 4305 (1977)
6) T. Okabe, et al., *J. Cell. physiol* **110**, 43 (1982)
7) T. Okabe, et al., *J. N. C. I.*, **69**, 1235 (1982)
8) S. Asano, et al., *Br. J. Cancer*, **41**, 689 (1980)
9) M. Bessho, et al., *Acta Haematol. JPN.*, **47**, 1265 (1984)

10 TNF

新津洋司郎[*], 渡辺直樹[**]

10.1 はじめに

1975年，Carswellら[1]は，BCGあるいは *Corinebacterium Pavum* によってマウスをpriming すると，その約2週間後にLPSに反応して血中に出現する抗腫瘍因子を見出した。この因子は，ある種の移植腫瘍に対して壊死効果を示すことから，腫瘍壊死因子（Tumor necrosis factor，TNF）と呼称された。その後，ウサギ，山羊などの血中にも，同様な物質が見出されたが，いずれも極めて微量であるために，臨床応用を目的とした大量精製は困難であった。

ごく最近になって，遺伝子工学を利用したヒト recombinant TNF の大量生産が可能となり，臨床レベルでの利用が現実のものとなった。

以下に，ヒト recombinant TNF の作製法，物性，抗腫瘍作用，臨床応用の展望などについて述べてみたい。

10.2 ヒトTNFの作製

Gene cloning の手段が導入される以前は，前述したように，動物に priming agent と eliciting agent を投与して，その血中からTNFを抽出する，というのが一般的であった。このような処理をした動物の各臓器を調べると，いわゆるRES系の増生がきわだっており，TNFの由来はRES系の細胞であろうことが推定されてきた。事実，*in vivo* で BCG[2]または *P. acnes*[3] などにより priming したマクロファージをマウスから取り出し，*in vitro* でLPSにより誘発（elicit）することにより，culture medium 中にTNF活性が回収された。

Genentech 社[4]，Cetus 社[5]は，こういった知見に基づき，ヒト単球由来白血病細胞株（HL60）を *in vitro* で培養し，その上清中にヒトTNFを得た。次いで，そこから精製したヒトTNF（微量）を sequencing し，対応するDNA probe を合成した。一方，前述のHL60からmRNAを得，以下，常法にしたがってまずcDNAライブラリーの作製，次にそのライブラリーから先の合成DNAを probe としたヒトTNFcDNAのselection，最後に *E. coli* を用いた大量生産をおこなった。彼らが得たヒトTNFの全アミノ酸残基数は157であった。

他方，旭化成工業（株）[6]ならびに大日本製薬（株）[7]は，*C. pavum*，LPSで処理した家兎の血清から，まず家兎TNFを精製し，そのアミノ酸配列を決定した。次いで，家兎肺胞マクロファージのmRNAを大腸菌に組み換えて得た遺伝子ライブラリーを用い，上述の精製家兎TNFをコー

---

[*] Youshiro Niitsu 札幌医科大学 第4内科
[**] Naoki Watanabe 札幌医科大学 第4内科

ドする cDNA をクローン化した[14]。旭化成(株)は，この家兎TNF-cDNAを probe として，ヒト正常肝細胞の gene library から，相当するヒトTNFの遺伝子をクローン化し，E. coli を用いてヒトTNFを大量生産した。大日本製薬(株)は，同じく家兎TNF-cDNFを probe として用いたが，gene source にはヒト肺胞マクロファージを選び，LPSで刺激して得た mRNA からヒトTNFのcDNAをクローン化していった。旭化成(株)，大日本製薬(株)のヒトTNFは，アミノ酸残基数が155で，前出2社のそれより2個少ない。これは，probe として用いた家兎TNFが，血清をsourceとしているためである(血清では，タンパク分解酵素によって，N末のアミノ酸が2個欠損している)。これらの4社のgene cloning の方法を，表5.10.1に比較した。

表5.10.1　ヒトTNF：Gene Engineering 法の比較

	旭化成-City of Hope[6]	大日本製薬[7]	Genentech[4]	Cetus[5]
アミノ酸残基数	155	155	157	157
Gene Source	Gene Library ↓ ↓ ↓ whole gene including introns	Alveolar Macrophage ↓ ↓ stimulated by LPS ↓ m-RNA	Monocytic leukemia HL-60 ↓ differentiated by Phorbol ester ↓ m-RNA	Monocytic leukemia HL-60 ↓ differentiated by Phorbol ester ↓ m-RNA
Probe	Rabbit cDNA	Rabbit cDNA	Synthetic DNA designed from the amino acid sequence of the TNF produced by HL-60	Synthetic DNA designed from the amino acid sequence of the TNF produced by HL-60

10.3　TNF の genomic gene structure

図5.10.1に，cDNA との相補性により調べた，ヒトTNFの genomic gene structure を模式的に示した[6]。ヒトTNFの genomic gene は，4個の exon と3個の intron から構成されている。mature なヒトTNF mRNA は，この4個の exon を転写した mRNA が，splicing を受けて結合したものである。

10.4　ヒトTNFの一次構造と物性

図5.10.2に，ヒトTNFの全一次構造を示した[4]。この構造から想定されることは，まず，N-glycosylationsite がないことである。このことは，遺伝子工学上，大きな有利さを約束するも

10 TNF

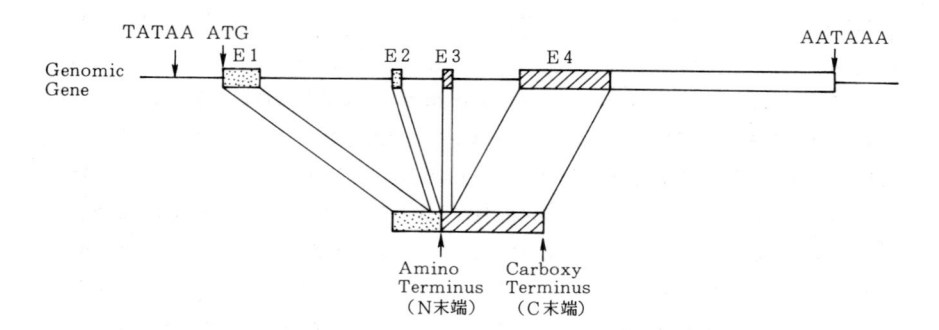

図 5.10.1　ヒト TNF の genomic gene structure [6]

```
                                                              1
TNF                                                           val arg ser
LT  leu pro gly val gly leu thr pro ser ala ala gln thr ala arg gln his pro lys met
     1                              10                         20
                            10
TNF ser ser arg thr pro ser asp |lys pro| val |ala his| val val ala asn |pro| gln ala glu
LT  his leu ala his ser thr leu |lys pro| ala |ala his| leu ile gly asp |pro| ser lys gln
                                                30                                    40
                30                                        40
TNF gly gln |leu| gln |trp| leu asn arg arg ala asn |ala| leu |leu| ala asn |gly| val glu |leu|
LT  asn ser |leu| leu |trp| arg ala asn thr asp arg |ala| phe |leu| gln asp |gly| phe ser |leu|
                                              50                                      60
                                50                                    60
TNF arg asp |asn| gln leu |val| pro ser glu |gly| leu tyr leu ile tyr ser gln val leu
LT  ser asn |asn| ser leu leu |val| pro thr ser |gly| ile tyr phe val tyr ser gln val val
                                              70                                      80
            70                                        80
TNF |phe| lys |gly| gln gly cys pro ser thr his val leu leu thr his thr ile ser arg ile
LT  |phe| ser |gly| lys ala tyr ser pro lys ala thr ser ser pro leu tyr leu ala his glu
                        90                                            100
TNF ala val ser tyr gln thr lys val asn leu leu ser ala ile lys |ser| pro cys gln arg
LT  val gln leu phe ser ser gln tyr pro phe his val pro leu leu |ser| ser gln lys met
                                              110                                   120
                                110                                    120
TNF glu thr |pro| glu gly ala |glu| ala lys pro trp tyr glu pro ile |tyr| leu |gly| gly val
LT  val tyr |pro| gly leu gln |glu| ···  ···  pro trp leu his ser met |tyr| his |gly| ala ala
                                              130
                                130                                140
TNF |phe gln leu| glu lys |gly asp| arg |leu ser| ala glu ile asn arg pro asp tyr |leu| asp
LT  |phe gln leu| thr gln |gly asp| gln |leu ser| thr his thr asp gly ile pro his |leu| val
                    140                                    150
                                    150
TNF phe ala glu |ser| gly gln |val| tyr |phe gly| ile ile |ala leu|
LT  leu ser pro |ser| thr  ···  |val| phe |phe gly| ala phe |ala leu|
            160                                    170
```

図 5.10.2　ヒト recombinant TNF のアミノ酸配列（LT : lymphotoxin）[4]

のであり,事実,ヒトTNFをE. coli で作製させる際に,glycosylation step を全く考慮する必要がなかった。

　cystein は2個存在し,かりにintra chain S-S 結合が形成される可能性があるとしたら,1個である。N末側の2個のアミノ酸,ValとArgは,旭化成(株),大日本製薬(株)のものには欠損している。しかし,活性は,いずれの会社のものも同程度にみとめられ,N末の2個のアミノ酸は活性に関与していない。lympotoxinとの相似性が,図の☐で囲んだアミノ酸残基で認められており,総計,約30％のhomologyがある[4]。このhomologyの認められる部分が,活性発現に重要な配列である可能性が高い。

　表5.10.2には,旭化成(株)製ヒトTNFの物理化学的性状を,家兎TNFのそれと比較して示した[6]。SDS PAGE上の分子量は,いずれも17,000(アミノ酸組成から算出される分子量は17,099)であるが,ゲル濾過(stokes radium)から推定されるそれは,約45,000である。すな

表5.10.2　ヒト recombinant TNF の物理化学的性状

	rH-TNF	rabbit TNF
M. W. by gel filtration	～45,000	40,000±5,000
M. W. by SDS-PAGE	17,000	17,000
Glycosylation	none	none
pI	～6.0	5.0±0.3
Stable pH range	5-10	5-10
Stable temperature range	≦60°C	≦60°C

わち,TNFのactive formは,3量体を形成していると推定される。酸,アルカリ処理には比較的弱いが,通常温度での熱処理には安定であり,医薬品として取扱うのに問題はない。

10.5　ヒトTNFの抗腫瘍作用

10.5.1　*in vitro* cytotoxicity

　ヒトTNFは,*in vitro* において,広い腫瘍細胞障害性を示す。図5.10.3には,我々が癌患者から直接採取した腫瘍細胞について,ヒトTNFの細胞障害活性を調べたものを示した[8]。数値は,標準細胞としてL細胞をとり,それに対する細胞障害性との比較を表わしたものである。胃癌細胞(14例),白血病細胞(14例),その他,膵癌,胆のう癌,肺癌(2例),肝癌,腎癌,卵巣癌,子宮癌に対し,数％～120％までの広いcytotoxicityを示した。換言すると,TNFに対する感受性は,全ての腫瘍細胞に一様にみとめられるわけではなく,細胞の種類によって異なっている。ただし,その程度は,腫瘍のorigin組織型によって,一定の傾向がみられない。

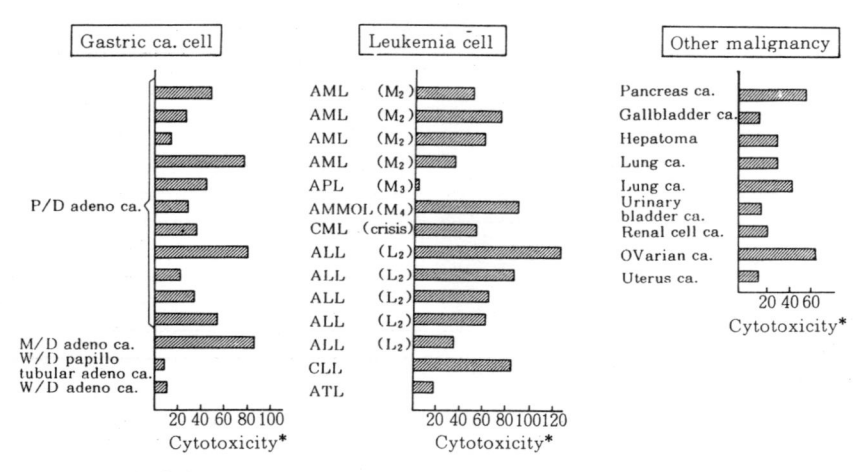

図5.10.3 TNFの各種ヒト癌細胞に対する細胞傷害性[8]

*：relative cytotoxicity against the cytotoxicity of L-Cell determined by ^{51}Cr cytotoxic release assay or inhibition of ^{3}H-TdR uptake

このことは，樹立培養株についても当てはまり，図5.10.3に示すように，感受性の高いものから低いものまで様々である。また，TNFは，種属のバリアーを越えて，抗腫瘍作用を発揮し，ヒトのTNFは，マウス，ラット等の腫瘍細胞をも障害する。

この細胞障害作用は，いわゆる cytocidal effect（cell count または viability の抑制）で調べたものだが，その他に cytocidal effect は認められなくても cytostatic effect（TdR-uptake の抑制）が検出される細胞もある（例，HELA cell）。

10.5.2 in vivo の抗腫瘍効果

TNFは，in vitro で直接的細胞障害作用を発揮するのみならず，移植腫瘍（in vivo）に対しても，腫瘍縮少効果，腫瘍壊死効果をもたらす。表5.10.3は，7種のマウス syngeneic tumor に対する，TNFの腫瘍内投与，静注の効果をまとめたものである[9]。腫瘍内投与で，7種すべての腫瘍に，壊死と増殖抑制がみとめられ，中でも，Meth A, IMC（乳癌），colon 26, B16 メラノーマなどでは効果が著しく，延命効果が確かめられた。静脈内投与では，若干，効果が劣ったが，Meth A, B16などでは，やはり完全治癒例がみとめられた。

第5章　動物細胞大量培養による有用物質生産の現状

表5.10.3　TNFの移植腫瘍に対する抗腫瘍効果

Transplantation Tumor	Site	Treatment Route	Schedule		Tumor necrosis	Growth inhibition	Life-span elongation	Complete cure
Meth-A	id	it	×	1	+	+	+	+
			×	3	+	+	+	+
			×	10	+	+	+	+
IMC	id	it	×	5	+	+	+	+
Colon 26	id	it	×	5	+	+	+	+
B 16	sc	it	×	5	+	+	+	+
MH-134	id	it	×	5	+	+	−〜+	−
LL	id	it	×	5	+	+	−	−
M 5076	id	it	×	5	+	+	−〜+	−*
Meth-A	id	iv	×	1	+	+	+	+
			×	3	+	+	+	+
			×	10	+	+	+	+
IMC	id	iv	×	1	+	+	+	+
			×	5	+	+	N.T.	N.T.
Colon 26	id	iv	×	2	+	+	+	+
			×	5	+	+	N.T.	N.T.
B 16	sc	iv	×	1	+	+	+	−
			×	3	+	+	+	−
			×	10	+	+	+	−
			×	5	+	+	N.T.	N.T.
MH-134	id	iv	×	5	+	−	N.T.	N.T.
LL	id	iv	×	5	+	−	N.T.	N.T.
M 5076	id	iv	×	5	+	+	N.T.	N.T.

+ : Effective ; − : Not effective
N.T.: Not tested
* : Complete regression of primary tumor at transplanted site observed in many mice

10.6　抗腫瘍効果の作用機序

10.6.1　receptor

TNFによる *in vitro* のcytolysisは，通常，数時間で起こる。

しかし，microinjection法により，直接，細胞質内あるいは核内にTNFを注入しても，cytolysisはみられない[10]。また，腫瘍細胞をあらかじめプロテアーゼ(protease)で処理しておくと，TNFに対する感受性が一時的に消失する[10]。

これらの事実は，腫瘍細胞表面にTNF受容体が存在している可能性を示唆している。実際に，TNFが細胞に特異的な結合を示すことは，^{125}I標識TNFを用いたbinding studyにより，立証されている[11]。すなわち，^{125}I TNFを培養腫瘍細胞に加えると，dose dependentに増加する

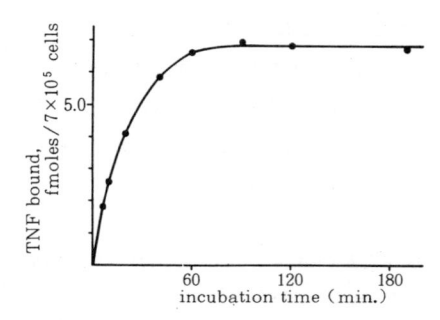

図 5.10.4　L-M 細胞への ^{125}I-TNF 結合の経時的変化[10]

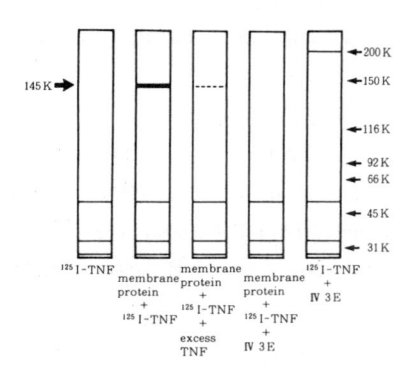

図 5.10.5　TNF, TNF receptor complex の SDS 電気泳動所見[11]

（模式図，N3E：TNF と receptor との結合を阻害するモノクローナル抗体）

特異的な結合を認める（図 5.10.4）。Scatchard plot 解析により結合定数を求めると，多くの腫瘍細胞は，10^{-10} order の Kd 値を有している。細胞あたりの受容体数は，おおむね感受性と平行し，感受性の高いものほど受容体数が多い。この結合は，ある種のモノクローナル抗体により抑制されるが，同時に，この抗体は，cytolysis もブロックする。

TNF の受容体は，cross linking agent を用いることにより，SDS, PAGE 法で同定することができる。図 5.10.5 は，TNF とその受容体が DSS (cross linker) により結合した complex の，SDS PAGE 所見である。この解析から，ヒト TNF receptor の分子量は，約 9.5 万と計算された[11]。このように，受容体と結合した TNF は，細胞内へ internalize されるが，この internalization の過程は，コルヒチン，サイトカラシン B 等で阻止されることから，cytoskelton の関与が想定されている。TNF-受容体 complex は，さらに lysosomal compartment まで運ばれるが，その後どのような機序で細胞崩壊が引き起こされるのかは不明である。

このように，TNF が細胞内に入り込むためには，まず，受容体に認識されることが必須の過程と考えられるが，この認識過程は，必ずしも腫瘍細胞に限ったことではない。最近，肝，芽球化リンパ球，繊維芽細胞など，ある種の正常細胞でも，TNF 受容体の存在が明らかにされると同時に，TNF-受容体 complex internalization が確認されている[11]。ただし，それらの正常細胞では，細胞障害は認められず，ある種のものでは，かえって増殖促進効果さえみられている[11]。したがって，TNF-receptor complex が細胞内に取り込まれることは，細胞障害作用に必要な条件ではあっても，充分な条件とはいい難く，complex あるいは TNF は，その後，さらに細胞内の cytocydal system を賦活して，細胞を死にいたらしむるものと解釈される。また，正常細胞では，おそらく，その cytocydal system に対する，何ら

かのrescue機構が存在し，TNFの細胞障害作用を打ち消しているものと推察される。

　TNFのcytotoxicityの特徴として，以前から，ActimomycinDによる効果増強作用が知られていたが，このActimomycinDの作用は，あるいは，このrescue機構を抑制するものであるかも知れない。いずれにしても，TNFのcytocydal mechanismは，細胞生物学上きわめて興味ある問題を含んでおり，より詳細な解明がまたれるところである。

10.6.2　壊死

　TNFの抗腫瘍作用としては，上述した直接的な腫瘍細胞障害の他に，*in vivo* における壊死効果がある。この壊死効果の真の機序は，今のところ不明であるが，腫瘍血管をまき込んだ反応が想定されている。最近，Kullら[12]は，*in vitro* で培養した血管内皮細胞がTNFにより障害を受けることを明らかにし，壊死の一因として報告した。一般に，腫瘍血管は極めて未熟であるとされており，わずかな障害が壊死につながる可能性は充分理解できる。ただし，腫瘍の種類によっては，壊死がなくても治癒するものがあり，TNFの抗腫瘍作用に壊死効果は必須なものとはいえない。

10.6.3　免疫系

　TNFそのものは，*in vitro*で，IL-1活性，IL-2活性，等を示さず，また，リンパ球のConAによる芽球化反応，MLR，NK活性にも影響を与えない。ただし，*in vivo* では，諸種の免疫担当細胞に働いて，それらを活性化し，tumor rejection の方向に作用する可能性は，いまだ否定できない。ことに，マクロファージ，lymphokine activated killer に対する影響などは，今後，検討に値すると思われる。

10.7　副作用

　最近，Beutlerら[13]は，担癌動物の血清から抽出した分子量17,000のタンパク（カケクチン）がTNFと同一物質であることを明らかにし，それが脂肪球や平滑筋細胞の receptor に結合して，lipoprotein lipase活性を阻害すると報告した。すなわち，TNFは，担癌生体の脂肪代謝に働いてカヘキシー（悪液質）を起こす，という推論をした。しかし，我々が調べた限りでは，かなりの大量のTNFを動物（マウス）に投与し続けても，いわゆる悪液質（体重減少）はみられなかった。したがって，カケクチン（TNF）がLPL活性を抑制することは事実であったとしても，それが，その名の示す通りカヘキーの惹起物質であるという理論には，飛躍があるように思われる。

　しかし，一方，TNFの receptor がある種の正常細胞にも存在することは，前にも述べたとおりであり，それが必ずしも cytotoxicity には結びつかないにしても，何らかの作用をおよぼす可能性は否定できず，副作用（正常細胞に対する影響）についても，今後，慎重に検討されるべきと

考える。

10.8 臨床応用への展望

ヒトTNFの入手が可能となり，世界各国で臨床治験（Phase I〜II）が進められつつある。それらの結果については，そんなに遠くない将来，まとめて報告されると思われるので，ここではふれないこととし，将来的展望に立って，より効果的な臨床応用の方法について考えてみる。

その一つは，他の多くの抗癌剤あるいはBRMと同様，他剤との併用療法である。なかでも，γ型インターフェロンとの併用が有望であり，*in vitro*, *in vivo*（動物実験）ともに，相乗効果を認める。また，ある種の抗癌剤（adriamycin, サイクロホスファマイド）との併用効果も，動物実験で確認されており，臨床応用が期待されるところである。

一方，TNFを患者の体内に誘導してやるという試み（endgenous induction）は，recombinant human TNFが大量に入手可能となった現在，その臨床的意義は少なくなったといわざるを得ない。投与法についての考え方としては，TNFは，これまでの動物実験での結果から，腫瘍内投与が全身投与に比べてより有効であることが知られており，臨床応用にあたっても，腫瘍内濃度を高める種々の工夫が，重要なファクターとなるであろう。

10.9 おわりに

最近，新しい抗癌剤の開発は，ともすれば，過剰な期待や，逆に根拠の少ない批判の的になることが少なくない。ことに，バイオサイエンスの発達によってもたらされるBiological active substanceは，その傾向が強く，TNFも例外ではない。しかし，上述したように，TNFについては，その作用機序，副作用，あるいは効果について，未知な点が少なくなく，それらいずれに関しても，早急な結論はひかえるべきであると考える。今後の，客観的なしかも落ちついた検討が望まれるところである。

文　献

1) E. A. Carswell, et al., *Proc. Natl. Acad. Sci. U.S.A.*, **72**, 3666 (1975)
2) D. N. Männel, et al., *Infect. Immun.*, **30**, 523 (1980)
3) Y. Niitsu, et al., *Jpn. J. Cancer Res.（Gann）*, **76**, 395 (1985)
4) D. Pennica, et al., *Nature*, **312**, 724 (1984)
5) A. M. Wang, et al., *Science*, **228**, 149 (1985)

第5章　動物細胞大量培養による有用物質生産の現状

6) T. Shirai, et al., *Nature*, **313**, 803 (1985)
7) 宗村庚修 他，癌と化学療法，**12**, 160 (1985)
8) N. Watanabe, et al., *Jpn. J. Cancer Res.* (*Gann*), in press.
9) Y. Niitsu, et al., *Jpn. J. Cancer Res.* (*Gann*)
10) 渡辺直樹 他，医学のあゆみ，in press
11) 渡辺直樹，新津洋司郎：第23回日本癌治療学会総会(1985)
12) F.C. Kull, et al., *Proc. Natl. Acad. Sci. U.S.A.*, **82**, 5756 (1985)
13) B. Beutler, et al., *Nature*. **316**, 552 (1985)
14) H. Ito, et al., *DNA*, in press

第6章　動物細胞株入手・保存法とセルバンク

山本清高[*]

1　はじめに

　動物体から酵素処理により，あるいはまた，組織片からのoutgrowthにより得られた細胞は，適当な培養条件で培養することができる。こうして得た細胞（初代培養細胞）は，適当な期間で，培養液を交換し，また新しい培養皿に植え替えることにより，継代培養を続けることが可能である。しかし，動物そのものの入手が困難であったり，ヒトの場合には生体組織の入手が容易でない，あるいはまた組織は入手できても初代培養が難しかったり，初代培養はできても継代培養はできない，などの理由で，細胞株を樹立することが容易でない細胞もたくさんある。特に，生体内細胞と同じ分化機能をもったまま培養下で維持できている培養細胞株は，現在，まだ非常に少数である。

　いずれにしても，このようにしていったん入手した細胞は，貴重な細胞であり，しかも，培養しながら，くり返し種々の実験をしたいことがある。また，現在の培養法では，培養中に培養細胞の種々の形質が少しずつ変化していくことも考えられる（形質変化の起こらない培養法の開発が望まれるが，実際的には極めて困難である）。さらに，長期間継代培養したり，継代維持する細胞株の数が増えたりすると，①細胞の継代維持に相当の資源（設備，時間，労力，経費）を要する，②雑菌，カビ，マイコプラズマ，ウイルスなどの感染の危険性がある。③何種類もの細胞株を同時に維持すると，細胞株相互の混入，置換の危険性がある，④染色体構成，ウイルス感受性，抗原性などの種々の細胞特性が変化する，⑤継代培養中に変異株の選択的出現も起こりうる，⑥分裂寿命をもつ正常二倍体細胞では，細胞老化により分裂不能となる，⑦CO_2インキュベーターの故障などで，大切な細胞株を消失する，など，様々なやっかいな問題が常につきまとう。このような問題の他にも，一時的に研究を中断したい場合もある。

　これらの種々の要因を考慮した場合，大切な細胞株は必要量の細胞を凍結保存しておくことが，現在では最も良い方法である。ただし，凍結保存により，細胞の淘汰および変異などが起こらないように，凍結保存の条件を十分吟味することが必要である。また老化研究のためには，これらの問題に留意するのみならず，正確な継代数の把握が必須である。

---

[*]　Kiyotaka Yamamoto　東京都老人総合研究所　生物学部

第6章 動物細胞株入手・保存法とセルバンク

細胞や組織の凍結保存法は，主として，家畜の精子およびヒトの血球などの実用的な研究から始まり，近年では，ヒトの人工受精や輸血血液などに応用されている。また正常培養細胞，腫瘍細胞の凍結保存法は，すでに実用化されている。また最近では，受精卵の凍結保存も可能となり，凍結保存は，生命の永久保存の可能性の問題とも関連して，興味深い問題である。

1984年8月の「遺伝子・細胞の保存等に関する調査報告書」(科学技術庁振興局)(以下調査報告書と略す) によると，アンケート調査（研究者1,873名および民間企業122社，総計1,995名）に回答された1,198名の研究者中787名が，動物細胞を使用しており，1,823株の培養細胞が国内で凍結保存されている。しかし，日本でのセルバンクの体制は遅れており，研究者（または研究室）個人個人が細胞株を凍結保存しているのが現状である。ただ，1984年10月にJapan Cancer Research Resouce's Bank (JCRB) が開設され，1985年7月現在，延べ157種の細胞株が登録されており，さらに今後も，研究に必要な新しい細胞や遺伝子の開発が進められることになっており，研究の進展に重要な役割を演ずるものと期待されている。

2 動物細胞株の入手法

従来，動物細胞株（また細胞系）は，各研究者（または研究室）が，必要な細胞株を，各動物個体や組織から，初代培養を行い樹立していた。しかし，培養細胞を利用する研究者の増加に伴い，樹立された細胞株も増加し，他の機関または研究者間で譲渡されるケースが増え現在では，「他の研究者からの譲渡」が，最もよく行われている細胞株の入手法となっている。1984年の調査報告書によると，多くの動物細胞使用者（7割以上）は複数の入手方法を併用しているが，「他の研究者からの譲渡」が84.9％と最も多く，つづいて「研究室内で調製」が71.0％であり，「購入」は，国内外から合せて48.3％である。このように，すでに樹立されている細胞株は，譲受または購入により，現在では容易に入手できる。

2.1 他の機関からの入手

他の機関から入手する方法としては，品質管理の観点や保存細胞株の多さから，American Type Culture Collection (ATCC) が，現在では最も都合がよい。ATCCは1960年に設立され，精密なチェックを受けた培養細胞株が液体窒素中に保存され，必要な研究者に供給されている。ATCCには，"ATCC・Cell Lines, Viruses, Antisera", (1983) によれば，Certified Cell Lines (CCL) として，正常細胞，染色体異常細胞，がん細胞あわせて230細胞株が登録されている。

国内では，1984年に開設されたJCRBに，1985年7月現在，がん細胞，正常細胞あわせて157株（うち34株はATCCより）が登録されている。JCRBの設立目的は，「対がん10カ年総合

2　動物細胞株の入手法

表6.2.1　JCRBの「細胞供給依頼書」

財団法人 がん研究振興財団
Japanese Cancer Research Resources Bank(JCRB)-Cell
国立衛生試験所 細胞バンク　〒158　東京都世田谷区上用賀1-18-1
☎03(700)1141(内線460-462)

細胞供給依頼書

財団法人がん研究振興財団
JCRB細胞バンク責任者
石　館　基　殿
(国立衛生試験所)

　　　　　　　　　　　　　　　　　　　　　　　　　年　　　月　　　日

受付　No.　_____

　　氏名：　　　　　　　　　　機関、職：

　　住所、連絡先：
　　電話：　　　　　　　　　　内線：

　　所属学会：　　　　　　　研究プロジェクト名：

　　依頼細胞株名：
　　およその入手希望日：

　　研究目的(研究経過も含める)：

　　この研究に依頼細胞株を必要とする理由：

　　申請研究に関連した申請者の発表論文　一編　(別刷り添付)：
　　(特に無い場合は依頼者の代表的論文を一編添付してください。)

　　別紙細胞バンクの運営規程を順守いたします。　署名_____

受付バンク
責任者名：
受付機関：
住所：
電話：

第6章 動物細胞株入手・保存法とセルバンク

表6.2.2 JCRBの「合意書」

財団法人 がん研究振興財団
Japanese Cancer Research Resources Bank(JCRB)-Cell
国立衛生試験所 細胞バンク　〒158 東京都世田谷区上用賀1-18-1
☎03(700)1141(内線460-462)

合 意 書

財団法人がん研究振興財団
JCRB細胞バンク責任者
石　館　基　殿
(国立衛生試験所)

　　　　　　　　　　　　　　　　　　　　　　　　年　　　月　　　日

JCRBより細胞の供与を受けるにあたり、下記の事項について同意致します。

1) 樹立者の当該細胞に関する優先権を全面的に尊重する。また、樹立者からの使用上の制限などがある場合は、それらに従って使用する。
2) JCRBより供給を受けた細胞を人体に直接投与するなど倫理に反する実験に使用してはならない。万一、そのようなことがあっても、当バンクはいっさいその責任をおわない。
3) 供給された細胞は学術研究のためにのみ使用し、商業目的のために使用したり、譲渡したりしてはならない。
4) 供給された細胞の二次的配布は当バンクおよび樹立者の了解を必要とする。
5) JCRBより供給を受けた細胞を使用した研究を発表する場合はその旨を論文に明記すること、また、論文の別刷りを当バンクへ送付すること。

_____　_____　_____
機関名、部局・課・教室　　　主たる研究者名　　　　　日付

_____　_____　_____
部・課・教室の長の署名(印)　主たる研究者の署名(印)　日付

2 動物細胞株の入手法

戦略」の実施に当って，がんの研究のために必要な細胞や遺伝子を保存し，これを研究者に供与して，その研究の進展に役立てること，にあるため，がん細胞株の保存にweightが置かれている。JCRBから細胞株を入手する方法は，「細胞供給依頼書」(表6.2.1) および「合意書」(表6.2.2) に必要事項を記入して，国立衛生試験所または概当提携機関（機関名および住所は表6.4.1を参照）に郵送すればよい。供給依頼書および合意書は，"JCRB Newsletter, No 2, August" (1985) に記載されているものをコピーして使用するか，国立衛生試験所または提携機関より入手する。表6.2.1，表6.2.2をＡ5の大きさにコピーしても使用できる。なお，表6.2.1の依頼細胞株名には，細胞番号と細胞名を必ず記入する。詳細は"JCRB Newsletter, No 2, August" (1985)（上記機関に要求すれば入手できる）を参照のこと。

細胞の供給は，細胞の状態としては，①単層培養の状態のまま室温で，②ドライアイスなどで凍結状態のままで，また輸送方法としては，⑦発送（宅急便または郵送）か，④細胞希望者が供給者のもとに直接足を運ぶか，のいずれかの方法による。いずれにしても，研究者との合意のもとに行われる。筆者らの経験では，単層培養状態のまま，室温で，フラスコがちょうど納まる凹型のポリウレタン製の箱（東京都老人研細胞管理委員会特製）にフラスコを入れ，すきまにパッキングをつめ，同質材料のフタをビニールテープでとめ，包装し，国内では，遠くは富山や福岡まで，また米国にも，輸送しているが，季節を問わず良好の結果を得ているので，安心して細胞の供給を受けることができる。

2.2 購　入

細胞株の入手法としては，セルバンクの他に，民間機関より市販されているので，これを利用することもできる。ただ，現状では，十分な品質管理がなされているとは言い難い。

2.3 研究室内での調製

研究室内での動物細胞株の調製は，ヒトや動物の胎児から，またウシ，ブタ，サル，ウサギ，イヌ，モルモット，ハムスター等の動物から組織を取り出し，適当な条件下で初代培養を行い，細胞株を樹立する。培養法には，プラズマクロット法と，トリプシン処理や組織片からのout-growthによる単層細胞培養法とがあるが，技術的進歩に伴い，，現在では，後者が主に行われている。一般的初代培養の方法については，「組織培養の技術」（日本組織培養学会編）[1] 等の技術書を参考にするとよい。また，「組織培養のてびき」（三光・ギブコオリエンタル編）は無料で入手できるので，一冊手元にあってもよい。

第6章 動物細胞株入手・保存法とセルバンク

3 細胞凍結保存法

細胞の凍結保存には，まず適切なる凍結条件（凍結液，凍結速度，等）の設定が必要である。凍結液中に添加する凍結保護剤としては，古く1949年に，Polgeら[2]により，グリセリンが，トリの精子の凍結保存に効果的であると報告されて以来，多くの細胞の凍結保存に利用されてきた。その後，ジメチルスルホキシド（DMSO）もまた，細胞の凍結保護作用があること（Levelockと Bishop，1959）[3]，しかも，ニワトリ胚繊維芽細胞では，10%DMSOはグリセリンよりもずっと良好な保護作用をもつこと（Doughterty，1962）[4]が報告された。以来，その他のいくつかの細胞でも，DMSOの方が凍結保護作用が優れていることが報告され，最近では，グリセリンよりもDMSOを使用する研究室が多い。しかしながら近年，DMSOは，HeLa細胞に対しtoxicであること[5]，多くの細胞株で分化を誘発すること[6]~[9]，さらに，ヒト皮膚繊維芽細胞ではリソゾーム酵素活性を増加させること[10]，が報告されているので，DMSOの使用に際しては十分なる配慮が必要である。その他の凍結保護剤としては，ショ糖やポリビニルピロリドンなども保護作用をもつことが認められている[11]が，一般的ではない。

凍結保護剤の選定，凍結・融解条件の設定，液体窒素の普及等により，今日では，多くの細胞株の半永久的保存が可能となっている。一般的に，細胞の凍結保存法としては，徐冷凍結，急速融解が，よい回収率を示すとされている。しかし，近年の癌研究や細胞分化・細胞老化研究などの進展に伴い，また遺伝子工学，発生工学などの発展に伴い，新たに研究に用いられる細胞株が増加しており，これらのすべての培養細胞での最適な凍結保存法が確立されているわけではない。

筆者らは，DMSOの細胞への悪影響を避けるために，凍結保護剤としてグリセリンを用いて，培養細胞の凍結保存法の開発を試みた。細胞は，老化研究の標準細胞として，東京都老人総合研究所で樹立したヒト二倍体繊維芽細胞（TIG-1細胞）を用いた。その結果，極めて実用的で回収率の高い細胞凍結保存法を確立したので，その方法について，以下に記載する。

なお，一般的な細胞凍結保存法については，最近の筆者らの報告[12]を参照されたい。また，細胞の保存に関しては，すでに他に優れた成書があるので，参考にするとよい[13]~[19]。

3.1 機　材
3.1.1 凍結装置

スローフリージングシステム（日本ラボライン社）を用いた。当装置は，浴槽中のエタノールの冷却温度を制御することにより，アンプル中の細胞を，設定条件で冷却・凍結する装置である（制御冷却速度，0.001～3℃/分，制御温度，室温～-80℃）（図6.3.1）。急速冷却を必要とする場合には，大型冷却浴槽（-80℃）の冷却エタノールを試料用浴槽に送入することにより，

3 細胞凍結保存法

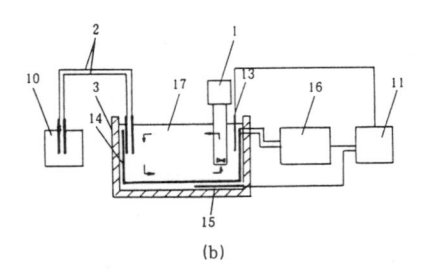

(a)

(b)

各部の名称
1. 撹はんモーター
2. 温度記録センサ
3. 液槽
4. 液槽フタ
5. 操作パネル
6. 電源スイッチ
7. 撹はんスイッチ
8. 冷凍機スイッチ
9. ヒータースイッチ
10. 記録計
11. プログラマー
12. 機械室
13. 制御用温度センサ
14. 冷却管
15. ヒーター
16. 冷凍機
17. エタノール

図 6.3.1 スロフリージングシステムの外観(a)と模式図(b)

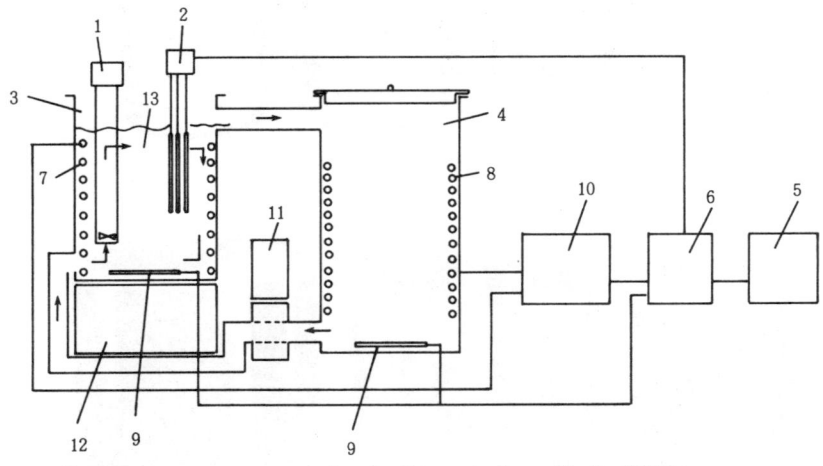

1. 撹はんモーター
2. センサ
3. 液槽
4. 急冷用エタノール槽（-80℃）
5. 記録計
6. プログラマー（マイコン式）
7. 冷却パイプ
8. 冷却コイル
9. ヒーター
10. 冷凍機
11. ポンプ
12. マグネチックスターラー
13. エタノール

図 6.3.2 徐冷凍結から急冷凍結まで可能なフリージングシステムの模式図
急冷能力．室温～-50℃まで40℃/分，-60℃まで20℃/分，-70℃まで10℃/分

249

第6章　動物細胞株入手・保存法とセルバンク

徐冷凍結から急速凍結まで可能なタイプ（室温〜-50℃では0.001〜40℃/分，-50℃〜-60℃では30℃/分，-60℃〜-70℃では10℃/分で制御可能）も開発されている（図6.3.2）。これらの徐冷装置は，冷媒がエタノールであるので，常時使用が可能であり，しかも徐冷凍結から急冷凍結までできるので，ほとんどの細胞株の凍結目的に利用できる。

徐冷凍結装置としては，液体窒素を用いる装置（ユニオンカーバイド社ほか）も市販されているが，そのつど，液体窒素の供給を必要とし，手間や経費の面で，エタノールバスを用いる上記の装置とくらべると難点がある。また簡易法としては，電気式の超低温槽（-70℃〜-80℃）を用い，アンプルを厚さ1cm位の発泡スチロール箱に入れて徐冷凍結することもできる（この場合の冷却速度は約1〜3℃/分である）が，徐冷速度の可変がしにくいことや，再現性の面で問題が残る。

(a) 小形，中形

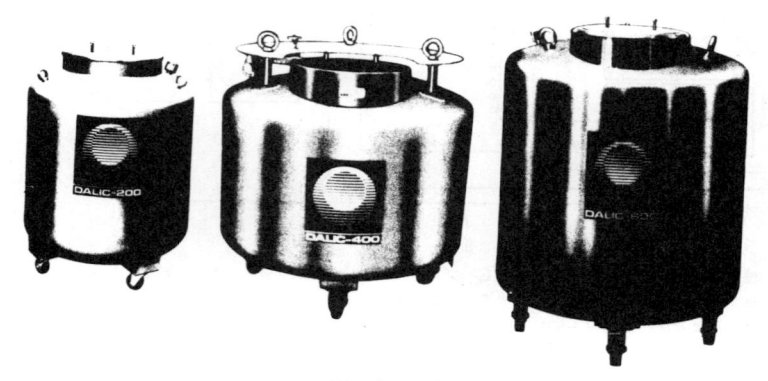

(b) 大　形

写真 6.3.1. 液体窒素保存容器

3　細胞凍結保存法

(a)

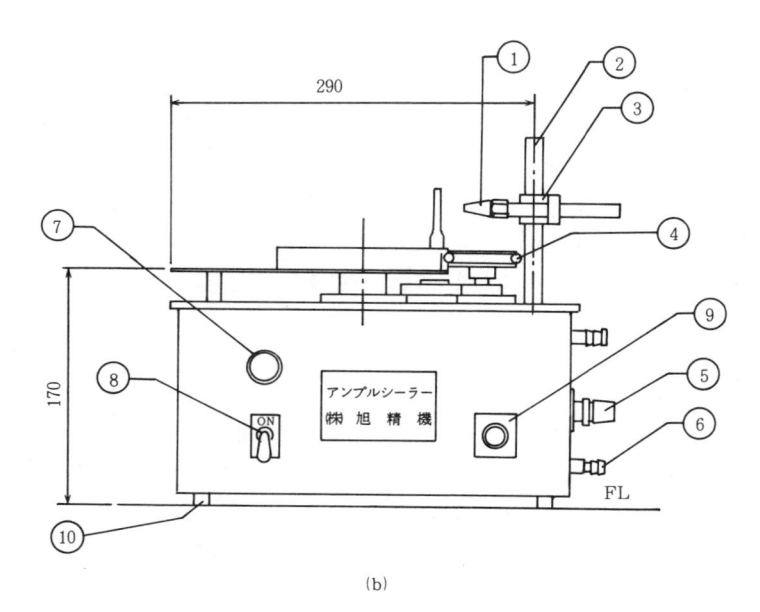

(b)

①バーナー　②バーナー主柱　③バーナーホルダー　④アンプル回転ベルト　⑤調整バルブ　⑥吸口　⑦パイロットランプ　⑧電源スイッチ　⑨スピードコントロール　⑨ノブ　⑩ゴム足

図6.3.3　アンプルシーラーの外観(a)と模式図(b)

3.1.2 凍結保存容器

　液体窒素式凍結保存容器（ダイア冷機工業，大阪酸素ほか）中にアンプルを保存することにより，細胞の半永久的保存が可能である。液体窒素容器は，小形（10〜20 ℓ），中形（20〜50 ℓ），大形（100〜1000 ℓ）に大別され，中形および大形には漬込み式と乾式とがある（写真6.3.1参照）。

　電気式超低温槽を用いることもできるが，1年間の保存で生存率が低下することや，停電や機械の故障などの事故を考慮すると，長期保存には適さない。

3.1.3 アンプルシーラー（旭精機）

　本機を用いれば，特別な溶閉技術や経験がなくても，簡単にアンプルを溶閉することができる。管閉寸法が均一でひずみのない，きれいな仕上りが，誰でも容易にできる利点がある。アンプルにひずみがあると，融解時のアンプルの破裂のおそれがあるので，本機を用意できれば便利である（図6.3.3参照）。アンプルシーラーのない場合には，前もって，管口から1cm位の部分を細く引きのばしておくと，封管が容易である。

3.2　準　　備

3.2.1　器　　具

　培養器（Falcon dish，#3002）。

　滅菌済のピペット類・遠心管・ピンセットおよびガラスアンプル（ウィートン，金線入り，1.2 ml用，No.651483，金線入りガラスアンプルはカット時にヤスリ不要）。

　ラベル（スコッチ，Lab label，それ以外でも，粘着力が強く，エタノールおよび超低温に強いものであれば可）。

　その他，顕微鏡および一般培養機器。

3.2.2　試　　薬

　培養液（BMEまたはMEM）。ウシ胎児血清（FBS）。増殖用培養液（BME＋10％FBS）。リン酸緩衝塩類溶液（PBS$^-$），0.25％トリプシン（Difco，1：250）（これらは，いずれも，基本的には通常培養に用いているものを使用）。

　グリセリン（Merk，特級）（高圧滅菌済）。凍結液（BME＋30％FBS＋15％グリセリン。1％ニグロシン（0.9％NaCl中）。

3.3　手　　順

3.3.1　細胞の凍結手順

　(1)　ヒト二倍体細胞（TIG-1細胞）は，Falcon dishを用い1：4のsplit ratio（分割比）

で1週間に一度継代培養したものを用いた。継代後3日から4日目に，一度増殖用培養液を交換し，7日目に凍結した（前日培地交換する方がよい）[20]。

(2) 単層培養細胞をPBS⁻2.5mlで洗う。

(3) トリプシン液を加え，37℃，10分間処理する。

(4) 増殖用培養液を加え，ピペッティングにより細胞を剥離し，単離細胞懸濁液にする。

(5) 遠心（1,000rpm，5分）して細胞を集める。

(6) 遠心上清を静かに吸収して除き，2 dishes分に対し1mlの割合で，使用前に調製した凍結液を加え，細胞を再懸濁する。細胞数および生細胞数を測定することが望ましい。細胞数は，1×10^6個/ml以上が必要である[20]（TIG-1細胞では，最終継代時の細胞でも，2 dishes分を合わせると1×10^6個/ml以上となる）。

(7) 細胞懸濁液1mlを1.2mlガラスアンプルに分注する。polypropyrene tube（Nunc）は，凍結・融解後の生存率が，ガラスアンプルより悪いが，この方法では，使用できないこともない。

(8) できるだけ速やかに，小炎バーナーでアンプルを溶閉する。溶閉後すぐ，ラベル（前もって細胞名・継代数・凍結年月日・アンプル番号など必要事項を記入しておく）を貼り，砕氷中に立てる。ラベルだけでは十分な情報が記載できないので，凍結細胞記録（表6.3.1は，老人研細胞管理委員会作製の記録用紙である）を作る。

(9) 細胞内外のグリセリンを均衡させるために，4℃，1.5〜3時間静置する（グリセリンが細胞に十分浸透していないと，生存率の低下を招く[21]）。また，3時間を超えると付着率が低下する[20]。

(10) 静置後，ゆっくり振り，沈降した細胞を再び懸濁する。

(11) 徐冷凍結装置を用い，1℃/分の冷却速度で，−35℃まで冷却・凍結する。

(12) アンプルを速やかに液体窒素容器に移し，保存する。

3.3.2 凍結保存細胞の融解手順

(1) 凍結保存されていたアンプルを液体窒素容器から取り出し，直ちに40℃温浴中で振とうし，おだやかに，しかも急速に，凍結細胞を融解する（約45秒。融解速度が遅いと，細胞内に生じた氷が再結晶し，細胞構造を破壊すると考えられている。ただし，急ぐあまり激しく振とうし，懸濁液をあわだててはいけない）。

(2) 37℃，15分間放置後（この15分の処理は省略も可），70％エタノールでアンプルの外側を消毒した後，クリーンベンチ内で開封する。

(3) 細胞懸濁液1mlに対し，増殖用培養液4mlを加え希釈した後，一部分（0.4ml）で色素排除試験を行い，細胞生存率を測定する（細胞懸濁液0.4mlに1％ニグロシン液0.1mlを加え，3〜15分以内に染色されない生細胞と染色された死細胞を，血算盤で計測し，全細胞数より

第6章　動物細胞株入手・保存法とセルバンク

表6.3.1　凍結細胞記録

RECORDS of CELL REPOSITORY

Name: _____

1. Cell line:
2. Stock in: - - - 1, 2, 3, 4, 5, 6
3. Operator:
4. Passage #:
5. P D L :
6. Growth medium :   +   %
7. Last subcultivation (Date) :   m/   d/   y
8. Cell harvest (Date) :   m/   d/   y
9. Frozen in liq. N_2 (Date) : m/   d/   y
10. Freezing process :
    in 4°C cold room   hr
    in -10°C freezer   hr
    in -20°C freezer   hr
    in -73°C freezer   hr
    automatic freezer
    others
11. Freezing medium :   +   %
12. Ampoule (quality) :
13. Ampoule (size) :   ml
14. Frozen cell number :   X 10 cells/ ml/ampoule
    or number and size of
    culture vessel*:   __ LP, __ F(   ), __ pl, __
    * LP : large plate (∅ 10 cm)
      F() : flask (sq. cm)
      pl : plate (∅ 6 cm)
15. Remarks :

生細胞数の比率を算出する)。

(4)　Falcon dish に移し，37℃，5％CO_2インキュベーター内で培養する。

(5)　翌日，培養液を交換する。

(6)　細胞の付着率を求める場合は，CO_2インキュベーターに移してから16時間後に，付着した細胞をトリプシンで処理し，細胞数を測定し，全凍結細胞数に対する付着細胞数の比率で算出する。

3.4　改良法の結果

3.4.1　凍結・融解後の生存率・付着率

上記の細胞凍結・融解方法を，ヒト二倍体繊維芽細胞の凍結保存の改良法（Recommended

3 細胞凍結保存法

method）と名づけた。この改良法を用いた場合，TIG-1細胞は，25 population doubling lebel（PDL，集団倍化数）で，90.8％生存率，78.8％付着率を示し，通常法（BME＋10％FBS＋10％グリセリンの凍結液を用い，1℃／分で凍結・保存した後，40℃で融解し，遠心によりグリセリンを除去する方法）での32.9％付着率（82.5％生存率）より，有意に改良されていることを示した（表6.3.2）。

表6.3.2 ヒト二倍体繊維芽細胞（TIG-1）の凍結・融解後の生存率・付着率

Condition (Exp. No.)		Viability (％) Mean±S.D.	Cell attachment (％) Mean±S.D.
Before freezing		97.9±0.93	100
Centrifugation			
Glycerol			
BME－10％FBS－10％Gly	(38)	82.5±3.48	32.9±7.71
BME－30％FBS－15％Gly	(6)	88.9±1.96	53.5±3.92
DMSO			
BME－10％FBS－10％DMSO	(4)	85.9±3.50	52.9±8.42
BME－30％FBS－15％DMSO	(2)	82.0±0.20	53.3±2.45
Dilution			
5-fold dilution			
BME－10％FBS－10％Gly	(14)	85.7±2.83	61.9±7.30
BME－30％FBS－15％Gly	(8)	90.8±1.53	78.8±3.12
BME－30％FBS－15％Gly－Hep	(4)＊1	90.4±1.31	67.9±5.16
BME－30％FBS－15％Gly－Nunc	(4)＊2	80.9±0.51	63.7±2.07
Step-wise dilution			
BME－30％FBS－15％Gly	(4)	89.5±2.13	78.8±4.26
Slow dilution			
BME－30％FBS－15％Gly	(4)	90.3±0.65	79.7±2.14

＊1　Hepes buffer（25mM，pH 7.8）を含む。
＊2　ガラスアンプルの代わりにNuncチューブを使用。

3.4.2 改良法の長所

(1) 凍結液用の合成培地は，BMEに限らず，MEMやMcCoy 5aでも，同程度の結果が得られるので，増殖用に用いている合成培地でよい。

(2) 凍結液の至適pHは7.8である[20]が，改良法の凍結液は，30％FBSと15％グリセリンを含んでいるため，pHの補正の必要がない。Hepes bufferは，むしろtoxicに作用する（表6.3.2）

(3) スクリューキャップ式のセラムチューブは，使いやすいので，よく利用されているが，熱伝導性が悪く，ガラスアンプルよる劣る。しかし，改良法を用いれば，63.7％付着率を示し，使用できないことはない（表6.3.2）。ただし，密閉度が悪く，液体窒素がチューブ内に浸入する。したがって，漬込み式液体窒素容器では，液体窒素と同時にウイルスや微生物が混入するおそれがあるので，セラムチューブを使用する場合は，乾式の保存容器の利用をおすすめする。

(4) グリセリンは，DMSOにくらべ，細胞の付着率に対する悪影響が少ない（1％以上のDMSOは細胞の付着を阻害[22]するのに対し，グリセリンは，5％濃度まで細胞の付着を阻害しない[20],[23]）ため，融解後，遠心によりグリセリンを除去する必要がない。これに対し，DMSOは，細胞の付着を阻害するだけではなく，37℃で10％の濃度では，細胞を死に至らしめる。したがって，DMSOを用いる場合は，冷却しながら操作しなければならないとともに，遠心によりDMSOを除去しなければならない。

(5) 改良法では，step-wise dilution法やslow dilution法を用いる必要がなく，単に4倍容の増殖用培養液を加える簡略法で，十分高い生存率・付着率を示す（表6.3.2）。

(6) 改良法での凍結液（BME＋30％FBS＋15％グリセリン）を用いれば，遠心法でも，DMSO（遠心法）と同程度の付着率を示す。DMSOの場合，凍結液中のDMSOや血清の濃度を変えても，その効果はない（表6.3.2）。

3.4.3 凍結細胞の増殖能および分裂寿命（lifespan）への影響

(1) 改良法で凍結された細胞の増殖能

改良法で凍結・融解されたTIG-1細胞の増殖能について，同じPDLの未凍結細胞（Control）のそれと比較した。凍結細胞（4.6×10^5 cells/dish），Control（4.1×10^5 cells/dish）をそれぞれ播き，1～7日目までの細胞数を測定した。凍結細胞の16時間後の付着率（69.6％）は，Control（93.8％）より低いが，その後は，全く変らない増殖能を示した。すなわち，改良法で凍結・融解された場合，培養器に付着した細胞の増殖能はほとんど傷害を受けていない（図6.3.4）。

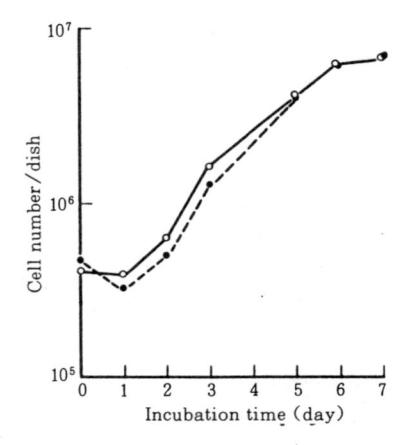

図6.3.4 改良法で凍結された細胞の増殖能
（○）未凍結細胞（Control）
（●）改良法で凍結・融解された細胞

(2) 改良法で凍結された細胞のlifespan

改良法で凍結保存されたTIG-1細胞（25 PDL）を融解後，再培養し，Controlと同様，1：4 split ratioで継代培養した。継代後7日目の細胞数は，継代の進行とともに徐々に減少しながら，67 PDLでその増殖能が停止した。継代時の細胞数およびlifespanは，Controlと全く同様である（図6.3.5）。

このように，改良法で凍結・融解された細胞の増殖能およびlifespanは，未凍結細胞のそれと何ら変らない。これらの結果は，改良法がヒト二倍体細胞の凍結保存に有用であることを示している。

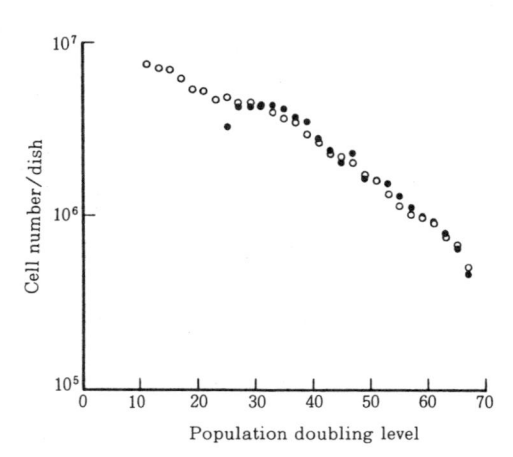

図6.3.5 改良法で凍結・融解された細胞のlifespan
（○）Control （●）凍結細胞

3.5 凍結回数の影響

細胞は，凍結・融解のくり返しにより傷害を受けるといわれている。筆者らは，細胞凍結保存法の開発にあたり，実用性を重視したので，凍結回数の細胞傷害についても，研究者が実際に行うであろう方法を用いて検討した。

すなわち，同じ継代数の細胞で何回も凍結・融解をくり返すというような実験的方法は用いず，改良法により凍結・融解された細胞を，1：4 split ratioで2回継代（4 PDL進行）培養した後，一部を凍結し，一部はそのまま継代した。この操作をくり返し，凍結回数の重複が融解後の細胞の生存率，付着率および分裂寿命にどのように影響するかを調べた。その結果，8回までの凍結・融解は，細胞の生存率，付着率および分裂寿命に，ほとんど影響を与えなかった。

3.6 血管内皮細胞の凍結保存

培養系内皮細胞は，形態的（一層の敷石状構造）にも，分化機能（抗血栓・抗凝固作用をもつプロスタサイクリンやプラスミノーゲン・アクチベーターを産生したり，昇圧作用を営むアンジオテンシン転換酵素活性を示す，等）の面でも，生体内内皮細胞と酷似しており，血栓や動脈硬化などの血管病変の原因の究明や機序の解析に好適な細胞として，近年，注目を集めている。

第6章　動物細胞株入手・保存法とセルバンク

しかし，凍結保存に関する詳細な条件設定はなされていない。

そこで，ヒト二倍体繊維芽細胞のために開発した凍結保存法（改良法）が，分化機能を有するウシ大動脈由来内皮細胞の凍結保存にも利用できるか否かを検討した。ウシ内皮細胞（BAE-1細胞）は，33 PDL（分裂寿命，110 PDL）の細胞を用いた。凍結液として，改良法（MEM＋30％FBS＋15％グリセリン），通常法（MEM＋10％FBS＋10％グリセリン）およびDMSO（MEM＋10％FBS＋10％DMSO）を用い，1℃/分で－35℃まで凍結し，液体窒素中に保存した。表6.3.3に示したように，グリセリンを用いた改良法が，最も高い生存率，付着率を示した。このように，ヒト二倍体細胞用に開発した凍結保存法（改良法）は，ウシ血管内皮細胞の凍結保存にも有用であることが判明した。

表6.3.3　ウシ血管内皮細胞（BAE-1）の
凍結・融解後の生存率・付着率

Condition	Viability (％) Mean ± S.D.	Cell attachment (％) Mean ± S.D.
Before freezing	97.4 ± 1.1	100
Centrifugation		
MEM－10％FBS－10％Gly	76.6 ± 4.6	29.3 ± 14.0
MEM－10％FBS－10％DMSO	91.3 ± 0.6	81.3 ± 3.8
Dilution (5-fold)		
MEM－30％FBS－15％Gly	92.2 ± 3.6	85.6 ± 5.6

3.7　各種細胞の凍結条件

これまで凍結保存の検討がなされている細胞は，ヒト二倍体繊維芽細胞[20),24)~26)]，リンパ球[27)]，マウス骨髄細胞[28)]などであり，これらは，いずれも1℃/分の凍結速度で凍結されている。これに対し，最近，granurocyte の progenitor[29)] は 7℃/分の凍結速度が有効であることが報告されている。また，近年よく使用されているハイブリドーマ細胞に関しては，凍結速度や生存率等の記載はないが，10％FBS＋10％DMSOを含む凍結液で，超低温槽を用いて凍結保存されている[30)]。また，テラトカルシノーマ細胞（P 19細胞）について筆者が調べたところでは，Dulbecco's MEM＋20％FBS＋10％DMSOの凍結液を用い，1℃/分で徐冷凍結し，液体窒素中に保存した場合，非常に良好な生存率および付着率を示した。

いずれにしても，今後，各分野での研究の進展に伴い，新たに開発される細胞株については，

さらに凍結保存の検討が必要であるものと思われる。

3.8 生存率と付着率の関係

細胞の凍結・融解条件の設定に際し，生存率，付着率，コロニー形成率などが用いられているが，筆者らの経験では，細胞の生存率が同じでも，付着率に有意な差（20〜70％付着率）を示す場合があり（図6.3.6)，培養器に付着して増殖する正常培養細胞の凍結保存法を検討する場合，色素排除試験のみでなく，培養器への付着率を見ることが必要である。

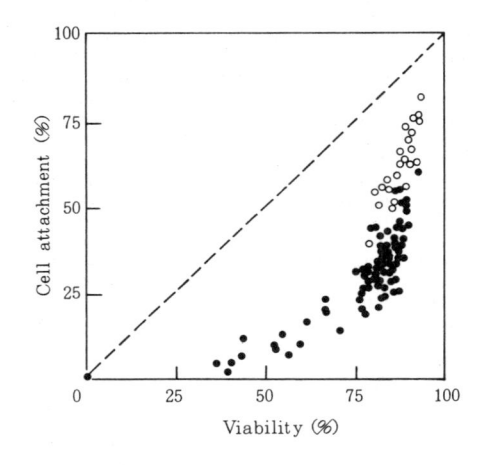

図6.3.6 生存率と付着率の関係
(〇) 希釈法　(●) 遠心法

4 セルバンク（細胞銀行）

細胞の銀行というからには，登録されている細胞は，いつでも，安心して実験に供せられるように，十分な品質管理・保存・維持がなされていなければならない。しかし，動物細胞の品質を管理しつつ保存・維持し，提供するためには，当然のことながら，専門的な培養技術，検査技術，それに何よりも，膨大な資源（設備，費用，時間，労力）が必要である。

アメリカでは，既に，1960年にATCCが設立され，この膨大な資源を傾注して，品質を保証したCentified Cell Lines（CCL）が，正常細胞，染色体異常・遺伝疾患細胞，がん細胞を併せて230細胞株もの数が，現在登録されており[31]，米国内外を問わず供給されている。このうち171細胞株は，日本でも，利用または保存されている（「遺伝子・細胞の保存等に関する調査報告書」，1984より)。しかし，日本国内にあるATCC細胞のうち，67.8％は研究者間で譲受されており，ATCCからの購入とみられる国外からの購入は11.0％にすぎない。ATCCでは，品質を保証したCCLについては，研究者間で譲受された細胞について，ATCC細胞として引用しないよう，強く主張している。このことは，動物細胞の品質管理の観点から当然のことと考えられ，品質保証のなされないまま安易に研究者間で動物細胞の譲受がなされている，このような現状は，至急改める必要があろう。しかるに，日本ではATCCのCCL以外の動物細胞についても，入手法の大半（84.9％）は研究者間で譲受されており，これは，とりもなおさず，国内に品質管理のい

第6章　動物細胞株入手・保存法とセルバンク

表 6.4.1　JCRB 細胞株リスト

1985年 July

保存機関：国立衛生試験所(石館　基)　〒158 東京都世田谷区上用賀1-18-1　☎03(700)1141(内460)

細胞番号	細胞名	由来動物	性質
CCL1	NCTC Clone 929	mouse	connective tissue
CCL10	BHK21 c-13	Syrian hamster	kidney
CCL106	LLC-RK1	New Zealand w. rabbit	kidney
CCL119	CCRF-CEM	human, acute leukemia	peripheral blood
CCL127	IMR-32	human	neuroblastoma
CCL13	Chang liver	human	liver (HeLa marker)
CCL163	BALB/3T3, Clone A31	mouse, BALB/c	embryo
CCL171	MRC-5	human, male, embryo	lung diploid
CCL186	IMR-90	human, female, fetal	lung, diploid
CCL2	HeLa	human, cervix	epithelial carcinoma
CCL2.1	HeLa 229	human, cervix	epithelial carcinoma
CCL2.2	HeLa S-3	human, cervix	epithelial carcinoma
CCL22	MDBK(NBL-1)	bovine	kidney (BVD-free)
CCL226	C3H/10T1/2 clone 8	mouse	embryo
CCL26	BS-C-1	African green monkey	kidney
CCL33	PK(15)	pig	kidney
CCL34	MDCK(NBL-2)	dog	kidney
CCL46	P388-D1	mouse	lymphoid neoplasma
CCL61	CHO-K1	chinese hamster	ovary
CCL62	FL*	human	amnion (HeLa marker)
CCL70	CV-1	African green monkey	kidney
CCL75	WI-38	human	lung diploid
CCL79	Y-1	mouse	adrenal tumor
CCL81	VERO	African green monkey	kidney
CCL86	RAJI	human	Burkitt lymphoma
CCL9.1	NCTC clone 1469	mouse	liver
CCL92	3T3 (Swiss albino)	mouse (Swiss albino)	fibroblasts
CL173	3T3 L1	mouse	embryo
CRL1555	A-431	human	epidermoid carcinoma
CRL1580	P3x63-Ag8. 653	mouse	myeloma, non-secreting
CRL1581	Sp2/O-Ag14	mouse	hybridoma, non-secreting
CRL1587	VERT 76	African green monkey	kidney
CRL1588	BW5147. G. 1. 4. OUA-R. 1	AKR/J Mouse	T cell lymphoma
CRL1597	P3x63Ag8U. 1	mouse, BALB/c	myeloma derivative
JCRB0001	F9-41	mouse 129	teratocarcinoma
JCRB0002	C3H/10T1/2	mouse	embryo
JCRB0003	C3H/10T1/2clone 8	mouse	embryo
JCRB0004	A-431	human	epidermoid carcinoma
JCRB0005	FRSK	rat, embryo	epidermal cells
JCRB0006	HL60	human, Caucasian (F)	peripheral blood leukocyte
JCRB0007	Pt K2	potorous tridactylis	kidney
JCRB0008	CKT-1	calf	kidney
JCRB0009	P3/NS1/1-Ag4-/1	mouse, BALB/c	MOPC 21 variant
JCRB0011	S. CET. M8. 1	mouse hybridoma	NS1 x spleen cells
JCRB0012	HGH 1. 6. 5	mouse hybridoma	NS1 x spleen cells
JCRB0013	16-8	mouse hybridoma	NS1 x spleen cells
JCRB0014	19-7	mouse hybridoma	NS1 x spleen cells
JCRB0016	P388D1	mouse, DBA/2	P388 derivative
JCRB0017	P388	mouse, DBA/2	lymphoid neoplasma

(つづく)

4 セルバンク（細胞銀行）

保存機関：国立衛生試験所(石館 基) 〒158 東京都世田谷区上用賀1-18-1 ☎03(700)1141(内460)

細胞番号	細胞名	由来動物	性質
JCRB0018	J774-1	mouse, BALB/c	macrophage-like
JCRB0019	K562	human	myelogenic leukemia
JCRB0020	CEM	human	erythroblastoma
JCRB0021	MOLT-4F	human	T cell lymphoma
JCRB0022	TALL	human	T cell lymphoma
JCRB0023	RBL-2H3	rat	basophil-like
JCRB0024	IM-9	human	lymphoblast
JCRB0025	BRL-3A	rat	liver
JCRB0026	RP8-18	mouse hybridoma	NS1 x spleen cells
JCRB0027	P20-13	mouse hybridoma	NS1 x spleen cells
JCRB0028	P3X63-Ag8.6.5.3.	mouse, BALB/c	P3X63-Ag 8 由来
JCRB0029	Sp 2/0-Ag 14	mouse, BALB/c	myeloma cell variant
JCRB0030	CHL	Chinese hamster	lung(newborn male)
JCRB0031	CCRF-HSB2	human, male	acute lymphoblastoid leukemia
JCRB0032	CCRF-SB	human, male	acute lymphoblastoid leukemia
JCRB0033	CCRF-CEM	human, female	acute lymphoblastoid leukemia
JCRB0034	RPMI-8226	human, male	osteosarcoma
JCRB0035	RPMI-1788	human, male	Peripheral blood, IgM secreting
JCRB0037	HSC-2	human, male	squamouse cells, mouth
JCRB0038	HSC-3	human, male	squamouse cells, tongue
JCRB0039	HSC-4	human, male	squamouse cells, tongue
JCRB0040	Ca9-22	human, male	gingival carcinoma

保存機関：食品薬品安全センター秦野研究所(井坂英彦) 〒257 神奈川県秦野市落合729-5 ☎0463(82)4751

細胞番号	細胞名	由来動物	性質
JCRB0201	HMV TG Cap	human	skin
JCRB0202	B16 melanoma	mouse	melanoma
JCRB0203	PCC4 Type III	mouse, 129/SDrat	PCC4/L6TG
JCRB0204	PCC4 Type I	mouse, 129/SDrat	PCC4/L6TG
JCRB0205	PCC4	mouse, 129	testis
JCRB0206	PCC4 AG	mouse, 129	testis
JCRB0207	CaR-1	human	rectum
JCRB0208	CCK-81	human	large intestine
JCRB0209	L6TG	rat	myeloblast
JCRB0210	L6TG Cap	rat	myeloblast
JCRB0211	A9	mouse, C3H	skin
JCRB0212	B82	mouse	skin
JCRB0213	HeLa AG	human	cervix carcinoma
JCRB0214	HeLa TG	human	cervix carcinoma
JCRB0215	HeLa TG Cap	human	cervix carcinoma
JCRB0216	PCC4 AG Cap	mouse	testis

（つづく）

第6章 動物細胞株入手・保存法とセルバンク

保存機関：京都大学放射線生物研究センター（佐々木正夫） 〒606 京都市左京区吉田近衛町 ☎075(751)2111

細胞番号	細胞名	由来動物	性質
JCRB0301	XP2OS(SV)	human	Xeroderma pigmentosum (A), SV40 transformed
JCRB0302	XP2YO(SV)	human	Xeroderma pigmentosum (F), SV40 transformed
JCRB0303	XP3OS(SV)	human	Xeroderma pigmentosum (A), fibroblast
JCRB0304	XP35OS(SV)	human	Xeroderma pigmentosum (A), fibroblast
JCRB0305	XP2SA	human	Xeroderma pigmentosum (Variant)
JCRB0306	XPL3KA	human	Xeroderma pigmentosum (C), lymphoblastoid
JCRB0307	XPL15OS	human	Xeroderma pigmentosum (A), lymphoblastoid
JCRB0308	AT1OS	human	Ataxia telangiectasia, fibroblast
JCRB0309	CS2OS	human	Cockayne syndrome, fibroblast
JCRB0310	CS2AW	human	Cockayne syndrome, fibroblast
JCRB0311	RB16KY	human	Retinoblastoma (13q⁻), fibroblast
JCRB0312	RB24KY	human	Retinoblastoma (Bilateral), fibroblast
JCRB0313	RB28KY	human	Retinoblastoma (Unilateral), fibroblast
JCRB0314	FA9JTO	human	Fanconi's anemia, fibroblast
JCRB0315	FA18JTO	human	Fanconi's anemia, fibroblast
JCRB0316	AT2KY	human	Ataxia telangiectasia, fibroblast
JCRB0317	BS2CB	human	Bloom syndrome, fibroblast

保存機関：岡山大学医学部癌源研究施設（佐藤二郎） 〒700 岡山市鹿田町2-5-1 ☎0862(23)7151

細胞番号	細胞名	由来動物	性質
JCRB0401	HUH-6 Clone 5	human, male	hepatoblastoma
JCRB0402	RLN-B2	Donryu rat	normal liver
JCRB0403	HuH-7	human, male	hepatoma, differenciated
JCRB0404	HLE	human, male	hepatoma, non-differentiated
JCRB0405	HLF	human, male	hepatoma, non-differentiated
JCRB0406	PLC/PRF/5	human, male	hepatoma
JCRB0407	RLN-J-5-2	Donryu rat	normal liver
JCRB0408	Ac2F	Donryu rat	normal liver, diploid
JCRB0409	dRLa-74及び亜株	Donryu rat	liver adenoma
JCRB0410	dRLh-84	Donryu rat	hepatoma
JCRB0411	AH66tc	Donryu rat	Yoshida ascites hepatoma
JCRB0412	AH70Btc	Donryu rat	AH70B Yoshida ascites hepatoma
JCRB0413	HuO-3N1	human, female	osteosarcoma
JCRB0414	RLN-8	Donryu rat	normal liver, 9 days
JCRB0415	RLN-10	Donryu rat	normal liver, 14 days
JCRB0416	Ac2F(D'T)	Donryu rat	3'DAB transformed
JCRB0417	Ac2F(ST)	Donryu rat	spontaneously transformed

（つづく）

4 セルバンク（細胞銀行）

保存機関：東京都老人総合研究所（松尾光芳）　〒173 東京都板橋区栄町35-2　☎03(964)1131

細胞番号	細胞名	由来動物	性質
JCRB0501	TIG-1-20	human female, fetus	lung
JCRB0502	TIG-1-30	human female, fetus	lung
JCRB0503	TIG-1-40	human female, fetus	lung
JCRB0504	TIG-1-50	human female, fetus	lung
JCRB0505	TIG-1-60	human female, fetus	lung
JCRB0506	TIG-3-20	human female, fetus	lung
JCRB0507	TIG-3-30	human female, fetus	lung
JCRB0508	TIG-3-40	human female, fetus	lung
JCRB0509	TIG-3-50	human female, fetus	lung
JCRB0510	TIG-3-60	human female, fetus	lung
JCRB0511	TIG-7-20	human male, fetus	lung
JCRB0512	TIG-7-30	human male, fetus	lung
JCRB0513	TIG-7-40	human male, fetus	lung
JCRB0514	TIG-7-50	human male, fetus	lung
JCRB0515	TIG-7-60	human male, fetus	lung
JCRB0516	IMR-90	human female, fetus	lung
JCRB0517	WI-38	human female, fetus	lung

保存機関：東京大学医科学研究所（黒木登志夫）　〒108 東京都港区白金台4-6-1　☎03(443)8111

細胞番号	細胞名	由来動物	性質
JCRB0601	BALB3T3 A31-1-1	Mouse BALB/c	whole embryo
JCRB0602	C3H10T1/2 clone 8	Mouse, C3H	whole embryo
JCRB0603	V79	Chinese hamster(M)	lung
JCRB0604	PSV811	human(成人性早老症)	skin
JCRB0605	L. P3(S)	mouse, C3H	skin
JCRB0606	HeLa. P3(S)	human	cervix
JCRB0607	JTC-12. P3(S)	Cynomolgus monkey	kidney
JCRB0608	JTC19	rat, JAR-1	lung
JCRB0609	Mm2T	Indian muntjac	thymus
JCRB0610	IAR-20	rat, BD-IV	adult liver
JCRB0611	KATOⅢ	human	stomachcancer(signet ring carcinoma)
JCRB0612	GOTO	human	neuroblastoma
JCRB0613	ITO-II	human	testicular tumor(embryonal tumor)
JCRB0614	NY	human	osteosarcoma
JCRB0615	NIH/3T3 clone 5611	Swiss mouse, NIH	whole embryo

保存機関：横浜市大学木原生物学研究所（梅田　誠）　〒232 横浜市南区中村町2-120-3　☎045(261)1757

細胞番号	細胞名	由来動物	性質
JCRB0701	FM3A	mouse, C3H	spontaneous, mammary carcinoma
JCRB0702	FM3A HPRT⁻	mouse, C3H	spontaneous, mammary carcinoma
JCRB0703	FM3A APRT⁻	mouse, C3H	spontaneous, mammary carcinoma
JCRB0704	FM3A TK⁻	mouse, C3H	spontaneous, mammary carcinoma

4 セルバンク（細胞銀行）

きとどいたセルバンクがないことに起因していると言ってもよいであろう。

日本でのセルバンクの動きは，アメリカにくらべ鈍く，やっと1984年10月に，公的機関としては初めて，JCRBが開設された。JCRBは，「対がん10ケ年総合戦略」の一環として，品質の保証された安定した研究材料を保存し，これを研究者に供与して，その研究に役立て，一方では，新たに研究に必要な細胞や遺伝子を開発して，研究の進展に供することを目的として，開設された。1985年7月現在のJCRB細胞株のリストを，表6.4.1に示す。このうちのATCC細胞株については，ATCCより凍結アンプルとして購入しており，ATCCによる品質保証書が添付されている。JCRB細胞株については，品質管理上の検査のうち，マイコプラズマ汚染検査が行われているが，アイソザイムや核型分析については，現在，予備的実験の段階である。したがって，現状では，ATCCのCRL (Cell Repository Line) とほぼ同等の品質保証ということになる。

この他の細胞・遺伝子銀行の構想は，他官庁でも独自に進められており，理化学研究所ライフサイエンス推進部を中心として，約2年後を目指して，設立準備中である。

文　献

1) 日本組織培養学会 編，"組織培養の技術"，朝倉書店 (1982)
2) C. Polge, et al., *Nature,* **164**, 666 (1949)
3) J. E. Levelock, M. W. H. Bishop, *Nature,* **183**, 1394 (1959)
4) R. M. Dougherty, *Nature,* **193**, 550 (1962)
5) T. Malinin, V. P. Perry, *Cryobiology,* **4**, 90 (1967)
6) C. Friend, et al., *Proc. Natl. Acad. Sci., U.S.A.,* **68**, 378 (1971)
7) Y. Kimhi, et al., *Proc. Natl. Acad. Sci., U.S.A.,* **73**, 462 (1976)
8) N. Kluge, et al., *Proc. Natl. Acad. Sci., U.S.A.,* **73**, 1237 (1976)
9) A. F. Miranda, et al., *Proc. Natl. Acad. Sci., U.S.A.,* **75**, 3826 (1978)
10) T. F. Scanlin, M. C. Glick, *Pediatric Res.,* **13**, 424 (1979)
11) P. Mazur, et al., "The Frozen Cell : A Ciba Fundation Symposium", Churchill, p. 69 (1970)
12) 近藤昊，山本清高，"動物細胞利用実用化マニュアル"，リアライズ社，p. 73 (1984)
13) H. T. Meryman, "Cryobiology", Acadmic Press, p. 2 (1966)
14) P. Muzur, *Science,* **168**, 939 (1970)
15) 黒田行昭，"組織培養"，共立出版，p. 368 (1974)
16) D. E. Pegg, *J. Clin. Path.,* **29**, 271 (1976)
17) 佐藤二郎，"組織培養" 朝倉書店，p. 168 (1976)
18) M. J. Ashwood-Smith, " Low Temperature Presservation in Medicine and

Biology", Pitman Medical, p. 19 (1980)
19) 松村外志張, "培養細胞遺伝学実験法", 共立出版, p. 358 (1981)
20) K. Yamamoto, et al., *Exp. Geront.*, **16**, 271 (1981)
21) D. C. Dooley, *Cryobiology*, **17**, 338 (1980)
22) M. Yasukawa, et al., *Cryobiology*, **11**, 493 (1974)
23) J. S. Porterfield, M. J. Ashwood-Smith, *Nature*, **193**, 548 (1962)
24) H. Kondo, K. Yamamoto, *Mech. Age. Dev.*, **16**, 117 (1981)
25) H. v. Böhmer, et al., *Exp. Cell Res.*, **79**, 496 (1973)
26) P. Maack, et al., *Cryobiology*, **19**, 10 (1982)
27) T. Aktar, et al., *Cryobiology*, **16**, 424 (1979)
28) S. P. Leibo, et al., *Cryobiology*, **6**, 315 (1970)
29) E. Niskanen, G. Pirsch, *Cryobiology*, **20**, 401 (1983)
30) G. Köhler, EMBO, " Hybridoma Techniques ", Cold Spring Harbor Laboratory, p. 65 (1980)
31) " American Type Culture Collection・Cell Lines, Viruses, Antisera," p. 17 (1983)

《CMC テクニカルライブラリー》発行にあたって

　弊社は、1961年創立以来、多くの技術レポートを発行してまいりました。これらの多くは、その時代の最先端情報を企業や研究機関などの法人に提供することを目的としたもので、価格も一般の理工書に比べて遥かに高価なものでした。

　一方、ある時代に最先端であった技術も、実用化され、応用展開されるにあたって普及期、成熟期を迎えていきます。ところが、最先端の時代に一流の研究者によって書かれたレポートの内容は、時代を経ても当該技術を学ぶ技術書、理工書としていささかも遜色のないことを、多くの方々が指摘されています。

　弊社では過去に発行した技術レポートを個人向けの廉価な普及版《CMC テクニカルライブラリー》として発行することとしました。このシリーズが、21世紀の科学技術の発展にいささかでも貢献できれば幸いです。

2000年12月

株式会社　シーエムシー出版

動物細胞培養技術と物質生産　(B665)

1986年 1月24日　初　版　第1刷発行
2002年 9月27日　普及版　第1刷発行

監　修　　大石 道夫　　　　　　　Printed in Japan
発行者　　島 健太郎
発行所　　株式会社　シーエムシー出版
　　　　　東京都千代田区内神田1－4－2（コジマビル）
　　　　　電話 03（3293）2061

〔印　刷　株式会社プリコ〕　　　　　　　　©M. Oishi, 2002

定価は表紙に表示してあります。
落丁・乱丁本はお取替えいたします。

ISBN4-88231-772-9　C3045

☆本書の無断転載・複写複製（コピー）による配布は、著者および出版社の権利の侵害になりますので、小社あて事前に承諾を求めて下さい。

CMCテクニカルライブラリー のご案内

機能性色素の応用
監修／入江正浩
ISBN4-88231-761-3　　　　　　B654
A5判・312頁　本体4,200円＋税（〒380円）
初版1996年4月　普及版2002年6月

構成および内容：機能性色素の現状と展望／色素の分子設計理論／情報記録用色素／情報表示用色素（エレクトロクロミック表示用・エレクトロルミネッセンス表示用）／写真用色素／有機非線形光学材料／バイオメディカル用色素／食品・化粧品用色素／環境クロミズム色素　他
執筆者：　中村振一郎／里村正人／新村勲　他22名

コーティング・ポリマーの合成と応用

ISBN4-88231-760-5　　　　　　B653
A5判・283頁　本体3,600円＋税（〒380円）
初版1993年8月　普及版2002年6月

構成および内容：コーティング材料の設計の基礎と応用／顔料の分散／コーティングポリマーの合成（油性系・セルロース系・アクリル系・ポリエステル系・メラミン・尿素系・ポリウレタン系・シリコン系・フッ素系・無機系）／汎用コーティング／重防食コーティング／自動車・木工・レザー他
執筆者：　桐生春雄／増田初蔵／伊藤義勝　他13名

バイオセンサー
監修／軽部征夫
ISBN4-88231-759-1　　　　　　B652
A5判・264頁　本体3,400円＋税（〒380円）
初版1987年8月　普及版2002年5月

構成および内容：バイオセンサーの原理／酵素センサー／微生物センサー／免疫センサー／電極センサー／FETセンサー／フォトバイオセンサー／マイクロバイオセンサー／圧電素子バイオセンサー／医療／発酵工業／食品／工業プロセス／環境計測／海外の研究開発・市場　他
執筆者：　久保いずみ／鈴木博章／佐野恵一　他16名

カラー写真感光材料用高機能ケミカルス
－写真プロセスにおける役割と構造機能－
ISBN4-88231-758-3　　　　　　B651
A5判・307頁　本体3,800円＋税（〒380円）
初版1986年7月　普及版2002年5月

構成および内容：写真感光材料工業とファインケミカル／業界情勢／技術開発動向／コンベンショナル写真感光材料／色素拡散転写法／銀色素漂白法／乾式銀塩写真感光材料／写真用機能性ケミカルスの応用展望／増感系・エレクトロニクス・医薬分野への応用　他
執筆者：　新井厚明／安達慶一／藤田眞作　他13名

セラミックスの接着と接合技術
監修／速水諒三
ISBN4-88231-757-5　　　　　　B650
A5判・179頁　本体2,800円＋税（〒380円）
初版1985年4月　普及版2002年4月

構成および内容：セラミックスの発展／接着剤による接着／有機接着剤・無機接着剤・超音波はんだ／メタライズ／高融点金属法・銅化合物法・銀化合物法・気相成長法・厚膜法／固相液相接着／固相加圧接着／溶融接合／セラミックスの機械的接合法／将来展望　他
執筆者：　上野力／稲野光正／門倉秀公　他10名

ハニカム構造材料の応用
監修／先端材料技術協会・編集／佐藤　孝
ISBN4-88231-756-7　　　　　　B649
A5判・447頁　本体4,600円＋税（〒380円）
初版1995年1月　普及版2002年4月

構成および内容：ハニカムコアの基本・種類・主な機能・製造方法／ハニカムサンドイッチパネルの基本設計・製造・応用／航空機／宇宙機器／自動車における防音材料／鉄道車両／建築マーケットにおける利用／ハニカム溶接構造物の設計と構造解析、およびその実施例　他
執筆者：　佐藤孝／野口元／田所真人／中谷隆　他12名

ホスファゼン化学の基礎
著者／梶原鳴雪
ISBN4-88231-755-9　　　　　　B648
A5判・233頁　本体3,200円＋税（〒380円）
初版1986年4月　普及版2002年3月

構成および内容：ハロゲンおよび疑ハロゲンを含むホスファゼンの合成／$(NPCl_2)_3$から部分置換体$N_3P_3Cl_{6-n}R_n$の合成／$(NPR_2)_3$の合成／環状ホスファゼン化合物の用途開発／$(NPCl_2)_n$重合体の構造とその性質／ポリオルガノホスファゼンの性質／ポリオルガノホスファゼンの用途開発　他

二次電池の開発と材料

ISBN4-88231-754-0　　　　　　B647
A5判・257頁　本体3,400円＋税（〒380円）
初版1994年3月　普及版2002年3月

構成および内容：電池反応の基本／高性能二次電池設計のポイント／ニッケル-水素電池／リチウム系二次電池／ニカド蓄電池／鉛蓄電池／ナトリウム-硫黄電池／亜鉛-臭素電池／有機電解液系電気二重層コンデンサ／太陽電池システム／二次電池回収システムとリサイクルの現状　他
執筆者：　高村勉／神田基／山木準一　他16名

※書籍をご購入の際は、最寄りの書店にご注文いただくか、㈱シーエムシー出版のホームページ（http://www.cmcbooks.co.jp/）にてお申し込み下さい。

CMCテクニカルライブラリーのご案内

プロテインエンジニアリングの応用
編集／渡辺公綱／熊谷　泉
ISBN4-88231-753-2　　　　　　　　　　B646
A5判・232頁　本体 3,200 円＋税（〒380 円）
初版 1990 年 3 月　普及版 2002 年 2 月

構成および内容：タンパク質改変諸例／酵素の機能改変／抗体とタンパク質工学／キメラ抗体／医薬と合成ワクチン／プロテアーゼ・インヒビター／新しいタンパク質作成技術とアロプロテイン／生体外タンパク質合成の現状／タンパク質工学におけるデータベース　他
執筆者：太田由己／榎本淳／上野川修一　他 13 名

有機ケイ素ポリマーの新展開
監修／櫻井英樹
ISBN4-88231-752-4　　　　　　　　　　B645
A5判・327頁　本体 3,800 円＋税（〒380 円）
初版 1996 年 1 月　普及版 2002 年 1 月

構成および内容：現状と展望／研究動向事例（ポリシラン合成と物性／カルボシラン系分子／ポリシロキサンの合成と応用／ゾル－ゲル法とケイ素系高分子／ケイ素系高耐／生体外夕熱性高分子材料／マイクロパターニング／ケイ素系感光材料）／ケイ素系高耐熱性材料へのアプローチ　他
執筆者：吉田勝／三治敬信／石川満夫　他 19 名

水素吸蔵合金の応用技術
監修／大西敬三
ISBN4-88231-751-6　　　　　　　　　　B644
A5判・270頁　本体 3,800 円＋税（〒380 円）
初版 1994 年 1 月　普及版 2002 年 1 月

構成および内容：開発の現状と将来展望／標準化の動向／応用事例（余剰電力の貯蔵／冷蔵システム／冷暖房／水素の精製・回収システム／Ni・MH 二次電池／燃料電池／水素の動力利用技術／アクチュエーター／水素同位体の精製・回収／合成触媒）
執筆者：太田時男／兜森俊樹／田村英雄　他 15 名

メタロセン触媒と次世代ポリマーの展望
編集／曽我和雄
ISBN4-88231-750-8　　　　　　　　　　B643
A5判・256頁　本体 3,500 円＋税（〒380 円）
初版 1993 年 8 月　普及版 2001 年 12 月

構成および内容：メタロセン触媒の展開（発見の経緯／カミンスキー触媒の修飾・担持・特徴）／次世代ポリマーの展望（ポリエチレン／共重合体／ポリプロピレン）／特許からみた各企業の研究開発動向　他
執筆者：柏典夫／潮村哲之助／植木聡　他 4 名

バイオセパレーションの応用
ISBN4-88231-749-4　　　　　　　　　　B642
A5判・296頁　本体 4,000 円＋税（〒380 円）
初版 1988 年 8 月　普及版 2001 年 12 月

構成および内容：食品・化学品分野（サイクロデキストリン／甘味料／アミノ酸／核酸／油脂精製／γ-リノレン酸／フレーバー／果汁濃縮・清澄化　他）／医薬品分野（抗生物質／漢方薬如成分／ステロイド発酵の工業化）／生化学・バイオ医薬分野
執筆者：中村信之／菊池啓明／宗像豊哲　他 26 名

バイオセパレーションの技術
ISBN4-88231-748-6　　　　　　　　　　B641
A5判・265頁　本体 3,600 円＋税（〒380 円）
初版 1988 年 8 月　普及版 2001 年 12 月

構成および内容：膜分離（総説／精密濾過膜／限外濾過法／イオン交換膜／逆浸透膜）／クロマトグラフィー（高性能液体／タンパク質の HPLC／ゲル濾過／イオン交換／疎水性／分配吸着　他）／電気泳動／遠心分離／真空・加圧濾過／エバポレーション／超臨界流体抽出　他
執筆者：仲川勤／水野高志／大野省太郎　他 19 名

特殊機能塗料の開発
ISBN4-88231-743-5　　　　　　　　　　B636
A5判・381頁　本体 3,500 円＋税（〒380 円）
初版 1987 年 8 月　普及版 2001 年 11 月

構成および内容：機能化のための研究開発／特殊機能塗料（電子・電気機能／光学機能／機械・物理機能／熱機能／生態機能／放射線機能／防食／その他）／高機能コーティングと硬化法（造膜法／硬化法）
◆**執筆者**：笠松寛／鳥羽山満／桐生春雄／田中丈之／荻野芳夫

バイオリアクター技術
ISBN4-88231-745-1　　　　　　　　　　B638
A5判・212頁　本体 3,400 円＋税（〒380 円）
初版 1988 年 8 月　普及版 2001 年 12 月

構成および内容：固定化生体触媒の最新進歩／新しい固定化法（光硬化性樹脂／多孔質セラミックス／絹フィブロイン）／新しいバイオリアクター（酵素固定化分離機能膜／生成物分離／多段式不均一系／固定化植物細胞／固定化ハイブリドーマ）／応用（食品／化学品／その他）
◆**執筆者**：田中渥夫／飯田高三／牧島亮男　他 28 名

※書籍をご購入の際は、最寄りの書店にご注文いただくか、㈱シーエムシー出版のホームページ（http://www.cmcbooks.co.jp/）にてお申し込み下さい。

CMCテクニカルライブラリー のご案内

ファインケミカルプラントＦＡ化技術の新展開
ISBN4-88231-747-8　　　　　　B640
A5判・321頁　本体 3,400円＋税（〒380円）
初版 1991年2月　普及版 2001年11月

構成および内容：総論／コンピュータ統合生産システム／ＦＡ導入の経済効果／要素技術（計測・検査／物流／ＦＡ用コンピュータ／ロボット）／ＦＡ化のソフト（粉体プロセス／多目的バッチプラント／パイプレスプロセス）／応用例（ファインケミカル／食品／薬品／粉体）　他
◆執筆者：高松武一郎／大島榮次／梅田富雄　他 24名

生分解性プラスチックの実際技術
ISBN4-88231-746-X　　　　　　B639
A5判・204頁　本体 2,500円＋税（〒380円）
初版 1992年6月　普及版 2001年11月

構成および内容：総論／開発展望（バイオポリエステル／キチン・キトサン／ポリアミノ酸／セルロース／ポリカプロラクトン／アルギン酸／ＰＶＡ／脂肪族ポリエステル／糖類／ポリエーテル／プラスチック化木材／油脂の崩壊性／界面活性剤）／現状と今後の対策　他
◆執筆者：赤松清／持田晃一／藤井昭治　他 12名

環境保全型コーティングの開発
ISBN4-88231-742-7　　　　　　B635
A5判・222頁　本体 3,400円＋税（〒380円）
初版 1993年5月　普及版 2001年9月

構成および内容：現状と展望／規制の動向／技術動向（塗料・接着剤・印刷インキ・原料樹脂）／ユーザー（VOC排出規制への具体策・有機溶剤系塗料から水系塗料への転換・電機・環境保全よりみた木工塗装・金属缶）／環境保全への合理化・省力化ステップ　他
◆執筆者：笠松寛／中村博忠／田邉幸男　他 14名

強誘電性液晶ディスプレイと材料
監修／福田敦夫
ISBN4-88231-741-9　　　　　　B634
A5判・350頁　本体 3,500円＋税（〒380円）
初版 1992年4月　普及版 2001年9月

構成および内容：次世代液晶とディスプレイ／高精細・大画面ディスプレイ／テクスチャーチェンジパネルの開発／反強誘電性液晶のディスプレイへの応用／次世代液晶化合物の開発／強誘電性液晶材料／ジキラル型強誘電性液晶化合物／スパッタ法による低抵抗 ITO 透明導電膜　他
◆執筆者：李継／神辺純一郎／鈴木康　他 36名

高機能潤滑剤の開発と応用
ISBN4-88231-740-0　　　　　　B633
A5判・237頁　本体 3,800円＋税（〒380円）
初版 1988年8月　普及版 2001年9月

構成および内容：総論／高機能潤滑剤（合成系潤滑剤・高機能グリース・固体潤滑と摺動材・水溶性加工油剤）／市場動向／応用（転がり軸受用グリース・OA関連機器・自動車・家電・医療・航空機・原子力産業）
◆執筆者：岡部平八郎／功刀俊夫／三嶋優　他 11名

有機非線形光学材料の開発と応用
編集／中西八郎・小林孝嘉
　　　中村新男・梅垣真祐
ISBN4-88231-739-7　　　　　　B632
A5判・558頁　本体 4,900円＋税（〒380円）
初版 1991年10月　普及版 2001年8月

構成および内容：〈材料編〉現状と展望／有機材料／非線形光学特性／無機材料／超微粒子系材料／薄膜、バルク、半導体系材料〈基礎編〉理論・設計／測定／機構〈デバイス開発編〉波長変換／EO変調／光ニューラルネットワーク／光パルス圧縮／光ソリトン伝送／光スイッチ　他
◆執筆者：上宮崇文／野上隆／小谷正博　他 88名

超微粒子ポリマーの応用技術
監修／室井宗一
ISBN4-88231-737-0　　　　　　B630
A5判・282頁　本体 3,800円＋税（〒380円）
初版 1991年4月　普及版 2001年8月

構成および内容：水系での製造技術／非水系での製造技術／複合化技術〈開発動向〉乳化重合／カプセル化／高吸水性／フッ素系／シリコーン樹脂〈現状と可能性〉一般工業分野／医療分野／生化学分野／化粧品分野／情報分野／ミクロゲル／PP／ラテックス／スペーサ　他
◆執筆者：川口春馬／川瀬進／竹内勉　他 25名

炭素応用技術
ISBN4-88231-736-2　　　　　　B629
A5判・300頁　本体 3,500円＋税（〒380円）
初版 1988年10月　普及版 2001年7月

構成および内容：炭素繊維／カーボンブラック／導電性付与剤／グラファイト化合物／ダイヤモンド／複合材料／航空機・船舶用CFRP／人工歯根材／導電性インキ・塗料／電池・電極材料／光応答／金属炭化物／炭窒化チタン系複合セラミックス／SiC・SiC-W　他
◆執筆者：嶋崎勝乗／遠藤守信／池上繁　他 32名

※書籍をご購入の際は、最寄りの書店にご注文いただくか、㈱シーエムシー出版のホームページ（http://www.cmcbooks.co.jp/）にてお申し込み下さい。

CMCテクニカルライブラリーのご案内

宇宙環境と材料・バイオ開発
編集／栗林一彦
ISBN4-88231-735-4　　　　B628
A5判・163頁　本体2,600円+税（〒380円）
初版1987年5月　普及版2001年8月

構成および内容：宇宙開発と宇宙利用／生命科学／生命工学〈宇宙材料実験〉融液の凝固におよぼす微少重力の影響／単相合金の凝固／多相合金の凝固／高品位半導体単結晶の育成と微少重力の利用／表面張力誘起対流実験〈SL-1の実験結果〉半導体の結晶成長／金属凝固／流体運動　他
◆**執筆者**：長友信人／佐藤温重／大島泰郎　他7名

機能性食品の開発
編集／亀和田光男
ISBN4-88231-734-6　　　　B627
A5判・309頁　本体3,800円+税（〒380円）
初版1988年11月　普及版2001年9月

構成および内容：機能性食品に対する各省庁の方針と対応／学界と民間の動き／機能性食品への発展が予想される素材／フラクトオリゴ糖／大豆オリゴ糖／イノシトール／高機能性健康飲料／ギムネマ・シルベスタ／企業化する問題点と対策／機能性食品に期待するもの　他
◆**執筆者**：大山超／稲葉博／岩元睦夫／太田明一　他21名

植物工場システム
編集／高辻正基
ISBN4-88231-733-8　　　　B626
A5判・281頁　本体3,100円+税（〒380円）
初版1987年11月　普及版2001年6月

構成および内容：栽培作物別工場生産の可能性／野菜／花き／薬草／穀物／養液栽培システム／カネコのシステム／クローン増殖システム／人工種子／馴化装置／キノコ栽培技術／種菌生産／栽培装置とシステム／施設園芸の高度化／コンピュータ利用　他
◆**執筆者**：阿部芳巳／渡辺光男／中山繁樹　他23名

液晶ポリマーの開発
編集／小出直之
ISBN4-88231-731-1　　　　B624
A5判・291頁　本体3,800円+税（〒380円）
初版1987年6月　普及版2001年6月

構成および内容：〈基礎技術〉合成技術／キャラクタリゼーション／構造と物性／レオロジー〈成形加工技術〉射出成形技術／成形機械技術／ホットランナシステム技術　〈応用〉光ファイバ被覆材／高強度繊維／ディスプレイ用材料／強誘電性液晶ポリマー　他
◆**執筆者**：浅田忠裕／烏海弥和／茶谷陽三　他16名

イオンビーム技術の開発
編集／イオンビーム応用技術編集委員会
ISBN4-88231-730-3　　　　B623
A5判・437頁　本体4,700円+税（〒380円）
初版1989年4月　普及版2001年6月

構成および内容：イオンビームと個体との相互作用／発生と輸送／装置／イオン注入による表面改質技術／イオンミキシングによる表面改質技術／薄膜形成表面被覆技術／表面除去加工技術／分析評価技術／各国の研究状況／日本の公立研究機関での研究状況　他
◆**執筆者**：藤本文範／石川順三／上條栄治　他27名

エンジニアリングプラスチックの成形・加工技術
監修／大柳康
ISBN4-88231-729-X　　　　B622
A5判・410頁　本体4,000円+税（〒380円）
初版1987年12月　普及版2001年6月

構成および内容：射出成形／成形条件／装置／金型内流動解析／材料特性／熱硬化性樹脂の成形／樹脂の種類／成形加工の特徴／成形加工法の基礎／押出成形／コンパウンティング／フィルム・シート成形／性能データ集／スーパーエンプラの加工に関する最近の話題　他
◆**執筆者**：高野菊雄／岩橋俊之／塚原裕　他6名

新薬開発と生薬利用 II
監修／糸川秀治
ISBN4-88231-728-1　　　　B621
A5判・399頁　本体4,500円+税（〒380円）
初版1993年4月　普及版2001年9月

構成および内容：新薬開発プロセス／新薬開発の実態と課題／生薬・漢方製剤の薬理・薬効（抗腫瘍薬・抗炎症・抗アレルギー・抗菌・抗ウイルス）／天然素材の新食品への応用／生薬の品質評価／民間療法・伝統薬の探索と評価／生薬の流通機構と需給　他
◆**執筆者**：相山律夫／大島俊幸／岡田稔　他14名

新薬開発と生薬利用 I
監修／糸川秀治
ISBN4-88231-727-3　　　　B620
A5判・367頁　本体4,200円+税（〒380円）
初版1988年8月　普及版2001年7月

構成および内容：生薬の薬理・薬効／抗アレルギー／抗菌・抗ウイルス作用／新薬開発のプロセス／スクリーニング／商品の規格と安定性／生薬の品質評価／甘草／生姜／桂皮素材の探索と流通／日本・世界での生薬素材の探索／流通機構と需要／各国の薬用植物の利用と活用　他
◆**執筆者**：相山律夫／赤須通範／生田安喜良　他19名

※書籍をご購入の際は、最寄りの書店にご注文いただくか、㈱シーエムシー出版のホームページ（http://www.cmcbooks.co.jp/）にてお申し込み下さい。

CMCテクニカルライブラリー のご案内

ヒット食品の開発手法
監修／太田静行・亀和田光男・中山正夫
ISBN4-88231-726-5　　　　　　　B619
A5判・278頁　本体3,800円＋税（〒380円）
初版1991年12月　普及版2001年6月

構成および内容：新製品の開発戦略／消費者の嗜好／アイデア開発／食品調味／食品包装／官能検査／開発のためのデータバンク〈ヒット食品の具体例〉果汁グミ／スーパードライ〈ロングヒット食品開発の秘密〉カップヌードル／エバラ焼き肉のたれ／減塩醤油　他
◆執筆者：小杉直輝／大形　進／川合信行　他21名

バイオマテリアルの開発
監修／筏　義人
ISBN4-88231-725-8　　　　　　　B618
A5判・539頁　本体4,900円＋税（〒380円）
初版1989年9月　普及版2001年5月

構成および内容：〈素材〉金属／セラミックス／合成高分子／生体高分子〈特性・機能〉力学特性／細胞接着能／血液適合性／骨組織結合性／光屈折・酸素透過能〈試験・認可〉滅菌法／表面分析法〈応用〉臨床検査系／歯科系／心臓外科系／代謝系　他
◆執筆者：立石哲也／藤沢　章／澄田政哉　他51名

半導体封止技術と材料
著者／英　一太
ISBN4-88231-724-9　　　　　　　B617
A5判・232頁　本体3,400円＋税（〒380円）
初版1987年4月　普及版2001年7月

構成および内容：〈封止技術の動向〉ICパッケージ／ポストモールドとプレモールド方式／表面実装〈材料〉エポキシ樹脂の変性／硬化／低応力化／高信頼性VLSIセラミックパッケージ〈プラスチックチップキャリヤ〉構造／加工／リード／信頼性試験〈GaAs〉高速論理素子／GaAsダイ／MCV〈接合技術と材料〉TAB技術／ダイアタッチ　他

トランスジェニック動物の開発
著者／結城　惇
ISBN4-88231-723-0　　　　　　　B616
A5判・264頁　本体3,000円＋税（〒380円）
初版1990年2月　普及版2001年7月

構成および内容：誕生と変遷／利用価値〈開発技術〉マイクロインジェクション法／ウイルスベクター法／ES細胞法／精子ベクター法／トランスジーンの発現／発現制御系〈応用〉遺伝子解析／病態モデル／欠損症動物／遺伝子治療モデル／分泌物利用／組織，臓器利用／家畜／課題〈動向・資料〉研究開発企業／特許／実験ガイドライン　他

水処理剤と水処理技術
監修／吉野善彌
ISBN4-88231-722-2　　　　　　　B615
A5判・253頁　本体3,500円＋税（〒380円）
初版1988年7月　普及版2001年5月

構成および内容：凝集剤と水処理プロセス／高分子凝集剤／生物学的凝集剤／濾過助剤と水処理プロセス／イオン交換体と水処理プロセス／有機イオン交換体／排水処理プロセス／吸着剤と水処理プロセス／水処理分離膜と水処理プロセス　他
◆執筆者：三上八州家／鹿野武彦／倉根隆一郎　他17名

食品素材の開発
監修／亀和田光男
ISBN4-88231-721-4　　　　　　　B614
A5判・334頁　本体3,900円＋税（〒380円）
初版1987年10月　普及版2001年5月

構成および内容：〈タンパク系〉大豆タンパクフィルム／卵タンパク〈デンプン系と畜血液〉プルラン／サイクロデキストリン〈新甘味料〉フラクトオリゴ糖／ステビア〈健食新素材〉EPA／レシチン／ハーブエキス／コラーゲン／キチン・キトサン　他
◆執筆者：中島廣介／花岡譲一／坂井和夫　他22名

老人性痴呆症と治療薬
編集／朝長正徳・齋藤　洋
ISBN4-88231-720-6　　　　　　　B613
A5判・233頁　本体3,000円＋税（〒380円）
初版1988年8月　普及版2001年4月

構成および内容：記憶のメカニズム／記憶の神経的機構／老人性痴呆の発症機構／遺伝子・染色体の異常／脳機構に影響を与える生体内物質／神経伝達物質／甲状腺ホルモン／スクリーニング法／脳循環・脳代謝試験／予防・治療へのアプローチ　他
◆執筆者：佐藤昭夫／黒澤美枝子／浅香昭雄　他31名

感光性樹脂の基礎と実用
監修／赤松　清
ISBN4-88231-719-2　　　　　　　B612
A5判・371頁　本体4,500円＋税（〒380円）
初版1987年4月　普及版2001年5月

構成および内容：化学構造と合成法／光反応／市販されている感光性樹脂モノマー，オリゴマーの概況／印刷板／感光性樹脂凸版／フレキソ版／塗料／光硬化型塗料／ラジカル重合型塗料／インキ／UV硬化システム／UV硬化型接着剤／歯科衛生材料　他
◆執筆者：吉村　延／岸本芳男／小伊勢雄次　他8名

※書籍をご購入の際は、最寄りの書店にご注文いただくか、㈱シーエムシー出版のホームページ（http://www.cmcbooks.co.jp/）にてお申し込み下さい。

CMCテクニカルライブラリーのご案内

分離機能膜の開発と応用 編集／仲川 勤 ISBN4-88231-718-4　B611 A5判・335頁　本体3,500円＋税（〒380円） 初版1987年12月　普及版2001年3月	構成および内容：〈機能と応用〉気体分離膜／イオン交換膜／透析膜／精密濾過膜〈キャリア輸送膜の開発〉固体電解質／液膜／モザイク荷電膜／機能性カプセル膜〈装置化と応用〉酸素富化膜／水素分離膜／浸透気化法による有機混合物の分離／人工腎蔵／人工肺　他 ◆執筆者：山田純男／佐田俊勝／西田 治　他20名
プリント配線板の製造技術 著者／英 一太 ISBN4-88231-717-6　B610 A5判・315頁　本体4,000円＋税（〒380円） 初版1987年12月　普及版2001年4月	構成および内容：〈プリント配線板の原材料〉〈プリント配線基板の製造技術〉硬質プリント配線板／フレキシブルプリント配線板〈プリント回路加工技術〉フォトレジストとフォト印刷／スクリーン印刷〈多層プリント配線板〉構造／製造法／多層成型〈廃水処理と災害環境管理〉高濃度有害物質の廃棄処理　他
汎用ポリマーの機能向上とコストダウン ISBN4-88231-715-X　B608 A5判・319頁　本体3,800円＋税（〒380円） 初版1994年8月　普及版2001年2月	構成および内容：〈新しい樹脂の成形法〉射出プレス成形（SPモールド）／プラスチックフィルムの最新製造技術〈材料の高機能化とコストダウン〉超高強度ポリエチレン繊維／耐候性のよい耐衝撃性PVC〈応用〉食品・飲料用プラスティック包装材料／医療材料向けプラスチック材料　他 ◆執筆者：浅井治海／五十嵐聡／高木否都志　他32名
クリーンルームと機器・材料 ISBN4-88231-714-1　B607 A5判・284頁　本体3,800円＋税（〒380円） 初版1990年12月　普及版2001年2月	構成および内容：〈構造材料〉床材・壁材・天井材／ユニット式〈設備機器〉空気清浄／温湿度制御／空調機器／排気処理機器材料／微生物制御〈清浄度測定評価（応用別）〉医薬（GMP）／医療／半導体〈今後の動向〉自動化／防災システムの動向／省エネルギ／清掃（維持管理）　他 ◆執筆者：依田行夫／一和田眞次／鈴木正身　他21名
水性コーティングの技術 ISBN4-88231-713-3　B606 A5判・359頁　本体4,700円＋税（〒380円） 初版1990年12月　普及版2001年2月	構成および内容：〈水性ポリマー各論〉ポリマー水性化のテクノロジー／水性ウレタン樹脂／水系UV・EB硬化樹脂〈水性コーティング材の製法と処法化〉常温乾燥コーティング／電着コーティング〈水性コーティング材の周辺技術〉廃水処理技術／泡処理技術　他 ◆執筆者：桐生春雄／鳥羽山満／池林信彦　他14名
レーザ加工技術 監修／川澄博通 ISBN4-88231-712-5　B605 A5判・249頁　本体3,800円＋税（〒380円） 初版1989年5月　普及版2001年2月	構成および内容：〈総論〉レーザ加工技術の基礎事項〈加工用レーザ発振器〉CO2レーザ〈高エネルギービーム加工〉レーザによる材料の表面改質技術〈レーザ化学加工・生物加工〉レーザ光化学反応による有機合成〈レーザ加工周辺技術〉〈レーザ加工の将来〉他 ◆執筆者：川澄博通／永井治彦／末永直行　他13名
臨床検査マーカーの開発 監修／茂手木皓喜 ISBN4-88231-711-7　B604 A5判・170頁　本体2,200円＋税（〒380円） 初版1993年8月　普及版2001年1月	構成および内容：〈腫瘍マーカー〉肝細胞癌の腫瘍／肺癌／婦人科系腫瘍／乳癌／甲状腺癌／泌尿器腫瘍／造血器腫瘍〈循環器系マーカー〉動脈硬化／虚血性心疾患／高血圧症〈糖尿病マーカー〉糖質／脂質／合併症〈骨代謝マーカー〉〈老化度マーカー〉他 ◆執筆者：岡崎伸生／有吉 寛／江崎 治　他22名
機能性顔料 ISBN4-88231-710-9　B603 A5判・322頁　本体4,000円＋税（〒380円） 初版1991年6月　普及版2001年1月	構成および内容：〈無機顔料の研究開発動向〉酸化チタン・チタンイエロー／酸化鉄系顔料〈有機顔料の研究開発動向〉溶性アゾ顔料（アゾレーキ）〈用途展開の現状と将来展望〉印刷インキ／塗料〈最近の顔料分散技術と顔料分散機の進歩〉顔料の処理と分散性　他 ◆執筆者：石村安雄／風間孝夫／服部俊雄　他31名

※書籍をご購入の際は、最寄りの書店にご注文いただくか、㈱シーエムシー出版のホームページ（http://www.cmcbooks.co.jp/）にてお申し込み下さい。

CMCテクニカルライブラリー のご案内

バイオ検査薬と機器・装置
監修／山本重夫
ISBN4-88231-709-5　　　　　　B602
A5判・322頁　本体4,000円+税（〒380円）
初版1996年10月　普及版2001年1月

構成および内容：〈DNAプローブ法-最近の進歩〉〈生化学検査試薬の液状化-技術的背景〉〈蛍光プローブと細胞内環境の測定〉〈臨床検査用遺伝子組み換え酵素〉〈イムノアッセイ装置の現況と今後〉〈染色体ソーティングとDNA診断〉〈アレルギー検査薬の最新動向〉〈食品の遺伝子検査〉 他
◆執筆者：寺岡宏／高橋豊三／小路武彦　他33名

カラーPDP技術

ISBN4-88231-708-7　　　　　　B601
A5判・208頁　本体3,200円+税（〒380円）
初版1996年7月　普及版2001年1月

構成および内容：〈総論〉電子ディスプレイの現状〈パネル〉AC型カラーPDP／パルスメモリー方式DC型カラーPDP〈部品加工・装置〉パネル製造技術とスクリーン印刷／フォトプロセス／露光装置／PDP用ローラーハース式連続焼成炉〈材料〉ガラス基板／蛍光体／透明電極材料 他
◆執筆者：小島健博／村上宏／大塚晃／山本敏裕　他14名

防菌防黴剤の技術
監修／井上嘉幸
ISBN4-88231-707-9　　　　　　B600
A5判・234頁　本体3,100円+税（〒380円）
初版1989年5月　普及版2000年12月

構成および内容：〈防菌防黴剤の開発動向〉〈防菌防黴剤の相乗効果と配合技術〉防菌防黴剤の併用効果／相乗効果を示す防菌防黴剤／相乗効果の作用機構〈防菌防黴剤の製剤化技術〉水和剤／可溶化剤／発泡製剤〈防菌防黴剤の応用展開〉繊維用／皮革用／塗料用／接着剤用／医薬品用 他
◆執筆者：井上嘉幸／西村民男／高麗寛紀　他23名

快適性新素材の開発と応用

ISBN4-88231-706-0　　　　　　B599
A5判・179頁　本体2,800円+税（〒380円）
初版1992年1月　普及版2000年12月

構成および内容：〈繊維編〉高風合ポリエステル繊維（ニューシルキー素材）／ピーチスキン素材／ストレッチ素材／太陽光蓄熱保温繊維素材／抗菌・消臭繊維／森林浴効果のある繊維〈住宅編、その他〉セラミック系人造木材／圧電・導電複合材料による制振新素材／調光窓ガラス 他
◆執筆者：吉田敬一／井上裕光／原田隆司　他18名

高純度金属の製造と応用

ISBN4-88231-705-2　　　　　　B598
A5判・220頁　本体2,600円+税（〒380円）
初版1992年11月　普及版2000年12月

構成および内容：〈金属の高純度化プロセスと物性〉高純度化法の概要／純度表〈高純度金属の成形・加工技術〉高純度金属の複合化／粉体成形による高純度金属の利用／高純度鋼の線材化／単結晶化・非晶化／薄膜形成〈応用展開の可能性〉高耐食性鋼材および鉄材／超電導材料／新合金／固体触媒〈高純度金属に関する特許一覧〉 他

電磁波材料技術とその応用
監修／大森豊明
ISBN4-88231-100-3　　　　　　B597
A5判・290頁　本体3,400円+税（〒380円）
初版1992年5月　普及版2000年12月

構成および内容：〈無機系電磁波材料〉マイクロ波誘電体セラミックス／光ファイバ〈有機系電磁波材料〉ゴム／アクリルナイロン繊維〈様々な分野への応用〉医療／食品／コンクリート構造物診断／半導体製造／施設園芸／電磁波接着・シーリング材／電磁波防護服 他
◆執筆者：白崎信一／山田朗／月岡正至　他24名

自動車用塗料の技術

ISBN4-88231-099-6　　　　　　B596
A5判・340頁　本体3,800円+税（〒380円）
初版1989年5月　普及版2000年12月

構成および内容：〈総論〉自動車塗装における技術開発〈自動車に対するニーズ〉〈各素材の動向と前処理技術〉〈コーティング材料開発の動向〉防錆対策用コーティング材料〈コーティングエンジニアリング〉塗装装置／乾燥装置／周辺技術／コーティング材料管理 他
◆執筆者：桐生春雄／鳥羽山満／井出正／岡襄二　他19名

高機能紙の開発
監修／稲垣寛
ISBN4-88231-097-X　　　　　　B594
A5判・286頁　本体3,400円+税（〒380円）
初版1988年8月　普及版2000年12月

構成および内容：〈機能紙用原料繊維〉天然繊維／化学・合成繊維／金属繊維〈バイオ・メディカル関係機能紙〉動物関連用／食品工業用〈エレクトリックペーパー〉耐熱絶縁紙／導電紙〈情報記録用紙〉電解記録紙／湿式法フィルタペーパー／ガラス繊維濾紙／自動車用濾紙 他
◆執筆者：尾鍋史彦／篠木孝典／北村孝雄　他9名

※書籍をご購入の際は、最寄りの書店にご注文いただくか、㈱シーエムシー出版のホームページ（http://www.cmcbooks.co.jp/）にてお申し込み下さい。

CMCテクニカルライブラリーのご案内

新・導電性高分子材料
監修／雀部博之
ISBN4-88231-096-1　　　　　　　　B593
B5判・245頁　本体3,200円＋税（〒380円）
初版 1987年2月　普及版 2000年11月

構成および内容：〈基礎編〉ソリトン, ポーラロン, バイポーラロン：導電性高分子における非線形励起と荷電状態／イオン注入によるドーピング／超イオン導電体(固体電解質)〈応用編〉高分子バッテリー／透明導電性高分子／導電性高分子を用いたデバイス／プラスチックバッテリー 他
◆執筆者：A. J. Heeger／村田恵三／石黒武彦 他11名

導電性高分子材料
監修／雀部博之
ISBN4-88231-095-3　　　　　　　　B592
B5判・318頁　本体3,800円＋税（〒380円）
初版 1983年11月　普及版 2000年11月

構成および内容：〈導電性高分子の技術開発〉〈導電性高分子の基礎理論〉共役系高分子／有機一次元導電体／光伝導性高分子／導電性複合高分子材料／Conduction Polymers〈導電性高分子の応用技術〉導電性フィルム／透明導電性フィルム／導電性ゴム／導電性ペースト 他
◆執筆者：白川英樹／吉野勝美／A. G. MacDiamid 他13名

クロミック材料の開発
監修／市村國宏
ISBN4-88231-094-5　　　　　　　　B591
A5判・301頁　本体3,000円＋税（〒380円）
初版 1989年6月　普及版 2000年11月

構成および内容：〈材料編〉フォトクロミック材料／エレクトロクロミック材料／サーモクロミック材料／ピエゾクロミック金属錯体〈応用編〉エレクトロクロミックディスプレイ／液晶表示とクロミック材料／フォトクロミックメモリメディア／調光フィルム 他
◆執筆者：市村國宏／入江正浩／川西祐司 他25名

コンポジット材料の製造と応用
ISBN4-88231-093-7　　　　　　　　B590
A5判・278頁　本体3,300円＋税（〒380円）
初版 1990年5月　普及版 2000年10月

構成および内容：〈コンポジットの現状と展望〉〈コンポジットの製造〉微粒子の複合化／マトリックスと強化材の接着／汎用繊維強化プラスチック（FRP）の製造と成形〈コンポジットの応用〉プラスチック複合材料の自動車への応用／鉄道関係／航空・宇宙関係 他
◆執筆者：浅井治海／小石眞純／中尾富士夫 他21名

機能性エマルジョンの基礎と応用
監修／本山卓彦
ISBN4-88231-092-9　　　　　　　　B589
A5判・198頁　本体2,400円＋税（〒380円）
初版 1993年11月　普及版 2000年10月

構成および内容：〈業界動向〉国内のエマルジョン工業の動向／海外の技術動向／環境問題とエマルジョン／エマルジョンの試験方法と規格〈新材料開発動向〉最近の大粒径エマルジョンの製法と用途／超微粒子ポリマーラテックス〈分野別の最近応用動向〉塗料分野／接着剤分野 他
◆執筆者：本山卓彦／葛西壽一／滝沢稔 他11名

無機高分子の基礎と応用
監修／梶原鳴雪
ISBN4-88231-091-0　　　　　　　　B588
A5判・272頁　本体3,200円＋税（〒380円）
初版 1993年10月　普及版 2000年11月

構成および内容：〈基礎編〉前駆体オリゴマー、ポリマーから酸素ポリマーの合成／ポリマーから非酸化物ポリマーの合成／無機－有機ハイブリッドポリマーの合成／無機高分子化合物とバイオリアクター〈応用編〉無機高分子繊維およびフィルム／接着剤／光・電子材料 他
◆執筆者：木村良晴／乙咩重男／阿部芳首 他14名

食品加工の新技術
監修／木村進・亀和田光男
ISBN4-88231-090-2　　　　　　　　B587
A5判・288頁　本体3,200円＋税（〒380円）
初版 1990年6月　普及版 2000年11月

構成および内容：'90年代における食品加工技術の課題と展望／バイオテクノロジーの応用とその展望／21世紀に向けてのバイオリアクター関連技術と装置／食品における乾燥技術の動向／マイクロカプセル製造および利用技術／微粉砕技術／高圧による食品の物性と微生物の制御 他
◆執筆者：木村進／貝沼圭二／播磨幹夫 他20名

高分子の光安定化技術
著者／大澤善次郎
ISBN4-88231-089-9　　　　　　　　B586
A5判・303頁　本体3,800円＋税（〒380円）
初版 1986年12月　普及版 2000年10月

構成および内容：序／劣化概論／光化学の基礎／高分子の光劣化／光劣化の試験方法／光劣化の評価方法／高分子の光安定化／劣化防止概説／各論－ポリオレフィン、ポリ塩化ビニル、ポリスチレン、ポリウレタン他／光劣化の応用／光崩壊性高分子／高分子の光機能化／耐放射線高分子 他

※書籍をご購入の際は、最寄りの書店にご注文いただくか、㈱シーエムシー出版のホームページ（http://www.cmcbooks.co.jp）にてお申し込み下さい。

CMCテクニカルライブラリー のご案内

ホットメルト接着剤の実際技術
ISBN4-88231-088-0　　　　　B585
A5判・259頁　本体 3,200円+税（〒380円）
初版 1991年8月　普及版 2000年8月

◆構成および内容：〈ホットメルト接着剤の市場動向〉〈HMA材料〉EVA系ホットメルト接着剤/ポリオレフィン系/ポリエステル系〈機能性ホットメルト接着剤〉〈ホットメルト接着剤の応用〉〈ホットメルトアプリケーター〉〈海外におけるHMAの開発動向〉他
◆執筆者：永田宏二/宮本禮次/佐藤勝亮　他19名

バイオ検査薬の開発
監修／山本　重夫
ISBN4-88231-085-6　　　　　B583
A5判・217頁　本体 3,000円+税（〒380円）
初版 1992年4月　普及版 2000年9月

◆構成および内容：〈総論〉臨床検査薬の技術/臨床検査機器の技術〈検査薬と検査機器〉バイオ検査薬用の素材/測定系の最近の進歩/検出系と機器
◆執筆者：片山善章/星野忠/河野均也/綿ын和子/藤巻道男/小栗豊子/猪狩淳/渡辺文夫/磯部和正/中井利昭/高橋豊三/中島憲一郎/長谷川明/舟根真一　他9名

紙薬品と紙用機能材料の開発
監修／稲垣　寛
ISBN4-88231-086-4　　　　　B582
A5判・274頁　本体 3,400円+税（〒380円）
初版 1988年12月　普及版 2000年9月

◆構成および内容：〈紙用機能材料と薬品の進歩〉紙用材料と薬品の分類/機能材料と薬品の性能と用途〈抄紙用薬品〉パルプ化から抄紙工程までの添加薬品/パルプ段階での添加薬品〈紙の2次加工薬品〉加工紙の現状と加工薬品/加工用薬品〈加工技術の進歩〉他
◆執筆者：稲垣寛/尾鍋史彦/西尾信之/平岡誠　他20名

機能性ガラスの応用
ISBN4-88231-084-8　　　　　B581
A5判・251頁　本体 2,800円+税（〒380円）
初版 1990年2月　普及版 2000年8月

◆構成および内容：〈光学的機能ガラスの応用〉光集積回路とニューガラス/光ファイバー〈電気・電子的機能ガラスの応用〉電気用ガラス/ホーロー回路基盤〈熱的・機械的機能ガラスの応用〉〈化学的・生体機能ガラスの応用〉〈用途開発展開中のガラス〉他
◆執筆者：作花済夫/栖原敏明/高橋志郎　他26名

超精密洗浄技術の開発
監修／角田　光雄
ISBN4-88231-083-X　　　　　B580
A5判・247頁　本体 3,200円+税（〒380円）
初版 1992年3月　普及版 2000年8月

◆構成および内容：〈精密洗浄の技術動向〉精密洗浄技術/洗浄メカニズム/洗浄評価技術〈超精密洗浄技術〉ウェハ洗浄技術/洗浄用薬品〈CFC-113と1,1,1-トリクロロエタンの規制動向と規制対応状況〉国際法による規制スケジュール/各国国内法による規制スケジュール　他
◆執筆者：角田光雄/斉木篤/山本芳彦/大部一夫他10名

機能性フィラーの開発技術
ISBN4-88231-082-1　　　　　B579
A5判・324頁　本体 3,800円+税（〒380円）
初版 1990年1月　普及版 2000年7月

◆構成および内容：序/機能性フィラーの分類と役割/フィラーの機能制御/力学的機能/電気・磁気的機能/熱的機能/光・色機能/その他機能/表面処理と複合化/複合材料の成形・加工技術/機能性フィラーへの期待と将来展望
◆執筆者：村上謹吉/由井浩/小石真純/山田英夫他24名

高分子材料の長寿命化と環境対策
監修／大澤　善次郎
ISBN4-88231-081-3　　　　　B578
A5判・318頁　本体 3,800円+税（〒380円）
初版 1990年5月　普及版 2000年7月

◆構成および内容：プラスチックの劣化と安定性/ゴムの劣化と安定性/繊維の構造と劣化、安定化/紙・パルプの劣化と安定化/写真材料の劣化と安定化/塗膜の劣化と安定化/染料の退色/エンジニアリングプラスチックの劣化と安定化/複合材料の劣化と安定化　他
◆執筆者：大澤善次郎/河本圭司/酒井英紀　他16名

吸油性材料の開発
ISBN4-88231-080-5　　　　　B577
A5判・178頁　本体 2,700円+税（〒380円）
初版 1991年5月　普及版 2000年7月

◆構成および内容：〈吸油（非水溶液）の原理とその構造〉ポリマーの架橋構造/一次架橋構造とその物性に関する最近の研究〈吸油性材料の開発〉無機系/天然系吸油性材料/有機系吸油性材料〈吸油性材料の応用と製品〉吸油性材料/不織布系吸油性材料/固化型　油吸着材　他
◆執筆者：村上謹吉/佐藤悌治/岡部凛　他8名

※書籍をご購入の際は、最寄りの書店にご注文いただくか、㈱シーエムシー出版のホームページ（http://www.cmcbooks.co.jp/）にてお申し込み下さい。